U0159258

"十三五"国家重点出版物出版规划项目

藏文信息处理技术
藏语语言资源建设研究中心资助

藏文文本分析与挖掘技术研究

艾金勇　陈小莹　著

西南交通大学出版社
·成都·

图书在版编目（CIP）数据

藏文文本分析与挖掘技术研究 / 艾金勇，陈小莹著
. —成都：西南交通大学出版社，2020.8
（藏文信息处理技术）
"十三五"国家重点出版物出版规划项目
ISBN 978-7-5643-7590-4

Ⅰ．①藏… Ⅱ．①艾… ②陈… Ⅲ．①藏文－语言信息处理学－研究 Ⅳ．①TP391

中国版本图书馆 CIP 数据核字（2020）第 166837 号

"十三五"国家重点出版物出版规划项目
藏文信息处理技术
Zangwen Wenben Fenxi yu Wajue Jishu Yanjiu
藏文文本分析与挖掘技术研究

艾金勇　陈小莹 / 著

责任编辑 / 李芳芳
封面设计 / 墨创文化

西南交通大学出版社出版发行
（四川省成都市金牛区二环路北一段 111 号西南交通大学创新大厦 21 楼　610031）
发行部电话：028-87600564　　　　028-87600533
网址：http://www.xnjdcbs.com
印刷：四川森林印务有限责任公司

成品尺寸　210 mm×285 mm
印张　11.5　　字数　286 千
版次　2020 年 8 月第 1 版　　印次　2020 年 8 月第 1 次

书号　ISBN 978-7-5643-7590-4
定价　88.00 元

前　言

随着大数据时代的到来，用户可获得的信息也越来越丰富和多样化，但是这些信息中超过 80%是非结构化的，基本上都是以自然语言文本的形式表现出来的，如书籍、新闻报道、研究文章等社交媒体信息和网页，这些来源不一的文本数据构成了一个异常庞大的、具有异构性和开放性等特点的大型分布式数据库。针对这些非结构化的数据，如何有效分析并挖掘出这些数据中所隐含的内容对于信息的理解和数据之间潜在关系的寻找都具有重要的意义。因此，社会各界对于文本信息的分析和挖掘的需求非常强烈，针对文本数据的分析与挖掘理论方法的研究和应用也成为当前自然语言处理方面研究的前沿与热点问题,且应用前景广阔。文本分析与文本挖掘就是把文本型信息源作为分析的对象,利用定量计算和定性分析的方法，从自然语言文本中挖掘用户所感兴趣的模式和知识的方法技术，这种模式和知识对用户而言是新颖的，具有潜在价值。这类研究的最大挑战在于对非结构化自然语言文本内容的分析和理解。这种挑战表现在两个方面：一是文本内容几乎都是非结构化的，而不像数据库和数据仓库，都是结构化的；二是文本内容是由自然语言描述的，而不是纯用数据描述的，通常也不考虑图形图像等其他非文字形式。因此，文本分析与文本挖掘的研究与多个研究领域有密切的关系，如信息检索、信息过滤、自动摘要、文本自动聚类、文本自动分类、计算语言学、数据挖掘、人工智能、统计学等，其所涉及的技术内容也是与自然语言处理、模式分类和机器学习等相关技术密切结合的一项综合性技术。

本书正是在这样一个背景下，针对当前藏文信息处理方面的发展情况，系统性地介绍了藏文文本分析与文本挖掘的基本理论和知识框架，内容涵盖了藏文文本分析挖掘处理的多方面内容。本书一共分为 8 章，1~4 章由陈小莹编写，5~8 章由艾金勇编写。其中第 1 章对于藏文文字、藏文文法、藏文文本特征、藏文编码和藏文文本挖掘进行了总体性介绍，也为后面内容说明提供了前期的理论基础；第 2 章主要介绍藏文字符处理技术，分别针对藏文文字的结构特征、输入技术、规范化处理和结构识别方面进行了讨论；第 3 章从藏文词法分析方面出发，主要介绍了当前研究较多的藏文自动分词和词性标注的基本理论，并在后面列举了一些比较有代表性的研究内容；第 4 章主要是藏文句法分析，从藏文句法分析的主要任务出发，再结合藏文句子特点和类别特征，重点介绍了几种不同技术对于藏文句法分析的实例；第 5 章是藏文文本表示模型研究，重点关注了当前文本特征表示的方法，并在此基础上列举了一些藏文文本表示的研究实例；第 6 章是藏文文本分类算法的研究，通过对文本分类的流程、文本特征项的提取方法、文本分类算法和算法性能评价等理论知识的介绍，讨论了当前各种藏文分类算法的研究情况；第 7 章在藏文文本聚类算法研究中，主要考虑从其与藏文文本分类的对比介绍，通过聚类概念、任务和相关的几个重点问题的理论介绍，重点说明了文本聚类的一些特殊方法,并且列举了藏文文本聚类算法的研究实例;第8章为藏文web文本挖掘方法,主要针对web文本这一特殊类型的文本,也是当前产生最多的文本的具体处理方法的探讨,并提出了藏文web文本处理的具体方法。

本书的出版是在西藏民族大学重点实验室"藏语语言资源建设研究中心"资助下完成的。本书也是西藏自治区哲学社会科学专项资金项目"基于小字符集的现代藏文音节的自动标音方法研究"(批准号:13BYY001)、西藏自治区高校青年教师创新支持计划"基于藏文web文本的关联知识挖掘方法研究"(批准号:QCZ2016-44)、西藏自治区科学技术厅自然科学基金项目"基于语义的藏文百科知识问答系统关键技术的研究"(批准号:2016ZR-MY-04)和"面向知识发现的藏文文献知识关联揭示方法研究"(批准号:XZ2017ZRG-56)等项目资助下所完成的项目成果之一。

本书在编写过程中,更登磋和索郎朋措为本书的藏文翻译提出了许多宝贵的意见,此外,本书的编写出版也得到了项目组、研究中心成员以及西南交大出版社编辑老师们的帮助和支持,在此一并表示衷心的感谢!

由于编著人员水平有限,加之时间仓促、可参考资源相对较少,书中难免存在不妥之处,恳请广大读者批评指正!

作　者

2020 年 7 月

目　　录

第 1 章

绪　论

1.1　藏文概述

1.1.1　藏文文字的性质

藏文作为藏语的书写符号，它的文字性质也值得关注。认识藏文的文字性质对于藏文字符的分类和处理都有指导作用。藏文的 30 个基本辅音字符都能表音，从功能和结构上看，辅音字符大多能独立成字或独立成词，这意味着辅音字符蕴含了元音要素，这是辅音文字的表现。藏文中的元音符号通常不称为字母，这是因为元音符号结构上不独立书写，不能独立成字或成词。所有元音符号必须附着在辅音字符上来发声。具有元音性质的ས（通俗的说法是半辅音半元音）在藏文文字体系上仍属于辅音字符。

从来源上看，藏文的创制源自中亚（波斯—伊朗）或南亚（天竺—印度）文字，这些文字自身都含有音节文字-辅音（文字）字母的痕迹，辅音文字的特点是元音不独立成符，不是严格意义上的音素字母文字。藏文的每一个音节字中有一个辅音字符，且也只有一个辅音字符具有拼读元音的作用，这个固定拼读元音的辅音字符在音节字中称为基本辅音字符，传统文法称为基字。如果一个音节字不带元音符号，那么固定拼读元音的那个辅音字符或基字一定内含了一个元音 a 的读音。音节字中其他非基字的辅音字符则是真正的音素字母。不过，由于所有辅音字符都能够出现在基字位置成为基本辅音字符，因此，藏文的辅音字符仍然可以被认定为具有音节性质。由这几方面特点可以认为，藏文的文字性质属于非典型音素文字。

从现代语言与文字关系观点来看，随着藏语的发展，当今藏语各地方言的读音与文字读音差别极大。除了 9 世纪后第三次文字厘定曾依据口语读音对文字拼写做过少量的规范外，其后文字拼写逐步固化，相当程度上失去了音素拼写口语的功能。所以有观点认为藏文的字符主要承担区别字形的作用，而不是拼读的作用。以现代拉萨话为例，音素[k]等可以由多种书写形式表示。在组合形式中不发音的字母是历史演变中脱落的音素，但为确保字形的区分在书写上仍然保留。

此外，有人认为藏文ཀ（[ka]）与ག（[ga]）读音不同，是不同的音素或字母（文字读音或古藏语中读音是不同音素，即书写形式是不同字母）。从现代语言学角度看，现代拉萨话的浊音已经清化，二者读音基本一致，都是[ka]。但前者的声母来源于古代清声母，后者的声母来源于古代浊声母，本族人从读音上仍感觉它们不同，这是因为按照独立字母读音已经添加了元音，成了音节，清声母来源的读高调（ $[ka^{55}]$ ），浊声母来源的读低调（ $[ka^{12}]$ 或 $[k^ha^{12}]$ ），当然感觉不一样，这种现象也说明藏文具有音节文字-辅音文字的典型特征。

从藏文的文本形式也可观察到藏文的一些有意思的性质和现象。B.A.伊斯特林曾提出文字中除基本符号外，还有 5 类特殊符号，分别是数学符号、专门的科学符号（代数、几何、化学等符号）、标点符号、字母发音符号（如变音符号）和部分大写字母。严格地说，除了大写字母，其他各类符号一定程度上均存在于藏文中，部分还获得相当程度的发展。藏文中的历算符号里就包含有一定科学价值的符号，而藏文文本中丰富的篇章起始符号应该是最为独特的文本符号，具有较强的表意性质。其他诸如敬重符号、各类标点符号也都属于表意符号。这些符号的存在使我们进一步了解到藏文文字表现的多元属性。而出现在藏文文本中的图形示意和会意符号以及宗教法器图形符号或其他象征符号更凸显出藏族文化的特质。

另外，由于藏文具有拼音文字性质，又有二维图形文字形式，书写上的不等长迫使它使用标记分隔相邻音节字，这标记就是藏文文本中的分音点，这样的文本形式在世界文字中是不多见的。例如，汉字无论简繁，相对占据的文本空间基本一致，宽高比例稳定，因此连续文本书写可不留空隙。英语字词虽然不等长，但线性书写，词与词用空格分开，不会混淆。

当然，藏文还有更多独特的文字系统特点，诸如复合元音的表示方法，转写梵文借词的方法，变体简化字形的方法，字的排序和检索方法，标点符号的表示方法，行末断行留空的方法等，藏文文本的这些特征都是在文本处理时应该予以关注的。

1.1.2　藏文文法的主要内容

藏文文法的研究伴随着藏文字的产生和发展的整个过程，具有悠久的历史和深厚的底蕴。历代文法学家都是以《三十颂》和《音势论》为蓝本，对其内容进行注释和补充，形成了传统文法研究的基本框架。在今天，随着社会的进步和藏学研究的快速发展，藏文文法研究的内涵和领域也在不断扩大，现在藏文文法研究的内容已经远远超过传统语法的内容，但是最基本的内容还是传统文法。

传统藏文文法包含有《三十颂》（全称为"授记根本三十颂"）和《音势论》（全称为"字性组织法"）两部分，两者均为偈颂体，文字言简意赅，归纳完备，沿袭了古印度语法的撰写形式。

《三十颂》共 120 句，以 4 句为一颂，全文正好 30 颂，这是《三十颂》名称的由来。《三十颂》主要论述音节结构、正字法及虚词，其内容大致有四个部分：第一部分是字母分类和文字结构；第二部分是格助词与虚词的应用；第三部分是后加字及其缀联形式的重要性；第四部分讲述语法理论的重要性。《音势论》的核心内容是字母的语音分类和动词，大致可分为三部分：第一部分是字性分类，按发音方法将藏文字母分为阴性、阳性和中性等类；第二部分是前加字和后加字的字性分类和约束规则；第三部分论述字性分类和正确缀联的重要意义。因为这两部著作内容高度概括，因而后来的学者在其细微的解释中稍有出入，普遍的观点有司徒派和扎德派之别。

随着语言教学的普及和语言信息处理的发展，加之受现代语言学理论的影响，藏文文法的内容已经根据语言运用的要求发生了根本的变化，从字母拼写、虚词的应用等基本内容延伸到了词法、语音和句子等层面。从广义上讲，藏文文法应立足于语言应用，注重语法功能和语言结构的描述，应当包括字母、文字学、词汇、虚词、语音和句法等内容。

1. 藏文文字学

文字是交际工具，也是记录语言的工具，一种文字的发展变化，主要是出于完善记录语言的需要。作为工具性的语言，人们普遍的要求和原则是"高效""便捷""易于掌握"。人们所追求的语言的目标应该是"体系的完善化""结构的规律化"和"形体的简明化"。语言功能的强弱，取决于它的体系结构是否完善，取决于是否具备一套完备的正字法规则。作为拼音文字的藏文来说，其主要表现为字母表的完备和拼写规则的严谨，这些表现应属于藏文文字学，也是藏文正字学的基本内容。藏文字母表与古文字音系、藏文拼写规则、音节结构以及字形的规范是藏文传统文法和正字学关注的基础。但是随着藏文文字的发展，现代藏文文字研究的重要领域则是藏文字起源、形体的变迁、结构的简化以及表意音节的分布等方面的探索。

2. 藏文虚词及功能

虚词是藏文传统文法《三十颂》的核心内容。藏语属于有形态语言，具有黏着牲特征，尤其是藏语格标记非常明显。老一辈学者们的分析方法和研究理论的价值取向不同，所以对虚词的分类方法也有所不同。藏语的虚词，珍贝益西扎巴大师和才理夏莺等学者认为，可分为不自由虚词和自由虚词。胡书津和华瑞·桑杰等学者则认为藏语虚词分为三类：格助词、不自由虚词和自由虚词。本书中根据面向文本信息处理的角度出发按照第二种的分类方式分为"格助词、自由虚词和不自由虚词"对虚词进行分类。格助词又分为位格助词(ལ་དོན་གྱི་སྒྲ།)、作格助词(བྱེད་སྒྲ།)、属格助词(འབྲེལ་སྒྲ།)和从格助词(འབྱུང་ཁུངས།) 4类；虚词中格助词是文法说明的主要内容。

格助词是藏文中极其重要的一类虚词，是传统文法《三十颂》的主要部分。这里所说的"格"基本属于形式逻辑格，藏语的"格"在词与词之间起区别意义的作用，是确定词与词之间语法关系的一类虚词。世界上很多语言都有"格"，不同语言中格的表现形式是有区别的，有些语言是通过词的形态变化来表现的，更多的语言是通过介词来表现的。藏语格也是通过格助词这种特殊介词来表现的，藏语由于动词后置，所有格助词都以后置介词的形式附着在体词后面，表达特定的语法关系并区别意义，藏文格助词所表达的语法关系与介词基本一致。藏语格除了第一个主格和第八格呼格以词汇意义本身表达语法关系外，其他六格均以纯粹虚词的形式表达语法关系。此外，按照格的语法功能，除了上述的这6种以外，还加了时间格和同体格共八类，其中位格助词分为业格、于格、为格、时间格、同体格等五类。下面具体介绍各种格助词用法和意义。

第二格业格：业格表示一个动作所支配的对象、一个动作发生的地点、一种行为或思想所关注的目标和一种状态持续的地点等功能。

第三格作格：作格主要表示动作的施事者或者施事者所使用的工具、方式、手段、原因和状态等功能。作格助词附在名词后面表示一种施事结构关系，可以在句子中作状语。

第四格为格：为格主要表示动作行为的目的或者为了所需的事物而发出动作以及对动作行为所实施的对象有益等。

　　第五格从格：从格表示某一事物的来源、一个动作或状态发生的出处、时间或空间的起止范围、同类事物的比较、排除事物的条件以及实施者的用法等多种功能。

　　第六格属格：属格表示人或事物之间的限制或领属关系。在语法上，属格是名词短语的构成形式，用前面的名词或名词短语来修饰和限制后面的中心语，相当于定语标志。修饰成分可以是名词、代词和名词短语，也可以是名词性句子。

　　第七格于格：于格有两种类型：第一种表示人或事物与其存在方位的关系，包含这类于格的句子末尾必须有存在动词出现，相当于英语中的存现句。常见的存在动词有ཡོད་འདུག གནས་པ་དགོས་ མཆེས་ ཁྱབ་ཅགས་等，如དཀར་ཡོལ་དུ་ཆུ་སྐོལ་། 。第二种表示事物的领有关系或者某事物属于另一事物，如བདག་གི་ཕྱིར་ལ་ཡོད་ཀྱིས་བཞི་པ་ང་ལ་ཡོད་。

　　同体格：表示前面的词语同其后面的动词融合成另一事物或动作，使两者在动作行为变化的结果上具有不可再分的同一体性质。自性格根据结构类型的不同可以分为四种类型：第一种类型是通过某种行为和动作使一事物转变为另一种事物；第二种类型为用在形容词前面表示事物的性质；第三种类型用形容词或者形容词短语修饰动词，表示行为动作的程度、范围、时间等概念；第四种类型主要用于动词的时态表达。

　　时间格：用于表示一个事件发生或者事物产生的时间。

　　虚词中除去格助词就是非格助词，因此自由虚词和非自由虚词均可认为是非格助词。非格助词包括དང་སྟེ། སྤྱག་བཅས། ནི་སྟེ། ཀྱི་སྟེ། ཞིན་སོགས། ཚོག་ཚིག རྒྱན་སྤྲད་ དགག་སྟ། བདག་སྟ། འདི་ནི་སྟ། ལོ་གྲག་ཟེར་སྲིད། ལོས་གྱང་ཡི། གིན་གྱི། ག་ལ། -ཐོག -ཁར། -ཟན། - མ་ཟན། -སྤ་སྟ། -ཟུང་། -མོད། -གཞས། -ཕྱིར། -གལ་ཏེ། -གལ་སྲིད། - མ་གཏོགས། -ཕྱིན། -དང་འབྲེལ། -དང་བཅས། -དང་ཆབས་ཅིག -སྤྲབས།等虚词。这些虚词按句法功能也可进一步划分为连词、助词和代词等。传统语法对这些虚词只在形式上做了简单分类，未做详细的功能分类。自由虚词包括语气词、连词、指示代词、疑问代词、否定词、概数副词、数量副词、明喻助词等。非自有虚词包括顺承助词、连词、主人助词、终结助词、离合连词、连词、引用助词、语气助词等。这些虚词的用法、数量和子类在许多藏文文法书籍中都有细微的区别。

3. 藏语词汇学

　　所有的语言单位（语素、词、词组、句子）都是由词语来充当、构成的，语言的功能（语言功能、交际功能）也是以词语的功能为基础而实现的。因此可以说，词汇既是语言体系存在的基础，也是语法语义规则得以体现的基础。民族语言中的词汇反映了一个民族对世界概念及其关系的认知体系。词汇学是以语言的词汇为研究对象，研究词汇的起源和发展、词的构造、构成及规范。词汇学重点研究以下几个方面的问题：

　　（1）词的定义。现代词汇学倾向用分解的办法给词下定义，即"词"是形态的、句法的、语义的具体特征的结合。

　　（2）词义分析。现代词汇学从概念意义、联想意义和社会意义 3 个方面分析词义。其中，社会意义是现代词汇学与前期词汇学最为不同也是最能体现它的现代性的地方。

　　（3）不同语言中词汇结构的共性成分。不同语言中存在着共性成分。凡是语言都有语音和语法的体系。语音和语法是封闭系统，有抽象的法则可循，而词汇则是开放的系统，抽象很不容易。现代词汇学重点是研究不同语言中词汇结构的共性成分。

　　关于藏语词的研究在多识先生的《藏文文法深义明释》和吉太加的《现代藏文文法通论》

中有相关章节专门论述，特别是华瑞·桑杰在《藏语语法四种结构明晰》中专门论述了词格的语义区别特征。此外，除了术语规范、辞藻及词典编纂外，在传统文法中几乎未涉及词汇学理论。20 世纪 50 年代以后，国内藏学家陆续出版了大量的历代传统语法著作对于词汇理论有所研究，《民族语文》创刊后，藏语词汇研究有了新的起色，王均、胡坦、黄布凡、瞿霭堂等著名学者在藏语词汇学研究方面取得了丰硕的成果。尽管如此，藏语词汇的研究内容比较零散，还未形成词汇学理论体系，很多的课题有待继续探讨。

4. 藏语句法学

句法学是研究句子结构的学科。句法学研究的对象是作为独立交际单位的句子。句子有三个基本特征：交际语调、述谓性和情态性。其中述谓性是指话语内容与现实的关系；情态性是指话语行为中包含的说话人的态度（确认、愿望、请求、意志等）。这三个基本特征使句子成为区别于词和词组的交际单位，句子作为形式和意义的统一体，其主要任务是描写句法结构和语义结构，以及它们之间的对应关系。根据句法学的主要任务，其研究的主要内容包括：句法成分的概念、句子成分的检测、句法关系（词类和句法成分之间映射关系）、语序与基本语序、句子结构与语言类型、句子类型、被动句与主动句、短语结构理论和句法树等。不同的语言在句法分析中存在一定的差异。

传统藏文文法把格助词虚词的应用与句子结构融合在一起，并没有专门的句法学内容，这是因为藏文的第二格（业格）、第三格（作格）、第四格（为格）、第五格（从格）、第六格（属格）和第七格（于格）决定了藏文最基本的句子结构，即藏文单句结构。第一格（主格）和第八格（呼格）与句子结构并无直接关系。因此，在传统文法《三十颂》中格助词和虚词的用法自然而然成了核心内容。随着信息技术的发展和学科间的交叉融合，当代学者在藏文文法研究中已经将现代语言学理论，尤其是句法理论应用到了藏文句法研究领域。比如吉太加的《现代藏文文法通论》和华瑞·桑杰在《藏语语法四种结构明晰》中用大量篇幅来论述藏语句法和句子结构类型的转换。除此之外，胡坦、瞿霭堂等学者也发表过藏语句法方面文章。随着计算语言学和语料库语言学的发展，对藏语句法分析提出了更高的要求，需要建立大规模的词性标注语料和句法结构标注树库，来获取更多的语法特征，构建规范的句法知识库，建立适应藏语语言特点的词法、句法和语义分析模型，搭建统一的藏语语言信息处理平台。

1.2 藏文文本特征

1.2.1 藏文文字特征

藏文是一种拼音文字，属拼音文字型，分辅音字母、元音符号和标点符号 3 个部分。其中有 30 个辅音字母、4 个元音符号以及 5 个反写字母。

藏文字形结构均以一个字母为核心，其余字母均以此字母为基础前后附加和上下叠加，组合成 1 个完整的字表结构。通常藏文字形结构最少为 1 个辅音字母，即单独由 1 个基字构成，如ཀ。最多由 6 个辅音和 1 个元音构成，如བསྒྲུགས。核心字母叫"基字"，其余字母的称谓均根据加在基字的部位而得名。即加在基字前的字母叫"前加字"，加在基字上的字母叫"上加字",加在基字下面的字母叫"下加字",加在基字后面的字母叫"后加字",后加字之后再加字母叫"再后加字"或"重后加字"。藏文 30 个字母均可作基字,但是,可作前加字、上加字、下加字、后加字、再后加字的字母均有限。藏文文字有以下四方面的特征:

（1）音节特征。藏文是一种拼音文字。藏文字以音节为单位,每个音节最少可由 1 个辅音字母构成(元音和上、下加字不能独立成字),最多可由 7 个字母拼合而成,各音节间用音节点分隔。

（2）拼写特征。藏字在结构上由基字、前加字、上加字、下加字、后加字、再后加字及元音以不同结构组成,它不仅具有横向拼写性,也具有纵向拼写性。组成音节时以基字为中心分为前加字、后加字和再后加字,其中前加字、基字、后加字与再后加字横向拼写,而在基字所在的竖直方向上还可能有上加字、基字、下加字和元音的纵向拼写。

（3）形态特征。

藏文的形态特征主要指文字表现出来的外部特征,主要表现的是藏文字的"变形特征",指藏文字符在词的不同位置有着不同的显现形式,即从语义上来看,还是那个字符,但字符所显示出的形式却完全不一样,这种特征与藏文字体的结构有很大关系。如藏文字"ར"在作为藏文的基字、上加字和下加字时有不同的显现形式,如 ཀ་ག་ཉ་ཅ་པ་ཕ་བ 等。

（4）标点符号特征。藏文标点符号形体简单,其使用规则与其他文字的标点符号有别。藏文有一套独立而完整的标点符号体系,常用的标点符号主要有以下几种:一是用于书题或篇首的起始符号云头符(藏文名为ཡིག་མགོ),用于书题或篇首,说明文章的开始;二是用于文本中每一个音节后面附着的分音点(藏文名为ཚེག),这种符号主要起着分割音节的作用,是藏文文本中使用频率最高的符号;三是用于句子之间分割的单垂符(藏文名为ཤད་ཅིག),这个符号大致相当于逗号、顿号和句号的作用;四是用于段落结束标志的双垂符(藏文名为ཉིས་ཤད),表示一小段文字的结束;五是用于卷次末尾的四垂符(藏文名为བཞི་ཤད),主要用于篇章结束的时候。随着社会的发展,为便于更加准确地表达语义,藏文中也已开始借鉴并使用西方文字的标点符号。

1.2.2 藏文词语特征

词是由语素构成的,词中表示基本意义的语素叫词根,词根是词的词汇意义的主要承担者。加在词根上边表示附加意义的语素叫词缀。"词在语言中代表一定意义的、具有固定的语音形式,是能够独立运用的最小的语言单位。"藏语词语包含有动词时态变化、有格的变化、有助词的黏着连用等多种复杂的语言现象。

藏语的词汇可分为 3 部分:一是固有词,是词汇的中心部分,包括全部单音词,并以双音词占绝对优势,三音词极少。二是借词,比较来说,借词在词汇中占的比重较小。古代借词以汉语和印度语为主,这类借词保留在文献中的比口语中的多,如早期汉语借词"茶""公主"等;早期印度语借词如"珍珠""水牛"等。近代的借词主要从汉语、英语和印度语借入,如近代汉语借词"肉包子""菜""粉条"等;近代英语借词如"票""纸烟""球"等;近代印度语借词如"袜子""水泥"等。新中国成立以后的新借词主要来源于汉语,一些原来的英语、印度语借词已逐渐为汉语借词所替代,近期汉语借词如"书记""公司""县"

等。此外，还有一些其他语言的借词，如波斯语借词"白酒"、回鹘语借词"医生"等。三是仿制词，仿制词介于固有词和借词之间，形式上属于固有词，内容上又类似借词，早期印度语仿制词主要是译经过程中创造的源于梵语的佛经语词。新中国成立以后藏语新词术语的发展主要是创造仿制词，在藏语中占重要地位。不过仿制词大多停留在书面上，在口语中尚未广泛使用。因此，藏语口语中的借词，与西南地区其他民族比较来说，数量要少得多。

藏文中的词就构成而言和汉语一样有单纯词和合成词。单纯词是由单个语素构成的词，单纯词又可以分为单音节和多音节。合成词是由两个或两个以上的基本语素构成的词。藏语合成词常见的构词法是合成法和派生法。合成法在现代口语里是能产的、常用的。派生法在古藏语里也是能产的，但是在现代藏语中其重要性已远不如合成法了。下面以拉萨话为例简单介绍藏语语词的构成方式。

（1）合成法。

合成法在藏语合成词里词素的结合关系主要有联合、修饰、支配和表述四种。现分述如下：

① 联合关系构成合成词的两个词素处于平等并列的地位，按照词素的意义又可分为三小类。

● 两个词素意义相同或相近的。如："བདེ་སྐྱིད"（幸福）的构成词素分别为"བདེ"（安）和"སྐྱིད"（乐）、"ཡང་བསྐྱར"（再）构成词素为"ཡང"（又）和"བསྐྱར"（重复）。

● 两个词素意义相反的。如："ཉོ་ཚོང"（生意）的构成词素为"ཉོ"（买）和"ཚོང"（卖）、"མང་ཉུང"（多少）的构成词素为"མང"（多）和"ཉུང"（少）。

● 两个词素并没有相同或相反意义而并列的，如："ཁ་ལག"（饭）的词素为"ཁ"（口）和"ལག"（手）。

② 修饰关系构成合成词的两个词素之间是一个词素修饰另一个词素的关系。处于修饰关系的两个词素的次序，一般有下列两种不同的情况。

● 修饰词素在前，被修饰词素在后。由两个名词或由一个动词和一个名词合成的属于这一类。如："མེ་ཤིང"（柴）的构成词素为"མེ"（火）和"ཤིང"（木），"སྐྱེ་ཤིང"（树木）的构成词素为"སྐྱེ"（生长）和"ཤིང"（木）。

● 被修饰词素在前，修饰词素在后。由一个名词和一个形容词或数词合成的词属于这一类。如："འབུ་དམར"（蚯蚓）的构成词素为"འབུ"（虫）和"དམར"（红），"དུས་བཞི"（四季）的构成词素为"དུས"（时）和"བཞི"（四）。

③ 支配关系构成合成词的两个词素之间是动作和它所支配的对象的关系。在现代藏语里，由支配关系构成的动词很多。其中主要是由各种名词和表示"施""放""作"等义的动词合成的。如："ངོ་ལོག་བརྒྱབ"（反叛）的构成词素是"ངོ་ལོག"（反对）和"བརྒྱབ"（施）。由支配关系构成的动词，在两个成分之间可以插入形容词和否定成分。如："མེ་མདའ་བརྒྱབ"（放枪）和"མེ་མདའ་མ་བརྒྱབ"（不要放枪）之间就添加了否定成分"མ"。这种合成词里的动词词素，有逐渐失去其原有的词汇意义而变作构词的附加成分的趋势。

④ 表述关系构成合成词的两个词素之间是主语和谓语的关系。如："ནམ་ལངས"（天亮）的构成词素是"ནམ"（天）和"ལངས"（起）。

此外，在合成词里，还有一部分由名词或形容词和结构助词"ལ""དུ""ནས"等构成的副词存在。

（2）派生法。

藏语里常用的派生法是词根加后加成分，根据后加成分体现的意义，附加法主要可以分为以下几类：

● 后加成分"པ"和动词词根结合，含有进行某项动作的"人"的附加意义，如"ཚོང་པ"（商人）就是由后加成分"པ"和"ཚོང"（卖）的词根结合构成。

● 后加成分"པ"和名词结合，含有与该名词有关的"人"的附加意义，如"ཞིང་པ"（农民）就是由后加成分"པ"和"ཞིང"（田地）结合构成。在地名后加"པ"成分，表示某地方的人，如："གཙང་པ"（后藏人）就是"གཙང"（后藏）后加"པ"构成。

● 后加成分"མ""ཁ"等与动词词根结合，体现着由某项动作产生的结果或者与某项动作有关的事物的附加意义。如："བྲིས་མ"（抄本）就是由"བྲིས"（写）的词根后加"མ"构成。

● 后加成分"མ""ཚ"等与名词词根结合，构成与原来名词意义有关的另一个名词。如："རྫ་མ"（瓦罐）就是由"རྫ"（陶土）的词根后加"མ"构成。

1.2.3 藏文句子特征

一般而言，藏语的句子又是以动词为中心来组织的，动词居于句子末尾，制约着全句的格局，决定着格助词的添接规则。藏语句子的组织过程就是在词与词、短语与短语之间添加格助词并与句末动词有效结合的过程。藏语句子结构的主要特征概括起来有以下三点：

（1）语序特征。藏语的语序相对稳定。藏语属于 S（主）O（宾）V（谓）型语言，即谓语动词后置型语言。动词谓语是藏文句子的核心，动词谓语决定着主语带不带格标记以及带什么样的格标记。格标记像纽带一样把主语和谓语联结成一个紧密的整体。主语所带的标记，实际上是主谓结构的标记。藏文句子主谓语存在相互照应的一致性关系，具体表现在主语与静态动词的照应及主语与句尾助词的照应两个方面。

① 主语与静态动词。

静态动词包括判断动词、领有动词和存在动词。静态动词与主语在人称上有照应关系，主语的不同人称对应于静态动词的不同变体。如：ང་བོད་རིགས་ཡིན（我是藏族）中第一人称"ང"对应的动词谓语是"ཡིན"，而 ཁོང་བོད་རིགས་རེད（他是藏族）中第三人称"ཁོང"对应的动词谓语是"རེད"。主谓语照应关系的特点是，即使句中照应关系的一方未出现（如主语未出现），也可根据照应关系中所出现的一方（如谓语）而推知。

② 主语与句尾助词。

藏语位于动态动词之后的句尾助词，是谓语动词形态的延伸和补充，其与主语在人称上保持照应关系。其照应规则类似于静态动词谓语句。如："ཁ་ལག་བཟས་པ་ཡིན"（吃过饭了）"ནང་ལ་ལོག་འགྲོ་གི་རེད"（回家去）两句在助词上分别用"ཡིན"和"རེད"来描述不同的主语对象。

（2）藏语是动词居尾类的一种语言，所有名词都在动词之前，排列成一个名词群并形成一个以动词为中心的语义格系统。在藏语里，每类语义格都带有格标记，形成一个与语义系统相应的格标记系统。因此，句子语义主要借助格助词来表达，藏语句子的主要成分一般都要与格助词相关联，只有这样才能把句子各成分之间的语义关系表达清楚。比如："གློག་གིས་ཤིང་གཏུབས"（电把树劈开了），如果没有格助词གིས就没有办法表达句子的含义。

（3）藏语具有后置性修饰语。在藏语语句中，中心词为名词时，藏语修饰词位置可以前置也可以后置，充当修饰词的形容词、数词、数量词、名词、代词和动词等均可后置，且充当后置性修饰词的词类要远远多于前置性修饰语词类。

1.3 藏文编码标准情况

1.3.1 ASCII 码

计算机领域把诸如文字、标点符号、图形符号、数字等统称为字符。由于所有字符在计算机中都是以二进制来存储的，那么一个字符，比如 a 用哪一个二进制数值表示呢？从理论上说，用任何一个二进制表示都可以，但为保证人类和设备、设备和计算机之间能进行正确的信息交换，人们编制了统一的信息交换代码。最早的计算机内部字符编码表示是 ASCII 码，它的全称是"美国信息交换标准代码"。美国信息交换标准代码（American Standard Code for Information Interchange，ASCII）是由美国国家标准学会（American National Standard Institute，ANSI）制定的标准的单字节（一个字节）字符编码方案。它起始于 20 世纪 50 年代后期，在 1967 年定案，最初是美国国家标准，供不同计算机在相互通信时用作共同遵守的西文字符编码标准，后来经国际标准化组织 ISO 批准成为相应的国际标准，即国际标准 ISO/IEC 646 标准，是目前世界范围内应用最为广泛的编码字符集。

ASCII 码规定字符集中的每个字符均由一个字节表示，并指定了字符表编码表，称为 ASCII 码表。一个字节虽然有 8 位二进制，8 位二进制有 256 个数值，但在制定 ASCII 时，可能是认为英文字符没有 256 个，用 7 位 128 个数值就能表示英文字符，也就用了 7 位二进制来对英文进行编码。7 位的 ASCII 编码称为标准 ASCII 编码，即每个字符的 ASCII 码由七位二进制数组成，标准 ASCII 最高位（b7）可用作奇偶校验位。所谓奇偶校验，是指在代码传送过程中用来检验是否出现错误的一种方法，一般分奇校验和偶校验两种。奇校验规定：正确代码的一个字节中"1"的个数必须是奇数，若非奇数，则在最高位 b7 添"1"；偶校验规定：正确代码的一个字节中"1"的个数必须是偶数，若非偶数，则在最高位 b7 添"1"。

这种 ASCII 码版本包括 10 个阿拉伯数字、52 个英文大小写字母、32 个标点符号和运算符以及 34 个控制码，总共 128 个字符，比如空格"SPACE"十进制编码是 32（二进制 00100000），大写的字母 A 十进制编码是 65（二进制 01000001）等。这 128 个符号只占用了一个字节的后面 7 位，最前面的 1 位统一规定为 0。标准 ASCII 码所包含的字符包括两个部分：一部分是可显示的字符，对应码表中的 32～126，共 95 个，其中 32 是空格，48～57 为 0～9 的 10 个阿拉伯数字，65～90 为 26 个大写英文字母，97～123 号为 26 个小写英文字母，其余为一些标点符号、运算符号等；另一部分为控制字符或通用专用字符，对应码表中的 0～31 及 127，共 33 个，包含的控制符如 LF（换行）、CR（回车）、FF（换页）、DEL（删除）、BS（退格）、BEL（振铃）等；通信专用字符如 SOH（文头）、EOT（文尾）、ACK（确认）等。其中 ASCII 值为 8、9、10 和 13 的分别代表退格、制表、换行和回车字符。它们并没有特定的图形显示，但会依不同的应用程序，而对文本显示有不同的影响。常用 ASCII 码如表 1.1 所示。

表 1.1 常用 ASCII 码

低位	高位							
	000	001	010	011	100	101	110	111
0000	NULL	DLE	SP	0	@	P	`	p
0001	SOM	DC1	!	1	A	Q	a	q
0010	STX	DC2	"	2	B	R	b	r
0011	ETX	DC3	#	3	C	S	c	s
0100	EOT	DC4	$	4	D	T	d	t
0101	ENQ	NAK	%	5	E	U	e	u
0110	ACK	SYN	&	6	F	V	f	v
0111	BEL	ETB	,	7	G	W	g	w
1000	BS	CAN	(	8	H	X	h	x
1001	HT	EM	)	9	I	Y	i	y
1010	LF	SUB	*	:	J	Z	j	z
1011	VT	ESC	+	;	K	[	k	{
1100	FF	ES	'	<	L	\	l	|
1101	CR	GS	-	=	M	]	m	}
1110	SO	RS	.	>	N	^	n	~
1111	SI	US	/	?	O	_	o	DEL

表中，上横栏为 ASCII 码的前三位（即高位），左竖栏为 ASCII 码的后四位（即低位）。要确定一个字符的 ASCII 码，可先在表中查出它的位置，然后确定它所在位置对应的行和列。根据行数可确定被查字符低位的四位编码。根据列数可确定被查字符高位的三位编码，由此组合起来可确定被查字符的 ASCII 码。例如，字符 A 的 ASCII 码是 01000001，十进制码值是 65。

由于标准 ASCII 字符集字符数目有限，无法满足实际应用的要求。为此，国际标准化组织（ISO）及国际电工委员会（IEC）又联合制定了 ISO/IEC 2022 标准，即扩展 ASCII 码。它在规定了保持与 ISO 646 兼容的前提下将 ASCII 字符集扩充为 8 位代码的统一方法。扩展 ASCII 码允许将每个字符的第 8 位用于确定附加的 128 个特殊符号字符、外来语字母和图形符号。

1.3.2 中文字符的编码

中文的基本组成单位是汉字，加上需兼容 ASCII 码的几百个英文字符，使用 7 位或 8 位二进制无法表示。加上目前汉字的总数超过 6 万字。数量大，字形复杂，同音字多，异性字多，这就给汉字在计算机内部的表示和处理、汉字的传输与交换、汉字的输入输出等带来了一系列的问题。为此，我国于 1981 年公布了"国家标准信息交换用汉字编码基本字符集（GB 2312—1980）"。该标准规定：一个汉字用两个字节（256×256 = 65 536 种状态）编码，同时用每个字节的最高位来区分是汉字编码还是 ASCII 码，这样每个字节只使用低 7 位，这就是所谓的双 7 位汉字编码（128×128 = 16 384 种状态），称作汉字的交换码，又称国标码（GB码）。格式如表 1.2 所示。国标码中每个字节的定义域在 21H～7EH 之间。

表 1.2　国标码格式

b7	b6	b5	b4	b3	b2	b1	b0	b7	b6	b5	b4	b3	b2	b1	b0
0	x	x	x	x	x	x	x	0	x	x	x	x	x	x	x

　　GB 2312—1980 一共收录了 7 445 个字符，包括 6 763 个汉字和 682 个其他符号。汉字区的内码范围高字节从 B0～F7，低字节从 A1～EE，占用的码位是 72×94＝6 768。其中有 5 个空位是 D7FA～D7EE。因此，GB 2312 支持的汉字还远不能满足要求。1995 年的汉字扩展规范 GBK 1.0 收录了 21 886 个符号，它分为汉字区和图形符号区。汉字区包括 21 003 个字符。2000 年的 GB 18030 是取代 GBK1.0 的正式国家标准，该标准收录了 27 484 个汉字，同时还收录了藏文、蒙文、维吾尔文等主要的少数民族文字。GB 2312、GBK 到 GB 18030 都属于双字节字符集。其中 GB 18030 是中国所有非手持/嵌入式计算机系统的强制实施标准。因此，现在的 PC 平台必须支持 GB 18030，对嵌入式产品暂不做要求，所以手机一般只支持 GB 2312。从 ASCII、GB 21312、GBK 到 GB 18030，这些编码方法是向下兼容的，即同一个字符在这些方案中总是有相同的编码，后面的标准支持更多的字符。在这些编码中，英文和中文可以统一处理。

　　由于汉字目前既有中国内地地区使用的简体字，也有中国港澳台地区使用的繁体字，因此，汉字编码并不统一，中国大陆地区使用的是 GB 码，而中国台湾地区使用的是 BIG5 码，主要针对繁体字。BIG5 码编码规则是这样的：每个汉字由两个字节构成，第一个字节的范围为 0x81～0xFE，共 126 种。第二个字节的范围分别为 0x40～0x7E，0xA1～0xFE，共 157 种。也就是说，利用这两个字节可定义出 126×157＝19 782 种汉字。这些汉字的一部分是我们常用到的，如一、丁，这些字称为常用字，常用字 BIG5 码的范围为 0xA440～0xC671，共 5 401 个。较不常用的字，如滥、调，称为次常用字，范围为 0xC940～0xF9FE，共 7 652 个，剩下的便是一些特殊字符。

1.3.3　藏文字符编码国家标准

　　我国藏文信息处理在 20 世纪 90 年代与国际上基本同步，但标准化建设和实际应用却相对滞后。20 世纪 90 年代，藏文信息技术研发单位缺乏沟通和合作，藏文编码是根据机构和企业各自的需要设计的。21 世纪以来，随着各类国际标准的成功应用，为了推动国内藏文信息化建设，国内一些专家提出了两个路线的方针：一是继续对国际标准小字符集技术的深入研究，二是根据国内信息化研究情况研制藏文大字符集国家标准，以此统一国内藏文编码，达到资源共享、避免重复开发的目的。其中藏文大字符集为国家标准，本节将进行具体讲解。

　　国内大字符集统称或俗称大丁字符集，是音译藏名称བརྡ་བཏེན（brdarten）而来，准确应称为预组合字符集。大丁字符集研究的目标是"根据我国现有技术水平、用户需求和产业发展现状，制定适合于我国现有藏文信息处理技术、在国产藏文信息处理软件的实现中具有较高可行性的藏文编码字符集标准。"

　　大丁字符集研究的指导纲要为"在国际标准框架下制定藏文大字符集编码国家标准，定义垂直预组合的藏文字符，应作为我国藏文信息处理发展的策略；同时，不排斥小字符集的技术方案，并积极跟踪研究动态组合技术"。

大丁字符集包含基本藏文字符集、扩充集 A 和扩充集 B 三大块。

基本藏文字符集（Basic Set）已经在 0F00 ~ 0FFF 编码的全部藏文字符（共有 201 个编码字符和 9 个未用的编码位置）。所收集的字符及各种符号分别由"非组合字符"和"组合字符"组成。

扩充集 A（Extension set A）：由基本字符纵向叠加而成的结构稳定的藏文字符和最常用梵音转写字符的集合。扩充字符集 A 共有 1 536 个垂直预组合字符，包括现代藏文（三次规范后的藏文书写形式），如：ཀྱི（kyi）、ཀྲི（kri）、རྐུ（rku）等。古藏文（规范之前藏文书写形式），如：རྫྀ（rdz.i）、སླྀ（sl.i）和已成为藏文部分的梵音转写藏文字符，如：ད྄ྷུ（d.dhu）共 962 个字符。还有 574 个最常用梵音转写藏文字符。扩充字符集 A 在 GB 13000 的基本多文种平面专用用户区编码，其编码位置是 F300 ~ F8FF，共占用 1 536 个编码位量。

扩充集 A 中所收藏文预组合垂直结构的结构方式有：

- 辅音+元音：ཏུ（tu）、ཁི（kh.i）；
- 基字+下加字：ཀྱ（kya）、ཁྲ（khra）、གླ（gla）；
- 基字+下加字+元音：ཀྱོ（kyo）；
- 基字+上加字：རྐ（rka）、རྒ（rga）、རྑ（rkha）；
- 基字+上加字+元音：སྐི（ski）；
- 基字+上加字+下加字：སྐྲ（skra）；
- 基字+上加字+下加字+元音：རྒྱོ（rgyo）。

上述七种结构方式符合现代藏文的基本结构方式。其中把ཀ、ཁ、ག、ཏ、ཅ作为一个整体，在组合中充当基字，下加字，如：གྷླ（ghla）。此外还有两种不符合现代藏文结构的组合方式，具体如下：

- 在上述七种组合形式上添加附加符号、变音符、长音符等。如：གྷྀ、གྷི。
- 不符合藏文组合规则的梵音转写垂直组合结构。这种结合一般有层叠加和三层叠加结构，如：གྷྲ，以及在这些结构上添加附加符号所构成的叠加结构形式。

扩充集与藏文基本集最大的不同在于，它是在 ISO/IEC 10 646 编码体系结构的框架内对藏文中由基本字符纵向叠加而成，具有稳定结构且使用频繁的藏文和梵源藏字字丁进行预组合编码，即把藏文垂直方向的叠置字符形式看作一个不可分割的整体，只用一个编码来表示，这样就将复杂的二维动态技术转化为一维线性排列技术。比如བློ་གྲོས"智慧"这个词预组合之后，只需要在横向组合བློ、གྲོ、ས 3 个字符。下图清晰地表示出了藏文扩充集中的藏文字丁。

```
བློགས  =  བ  +  ློ  +  ག  +  ས
（1）      0F56    F393    0F42    0F66
            ①       ②       ③       ④
```

图 1.1   包含扩充集字丁的编码顺序

如果按照小字符集方案编码，上述将会用 7 个编码，而在大丁字符集中只用 4 个编码。基本集与扩充集相比，各有优缺点：使用藏文基本集表示字丁，其优点在于只需要对构成藏文字丁的图形元素进行编码，码点空间的占用量很少；使用藏文扩充集则需要为每一个不同字丁分配一个独立的码点，需要较大的编码空间。但是从藏文存储的角度来说，采用藏文基本集对藏文字丁编码，每个字丁的编码长度取决于构成字丁的元音、辅音的数目，一般需多个编码字符组合而成；采用藏文扩充集对藏文字丁编码，每个字丁对应一个码点。因此，采用藏文基本集编码藏文字丁较藏文扩充集来说，需要使用更多存储空间。

扩充集 B 共有 5 669 个垂直组合字符。它以西藏收集的大字符集、藏学中心提供的梵音转写藏文字符和其他佛教经典中出现的梵音转写藏文字符为主要依据，确定了 5 669 个常用梵文字符。除扩充集 A 收录的部分字符外，其余都收录于扩充集 B 之中。扩充集 B 在 GB 13000 专用平面 0F 平面上的编码，共占用从 000F0000 到 000F1624 位置的 5 702 个编码位置。

1.3.4 国际字符编码 UNICODE 及藏文字符编码国际标准

由于不同编码在各国家或地区编码时并未考虑其他国家或地区的字符编码，导致了编码空间和编码内容有重叠，同一个二进制数字可能被解释成不同的符号。因此，打开一个文本文件或者页码文件时必须知道原来的编码方式，否则就可能出现乱码。这种问题在信息内容快速和随机传播的互联网时代变得更为突出。

为解决这个问题，历史上有两个独立的创立单一字符集的尝试项目：一个是国际标准化组织 ISO 的 ISO 10646 项目，另一个是由多语言软件制造商组成的协会组织的 UNICODE 项目。1991 年前后，两个项目的参与者都认识到，世界不需要两个不同的单一字符集，故它们合并双方的工作成果，并为创立一个单一编码表而协同工作。目前，两个项目仍都存在并独立地公布各自的标准，但 UNICODE 协会和 ISO 都同意保持 UNICODE 和 ISO 10646 标准的码表兼容，并密切地共同调整任何未来的扩展。

国际字符编码 UNICODE 是一种国际标准的字符集，它包括目前地球上几乎所有正在使用的文字，英文、简体中文、繁体中文等各种复杂的语言都可以正常地显示。这样，只要操作系统和浏览器支持 UNICODE，就可以毫无困难地显示各种字符，不会出现繁体系统无法显示简体中文或相反的情况。UNICODE 标准额外定义了许多与字符有关的语义符号，用于为实现高质量的印刷出版系统提供更好的支持。UNICODE 详细说明了绘制某些语言（比如阿拉伯语）表达形式的算法，处理双向文字（比如拉丁与希伯来文混合文字）的算法和排序与字符串比较所需的算法，以及其他许多相关内容。

藏文字符国际标准编码也是依托于 UNICODE 字符集的，其制定主要包括三个方面的工作：第一，制定藏文编码字符集标准；第二，制定藏文字符键盘布局标准；第三，制定藏文字形标准。

英国标准局 1988 年 7 月 12 日首先提交的 ISO/DP 10 646 藏文提案，给出了 63 个编码点。该提案在很大程度上决定了藏文将以拼音文字的方式，进入 ISO 的 BMP 平面的 A 一区，称为基本多文种平面 BMP（Basic Multilingual Place）。1993 年国家技术监督局、电子工业部和国家民委下达厂研制藏文编码标准的任务。1994 年 5 月藏文编码的第一份中国提案，是一个含 500 多个藏文整字（藏文纵向组合体）的中字符集，提交给了在土耳其召开的国际标准化组织的 WG2 第 25 届会议。1994 年 10 月，按拼音文字结构特征起草的藏文编码中国提案提交到 WG2 第 26 届旧金山会议，这份提案确定了藏文编码国际标准的框架和模式。1995 年 3 月，在瑞士日内瓦召开的 WG2 第 27 届会议上，统一编码联盟组织（Unicode）提交了与我国提案既相近又有差异的另一个藏文编码提案。同年 4 月，我国专家赴美参加在硅谷召开的藏文编码会，会上我国专家以翔实的资料和充分的证据论述了中国的提案，最终形成了以我国提案为主的双方一致确认的藏文编码国际标准提案。该提案提交给 1995 年 6 月在芬兰赫尔辛基举行的 WG2 第 28 届会议，通过 WG2 一级审查，进入 SC2（第二分委员会）一级投票处理阶段。1996 年 4 月，在丹麦哥本哈根举行的 WG2 第 30 届会议上，英国、爱尔兰又提交了藏文编码扩充方案，经过辩论，原藏文编码方案进入第二轮投票阶段。1997 年 6 月 30 日至 7 月 4 日，WG2 第 33 届会议及 SC2 全会在希腊举行，两会在决议中分别宣布：藏文编码已经通过最后一级投票表决，正式形成 ISO/IEC10 646《通用多八位编码字符集》藏文编码国际标准字符集方案。我国也在 1998 年 1 月正式发布了藏文小字符集国家标准《信息技术——信息交换用藏文编码字符集基本集》（GB 16959—1997）。同时，国家标准《信息技术——藏文编码字符集（基本集）24×48 点阵字形第一部分：白体》（GB/T 16960.1—1997）也正式发布。随后在 1999 年发布国家标准《信息技术一藏文编码字符集（基本集）键盘字母数字区的布局》。

建立在 ISO 10646-1 的基本平面 00 组 00 平面的藏文《基本集》占用 192 个码位，机内码为 0F00～0FBF，提供了 168 个编码字符，空缺 24 个码位。藏文的叠置书写使一些辅音在充当上加字和下加字时，形式会发生变化，如ཤ->ྺ（w）、ཡ->ྱ（y）、ར->ྲ（r）。针对这种情况，必须给这些变形符号赋予新的编码，同时在藏文文本中还常常会遇到一些未编码的图形符号。

为了进一步完善编码，在 1999 年 9 月发布的 Unicode 3.0 版中，增补了部分藏文字符，共涉及 25 个字符。该版藏文字符集增加了 9 个字符或组合用字符，其中包括"ya, ra, wa"的变形形式，分别是ྭ（0FAD）、ྱ（0FB1）、ྲ（0FB2）；为了满足基字是 nya 时，上加字 ra 不变形的情况，又增加ཪ（0F6A），其他增加的是ྖ（0F96）、ྮ（0FAE）、ྯ（0FAF）、ྰ（0FB0）、ྸ（0FB8）等字符或组合用字符以及图形符号༾（0FBE）、༿（0FBF），添补过去旧版中的空缺码位。在此基础上追加了部分空间，机内码从原来的 0F00-0FBF 扩充到 0F00～0FCF，并追加了 14 个图形符号：࿀（0FC0）、࿁（0FC1）、࿂（0FC2）、࿃（0FC3）、࿄（0FC4）、࿅（0FC5）、࿆（0FC6）、࿇（0FC7）、࿈（0FC8）、࿉（0FC9）、࿊（0FCA）、࿋（0FCB）、࿌（0FCC）、࿏（0FCF）。

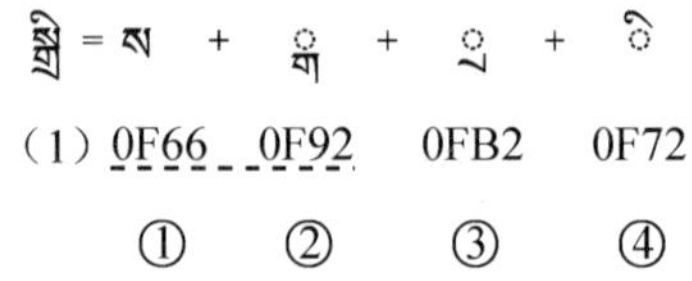

Unicode 4.0 版中没有增加藏文字符，但是藏文编码空间进一步扩充到 0FFF 范围，共计 256 个码位。该标准还规定了藏文字丁的编码顺序与藏文字丁的书写顺序一致。图 1.2 清晰地表明了 ISO/IEC 10 646 标准对藏文字丁的编码顺序。

（1）0F66 0F92 0FB2 0F72
① ② ③ ④

图 1.2 编码顺序与书写顺序

其中字丁（1）的编码为 0x0F66+0x0F92+0x0FB2+0x0F72，而这些附加辅音在基本集中使用"组合用字符"来表示。

藏文小字符集字符包括辅音字符、元音字符、数字、标点、其他符号、减文转写梵文来源的辅音字符、藏文转写梵文来源的元音字符等。藏文小字符标准颁布后，字符叠置技术得到发展。微软公司等国外的专家针对藏文编码的复杂性以及基本字符集技术在应用中动态组合所存在的问题，以叠置引擎技术和 OpenType 字库技术来解决。所谓 OpenType 字库，即在编码字符之外建立 OpenType 字体文件，用来存放所有可能的藏文字符字形（包括叠加字形），然后通过字符编码与字形特征之间的映射关系来显现藏文 Opentype 字体。例如，直接将"智慧"按照ག、ཟ、ི、ག、ྱ、ེ、ར 7 个字符从横向和垂直两个维度上动态组合起来。

采用小字符集方案和前面的大字符集方案都能适用于藏文的书面形式的表示、传输、交换、处理、存储、输入及显现，只是采用的技术路线有所不同。特别是以微软公司为代表的国外集团投入大量人力和财力在 UNICODE 编码体系内采用 OpenType 技术初步解决了藏文小字符集排版、打印、外观、质量问题，他们的设计体系已经形成，产品也已推出，因此对我国采用大字符集方案肯定有不同的意见。如果重新采用大字符集编码方案，将对他们已经成型的技术产品造成经济损失。更何况，国外其他一部分机构、公司不断开发以小字符集标准为基础的各种藏文处理软件和平台，并在此基础上建立了为数不少的藏文资源数据。在这种情况下，如果采用预组合大字符集方案，现有资源的利用也将成为严重的问题，因此，他们坚持基本字符集符合他们的经济利益需要。而国内企业采用预组合编码方案多年，重新开发小字符集编码体系也不是容易的事情，首先是技术上有一些困难；其次，国内也形成了大量的以大字符集编码的基础资源，放弃大字符集改用小字符集编码开发也将浪费许多资源，这也是当前两种编码技术方案长期共存的重要原因。但是从长远来讲，我们应该看到，采用小字符集方案遵循了藏文国际、国家标准，是无可非议的，这种方案也是将来字符标准化发展的重要方向。

1.4 藏文文本挖掘

1.4.1 文本挖掘基本概念

文本数据挖掘（Text Data Mining）是数据挖掘的一个分支，它是把文本型信息源作为分析的对象，利用定量计算和定性分析的方法，从自然语言文本中挖掘用户所感兴趣的模式和知识的方法和技术，这种模式和知识对用户而言是新颖的，具有潜在价值。文本数据挖掘有时候也简称为文本挖掘（Text Mining）。这里所说的文本包括普通 txt 文件、doc/docx 文件、pdf 文件和 html 文件等各类以语言文字为主要内容的数据文件。

与广义的数据挖掘技术相比较，除了解析各类文件（如 doc/docx 文件、pdf 文件和 html 文件等）的结构所用到的专门技术以外，文本数据挖掘的最大挑战在于对非结构化自然语言文本内容的分析和理解。这种挑战表现在两个方面：一是文本内容几乎都是非结构化的，而不像数据库和数据仓库，都是结构化的；二是文本内容是由自然语言描述的，而不是纯用数据描述的，通常也不考虑图形和图像等其他非文字形式。当然，文档中含有图表和数据也是正常的，但文档的主体内容是文本。因此，文本数据挖掘是自然语言处理（Natural Language Processing，NLP）、模式分类（Pattern Classification）和机器学习（Machine Learning，ML）等相关技术密切结合的一项综合性技术。

所谓的挖掘通常带有"发现、寻找、归纳、提炼"的含义。既然需要去发现和提炼，那么，所要寻找的内容往往都不是显而易见的，而是隐蔽和藏匿在文本之中的，或者是人无法在大范围内发现和归纳出来的。这里所说的"隐蔽"和"藏匿"既是对计算机系统而言，也是对用户而言。但无论哪一种情况，从用户的角度，肯定都希望系统能够直接给出所关注问题的答案和结论，而不是像传统的检索系统一样，针对用户输入的关键词送出无数多可能的搜索结果，让用户自己从中分析和寻找所要的答案。

粗略地讲，文本挖掘类型可以归纳成两种：一种是用户的问题非常明确、具体，只是不知道问题的答案是什么，如用户希望从大量的文本中发现某人与哪些组织机构存在什么样的关系；另一种情况是用户只是知道大概的目的，但并没有非常具体、明确的问题，如医务人员希望从大量的病例记录中发现某些疾病发病的规律和与之相关的因素。在这种情况下，可能并非指某一种疾病，也不知道哪些因素，完全需要系统自动地从病例记录中发现、归纳和提炼出相关的信息。当然，这两种类型有时并没有明显的界限。

文本挖掘技术在国民经济、社会管理、信息服务和国家安全等各个领域中都有非常重要的应用，市场需求巨大，如对于政府管理部门来说，可以通过分析和挖掘普通民众的微博、微信、短信等网络信息，及时准确地了解民意、把握舆情；在金融或商贸领域通过对大量的新闻报道、财务报告和网络评论等文字材料的深入挖掘和分析，预测某一时间段的经济形势和股市走向；电子产品企业可随时了解和分析用户对其产品的评价及市场反应，为进一步改进产品质量、提供个性化服务等提供数据支持；而对于国家安全和公共安全部门来说，文本数据挖掘技术则是及时发现社会不稳定因素、有效掌控时局的有力工具；在医疗卫生和公共健康领域可以通过分析大量的化验报告、病例、记录和相关文献、资料等，发现某种现象、规律和结论，等等。

文本挖掘与多个研究领域有密切的关系，如信息检索、信息过滤、自动摘要、文本自动聚类、文本自动分类、计算语言学、数据挖掘、人工智能、统计学等。文本挖掘作为多项技术的交叉研究领域起源于文本分类（Text Classification）、文本聚类（Text Clustering）和文本自动摘要（Automatic Text Summarization）等单项技术。大约在 20 世纪 50 年代，文本分类和聚类作为模式识别的应用技术崭露头角，当时主要是面向图书情报分类等需求开展研究。当然，分类和聚类都是基于文本主题和内容进行的。1958 年 H.P. Luhn 提出了自动文摘的思想[Luhn，1958]，为文本挖掘领域增添了新的内容。20 世纪 80 年代末期和 90 年代初期，随着互联网技术的快速发展和普及，新的应用需求推动这一领域不断发展和壮大。美国政府资助了一系列有关信息抽取（Information Extraction，IE）技术的研究项目，1987 年美国国防高级研究计划局（DARPA）为了评估这项技术的性能，发起组织了第一届消息理解会议（Message　Understanding Conference，MUC1）。在随后的 10 年间连续组织的 7 次评测使信息抽取技术迅速成为这一领域的研究热点。之后，文本情感分析（Text Sentiment Analysis）与观点挖掘（Opinion Mining）、话题检测与跟踪（Topic Detection and Tracking，TDT）等一系列面向社交媒体的文本处理技术相继产生，并得到快速发展。今天，这一技术领域不仅在理论方法上快速成长，而且在系统集成和应用形式上也不断推陈出新。

1.4.2　文本挖掘主要技术

正如前面所述，文本挖掘是一个多项技术交叉的研究领域，涉及内容比较宽泛。在实际应用中通常需要几种相关技术结合起来完成某个应用任务，而挖掘技术的执行过程通常隐藏在应用系统的背后。例如，一个问答系统（Question and Answering，Q&A）通常需要问句解析、知识库搜索、候选答案推断和过滤、答案生成等几个环节，而在知识库构建的过程中离不开文本聚类、分类、命名实体识别（Named Entity Recognition，NER）、关系抽取（Relation Extraction）和消歧等关键技术。因此，文本挖掘通常不是一个单项技术构成的系统，而是若干技术的集成应用。以下对几种典型的文本挖掘技术做简要的介绍。文本挖掘的主要目标是获得文本的主要内容特征，如文本涉及的主题、文本主题的类属、文本内容的浓缩等。目前，这些技术在处理网络信息资源时非常有效。文本挖掘的具体实现技术主要有如下几种：

1. 文本分类

文本分类是模式分类技术的一个具体应用，其任务是基于内容将自然语言文本自动分配给预定义的类别。文本分类技术类似于数据库挖掘中的分类技术，不同之处在于它需要预先对文本进行特征抽取，利用文本特征向量对文本进行分类。例如，"中国西藏网"首页划分的内容类别有新闻、时政、文化、援藏、藏医药、文史、宗教、视频、教育等多项，针对一篇新产生的新闻，对于给定的类别，如何根据新闻的内容自动将其划归为某一种类别，是一项具有挑战性的任务，这也是文本分类要解决的现实问题。

2. 文本聚类

聚类就是将一个数据对象的集合分组成为多类或簇。它的分析并不依赖于已知类标记的数据对象。在通常情况下，聚类的训练数据样本没有类标记，它要划分的类是未知的，通过聚类可以产生这种类标记。文本聚类是对给定的文本集根据文本相似度进行聚类的方法。

文本聚类和文本分类的根本区别在于：分类事先知道有多少个类别，分类的过程就是将每一个给定的文本自动划归为某个确定的类别，打上类别标签。而聚类则事先不知道有多少个类别，需要根据某种标准和评价指标将给定的文档集合划分成相互之间能够区分的类别。但两者又有很多相似之处，所采用的算法和模型有较大的交集，如文本表示模型、距离函数、K-means（K-均值）算法等。对于文本聚类而言，通常情况下从不同的角度可以实现不同的聚类结果，如针对统一文本数据集，根据文本内容可以将其聚类成新闻类、文化娱乐类、体育类或财经类等；而根据作者的倾向性可以将其聚成褒义类（持积极、支持态度的正面观点）和贬义类（持消极、否定态度的负面观点）等。

3. 文本表示

文本表示是指用文本的特征信息集合来代表原来的文本。文本的特征信息是关于文本的元数据，可以分为外部特征和内容特征两种类型。文本的外部特征包括文本的名称、日期、大小、类型、文本的作者、标题、机构等信息，文本的内部特征包括主题、分类、摘要等信息。文本的内容特征需要通过分析处理才能得到。文本表示模型也就转换成文本特征的表示模型。文本特征分为一般特征和数字特征，其中一般特征主要包括名词和名词短语；数字特征主要包括日期、时间、货币以及单纯数字信息。特征是概念的外在表现形式，特征抽取是识别潜在概念结构的重要基础。

通常情况下文本特征指的是文本的主题特征。每一篇文章都有一个主题和几个子主题，而主题可以用一组词汇表示，这些词汇之间有较强的相关性，且其概念和语义基本一致。我们可以认为每一个词汇都通过一定的概率与某个主题相关联。反过来，也可以认为某个主题以一定的概率选择某个词汇，由此可以计算出文档中每个词汇出现的概率。为了从文本中挖掘隐藏在词汇背后的主题和概念，人们提出了一系列统计模型，称为主题模型（topic model）。

4. 情感分析与观点挖掘

所谓的文本情感是指文本作者所表达的主观信息，即作者的观点和态度。因此，文本情感分析（Text Sentiment Analysis）又称文本倾向性分析或文本观点挖掘（Opinion Mining），其主要任务包括情感分类（Sentiment Classification）和属性抽取等。情感分类可以看作文本分类的一种特殊类型，它是指根据文本所表达的观点和态度等主观信息对文本进行分类，或者判断某些（篇）文本的褒贬极性。例如，某一特殊事件发生之后（如马航 MH370 飞机失联等），互联网上有大量的新闻报道和用户评论，如何从这些新闻和评论中自动了解各种不同的观点（倾向性）呢？某公司发布一款新的产品之后，商家希望从众多用户的网络评论中及时地了解用户的评论意见（倾向性）、用户年龄区间、性别比例和地域分布等，以帮助公司对下一步决策做出判断。这些都属于文本情感分析所要完成的任务。

5. 话题检测与跟踪

话题检测（Topic Detection，TD）通常指从众多新闻事件报道和评论中挖掘、筛选出文本的话题，而多数人关心、关注和追踪的话题称为"热点话题"。热点话题发现（Hot Topic Discovery）、检测和跟踪是舆情分析、社会媒体计算和个性化信息服务中一项重要的技术，其应用形式多种多样。例如，"今日热点话题"是从当日所有的新闻事件中筛选出最吸引读者眼球的报道。"2018 热门话题"则是从 2018 年全年（也可能是自 2018 年 1 月 1 日起到当时某一时刻）的所有新闻事件中挑选出最受关注的前几条新闻。

6. 信息抽取

信息抽取是指从非结构化、半结构化的自然语言文本（如网页新闻、学术文献、社交媒体等）中抽取实体、实体属性、实体间的关系以及事件等事实信息，并形成结构化数据输出的一种文本数据挖掘技术[Sarawagi，2008]。

信息抽取中的关系通常是指两个或多个概念之间存在的某种语义联系，关系抽取就是自动发现和挖掘概念之间的语义关系。事件抽取通常是针对特定领域的"事件"对构成事件的元素进行抽取。这里所说的"事件"与日常人们所说的事件有所不同。日常人们所说的事件与一般人的理解是一致的，是指在什么时间、地点、发生了什么事情，所发生的事情往往是一个完整的故事，包括起因、过程和结果等很多详细的描述，而事件抽取中的"事件"往往是指由某个谓词框架表达的一个具体行为或状态。如"市长约见相关负责人"是一个由谓词"约见"触发的事件。如果说一般人所理解的事件是一个故事的话，那么，事件抽取中的"事件"只是一个动作或状态。

7. 文本自动摘要

文本自动摘要简称自动文摘（Automatic Summarization），是指利用计算机分析文章的结构，找出文章的主题语句，然后经过整理、组合、修饰，构成文摘的过程。在信息过度饱和的今天，自动文摘技术具有非常重要的用途。例如，信息服务部门需要对大量的新闻报道进行自动分类，然后形成某些事件报道的摘要，推送给可能感兴趣的用户，或者某些公司想大致了解某些用户群体所发布言论（短信、微博、微信等）的主要内容，自动摘要技术就派上了用场。

1.4.3　文本挖掘的一般过程

文本挖掘过程一般包括文本准备、特征标引、特征集缩减、知识模式的提取、知识模式的评价、知识模式的输出等过程，如图 1.3 所示。

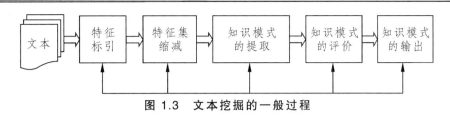

图 1.3　文本挖掘的一般过程

- 文本准备阶段是对文本进行选择、净化和预处理的过程，用来确定文本信息源以及信息源中用于进一步分析的文本。具体任务包括词性的标注、句子和段落的划分、信息过滤等。

- 特征标引是指给出文本内容特征的过程，通常由计算机系统自动选择一组主题词或关键词可以作为文本的特征表示。

- 特征集缩减就是自动从原始特征集中提取出部分特征的过程，一般通过两种途径：一是根据对样本集的统计分析删除不包含任何信息或只包含少量信息的特征；二是将若干低级特征合成一个新特征。特征集包括过多的特征会增加挖掘的难度，因此，需要在不影响挖掘精度的前提下减少特征项的个数。

- 知识模式的提取是发现文本中的不同实体、实体之间的概念关系以及文本中其他类型的隐含知识。

- 知识模式评价阶段的任务是从提取出的知识模式集 A 中筛选出用户感兴趣的、有意义的知识模式。

- 知识模式输出的任务是将挖掘出来的知识模式以多种方式提交给用户。

1.4.4　文本挖掘面临的困难

文本挖掘工作是一项极具挑战性的任务，一方面，文本挖掘需要处理的对象是自然语言文本，而自然语言处理的理论体系尚未完全建立，因此，文本的分析能力在很大程度上仅仅是基础信息的"处理"阶段，远远未能达到类似于人类一样的文本语义理解基础上的分析处理。另一方面，由于自然语言是人类表达情感、抒发情怀和阐述思想最重要的工具，当人们针对某些特殊的事件或现象表述自己观点的时候，往往采用委婉、掩饰甚至隐喻、反讽等修辞手段，从而使得文本挖掘面临很多特殊的困难，很多在图像分割、语音识别等其他领域能够取得较好效果的机器学习方法在自然语言处理中往往难以大显身手。归纳起来，文本挖掘的主要困难大致包括如下几点。

（1）文本噪声或非规范性表达使自然语言处理面临巨大的挑战。自然语言处理通常是文本挖掘的第一步。由于文本挖掘处理的数据来源于所有可能产生文本的环境，因此，数据结构与规范的书面语相比可能会存在大量的非规范表述，这其中就包括大量的网络文本。根据[宗成庆，2013]对互联网新闻文本进行的随机采样调查，中文网络新闻中词的平均长度约为1.68 个汉字，句子平均长度为 47.3 个汉字，均短于规范的书面文本中的词长和句长。相对而言，网络文本中大量使用了口语化的甚至非规范的表述方式，尤其在网络聊天文本中非规范的表述比比皆是。

噪声数据和非规范语言现象的出现使常规的自然语言处理工具的性能大幅下降，如在《人民日报》《新华日报》等规范文本上训练出来的汉语分词工具通常可以达到 95%以上的准确率，甚至高达 98%以上，但在网络文本上的性能立刻下降到 90%以下。根据[张志琳，2014]

实验的结果，采用基于最大熵（Maximum Entropy，ME）分类器的由字构词的汉语分词方法（Character-Based Chinese Word Segmentation），当词典规模加大到 175 万多条（包括普通词汇和网络用语）时，微博分词的性能 F1 值只能达到 90%左右。而根据众多汉语句法分析方法研究的结果，在规范文本上汉语句法分析器（Syntactic Parser）的准确率可以到达 86%左右,而在网络文本上句法分析器的准确率平均下降 13 个百分点[Petrov and McDonald，2012]。这里所说的网络文本还不包括微博、微信中的对话聊天文本。

（2）歧义表达与文本语义的隐蔽性。

歧义是自然语言文本中常见的现象，如汉语词汇"苹果"既可以指代一种数码产品，也可以表示一种水果，这些都要根据其所处环境进行判断。此外，句法结构歧义同样大量存在，如句子"关于鲁迅的文章"既可以理解为"关于[鲁迅的文章]"，也可以理解为"[关于鲁迅]的文章"。如何解析这种固有的自然语言歧义表达早已成为自然语言处理领域研究的基础问题，但令人遗憾的是这些问题至今没有十分奏效的处理方法，在实际网络对话文本中却又出现了大量人为的千奇百怪的"特殊表达"，例如，"木有""坑爹""奥特"等。

有时候为了回避某些事件或人物，故意使用一些特殊用词或者使用英文单词代替某个词汇，如"CBA"等，或者故意绕弯儿，如"请问×××的爸爸的儿子的前妻的年龄是多大？"。请看下面的一则新闻报道：

张小五从警 20 多年来，历尽千辛万苦，立下无数战功，曾被誉为孤胆英雄。然而，谁也未曾想到，就是这样一位曾让毒贩闻风丧胆的铁骨英雄竟然为了区区小利铤而走险，痛恨之下昨晚在家开枪自毙。

对于任何一位正常的读者，无须多想就可以完全理解这则新闻所报道的事件，但如果基于该新闻向一个文本挖掘系统提出如下问题：张小五是什么警察？他死了没有？恐怕目前很难有系统能够给出正确的回答，因为文本中并没有直接说张小五其人是警察，而是用"从警"和"毒贩"委婉地告诉读者他是一名缉毒警察，用"自毙"说明他已经自杀身亡。这种隐藏在文本中的信息需要通过深入的文本分析和推理技术才有可能将其挖掘出来，而这往往是困难的。

（3）样本收集和标注困难。

目前主流的文本挖掘方法是基于大规模数据的机器学习方法，包括传统的机器学习方法和深度学习（Deep Learning，DL）方法，需要大量标注的训练样本，收集和标注足够多的训练样本是一件非常困难的事情。一方面，因为很多文本内容涉及版权或隐私权的问题而难以任意获取，更不能公开或共享；另一方面，即使能够获取一些数据，处理起来也是非常耗时费力的事情，因为这些数据往往含有大量的噪声和乱码，格式也不统一，而且没有数据标注的标准。另外，能够收集到的数据一般属于某个特定的领域，一旦领域改变，数据收集、整理和标注工作又得重新开始，而且很多非规范语言现象（包括新的网络用语、术语等）随领域而异，且随时间而变，这就极大地限制了数据规模的扩大，从而影响了文本挖掘技术的发展。

（4）挖掘目标和结果的要求难以准确表达和理解。

文本挖掘不像其他理论问题，可以清楚地建立目标函数，然后通过优化函数和求解极值最终获得理想答案。在很多情况下，我们并不清楚文本挖掘的结果将会是什么，应该如何用数学模型清晰地描述预期想要的结果和条件。例如，我们可以从某文本中抽取出频率较高的、可以代表这些文本主题和故事的热点词汇，但如何将其组织成以流畅的自然语言表达的故事摘要，却不是一件容易的事情。

（5）语义表示和计算模型不甚奏效。

如何有效地构建语义计算模型是长期困扰自然语言处理和计算语言学（Computational Linguistics）领域的一个基础问题。自深度学习方法兴起以来，词向量（Word Vector）表示和基于词向量的各类计算方法在自然语言处理中发挥了重要作用。但是，自然语言中的语义毕竟与图像中的像素不一样，像素可以精确地用坐标和灰度描述，而如何定义和表征词汇的语义，如何实现从词汇语义到短语语义和句子语义，最终构成段落语义和篇章语义的组合计算，始终是语言学家、计算语言学家和从事人工智能研究的学者们共同关注的核心问题之一。迄今为止，还没有一种令人信服的、被广泛接受且有效的语义计算模型和方法。目前大多数语义计算方法，包括众多词义消歧方法、基于主题模型的词义归纳方法和词向量组合方法等，都是基于统计的概率计算方法，从某种意义上讲统计方法就是选择大概率事件的"赌博方法"，无论在什么情况下，只要概率大，就会成为最终被选择的答案。这实际上是一种武断的甚至是错误的权宜之计，由于计算概率的模型是基于训练样本建立起来的，而实际情况（测试集）未必都与训练样本的情况完全一致，这就必然使部分小概率事件成为"漏网之鱼"，因此，一律用概率来衡量的"赌博方法"只能解决大部分容易被统计出来的问题，却无法解决那些不易被发现、出现频率低的小概率事件，而那些小概率事件往往都是难以解决的困难问题，也就是文本挖掘面临的最大"敌人"。

通过上面叙述可以发现，由于文本挖掘处理对象的特殊性和处理方式的多样性，使得文本挖掘过程需要与许多语言、语义、图形、图像等抽象对象处理技术相结合，而且这一领域的理论体系尚未建立。所以必将需要一段长期而艰辛的探索过程，但是数据挖掘技术的应用前景极其广阔，且对于智能化发展有巨大的促进作用，因此将来文本挖掘必将成为一个备受瞩目的研发热地，必定会伴随相关技术的发展而迅速成长壮大。

第 2 章

藏文字符处理

2.1 藏字的结构

藏文狭义上指书写藏语的符号，即藏文字符。藏文在广义上除了藏文字符以外，还包括藏文文法等。为了便于区别，表示一个藏文音节的藏文字符简称为藏字（效仿"汉字"），把经过以上三次厘定、符合现代藏文文法的藏文字符称为"现代藏字"；用于转写梵音的藏文字符称为"梵音藏字"。这些概念可能有待于修正，为了描述得准确、简单，本书采用这些名称。

2.1.1 藏字的结构分析

藏字字形结构均以一个分析辅音字母为核心，其余字母以此为基础前后附加和上下叠加，组合成一个完整的字表结构。通常现代藏字字形结构最少为一个辅音字母，即单独由一个基字构成；最多由 6 个辅音字母和 1 个元音符号构成。元音不能独立书写，只能加在辅音字母的上部或下部。核心字母叫作"基字"，30 个辅音字母均可作基字，其余字母的称谓根据加在基字的部位而得名，加在基字前的字母叫"前加字"，加在基字上的字母叫"上加字"，加在基字下面的字母叫"下加字"，加在基字后面的字母叫"后加字"，后加字之后再加字母叫"再后加字"或"重后加字"。藏字由 30 个辅音字母和 4 个元音符号（简称为元音）拼写组合而成，藏文的纵向叠加只表现在基字的上下，而前加字、后加字、再后加字均为无叠加的单一辅音字母。现代藏文中藏文的音节最多由七字符构成（见图 2.1），元音符号的位置是可变的，但一个藏字一般只有一个元音符号。

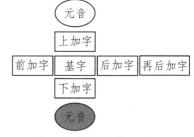

注：元音只出现一次。

图 2.1 藏字结构图

除了以上所说的现代藏字的一般结构外，也有不"符合"一般结构但在现代藏文中经常出现的藏字。这种特殊结构的藏字主要有三类：一是有再下加字的藏字，如：ཥྱ、གྲ，这两个字有两个下加字叠加在基字的下面，出现了有再下加字的情况；二是合并的现代藏字，一般情况下一个藏字中只有一个藏文元音符号，但实际文本中经常会出现两个或三个音节合并在一起的情况，因此，合并后音节中就会出现两个或三个元音符号，其结构并不符合一般藏字的构字规律，例如："ཟིུ""ཀྱུ""ཁིའི""ཐྱུའི""ཚོའི"；三是拼写外来音的现代藏字，如"ཪྷ"为了音译的需要，在现代藏文字符中仍然用"ད"和"ྷ"的组合字符，发"法"的音，该组合虽不符合现代藏字的构字规则，但在音译中仍经常使用，还与元音符号等组合构成更多的音，比如"ཧྲི""ཀྲུང""ཧྲིཿ"。这类字符采用梵音藏字的构字方式，没有上、下加字与基字的概念。

2.1.2 藏字的构件

藏文字符的构件主要包括藏字的辅音字母和元音符号。构成现代藏字的辅音字母有 30 个，分别是"ཀ་ཁ་ག་ང་ཅ་ཆ་ཇ་ཉ་ཏ་ཐ་ད་ན་པ་ཕ་བ་མ་ཙ་ཚ་ཛ་ཝ་ཞ་ཟ་འ་ཡ་ར་ལ་ཤ་ས་ཧ་ཨ"，这些辅音字母 4 个为一组，分七组半排列，前五组（不包括"ཨ"）大体按发音部位顺序，后两组半大体按发音方法排列。每个组的第一个辅音作为该组的名称，比如，第一组称为ཀ་སྡེ即ཀ组，其他组的名称依此类推。现代藏字的元音符号有 4 个，分别是："◌ི"（i）、"◌ུ"（u）、"◌ེ"（e）、"◌ོ"（o）。藏文文法学家多认为"ཨ"（a）是一个元音，藏字每个辅音字母在不带其他元音符号或单独出现时，自然带上元音 a，既省去一个元音字母，也成为字母呼读的名称；当带上元音字母时，a 元音自动消失，按元音字母所标记的元音拼读，在辅音字母互相结合时，除基字外，其他字母的 a 也自然消失，即以字母所标记的音素而不是以加 a 的音节进行拼读。这样，藏语就应该有 5 个元音，但我们平时说的 4 个元音就指除 a 以外的、需要显示书写的 4 个。

根据前面对藏文结构的叙述，可以看见每个藏字最多由 7 个构件最少由 1 个构件组成，且每个位置上的构件都有不同的要求，藏文辅音字母中可以作为前加字的五个字母是ག、ད、བ、མ、འ；可以作为上加字的字母有ར、ལ、ས三个；可以作为下加字的字母有ཡ、ར、ལ、ཝ四个；藏文前加字、上加字和下加字均可与后面的字母组合构成复辅音声母，且其作用和功能相同，都表示复辅音声母中非主要辅音。现代藏文的上加字和下加字虽是 30 个辅音中的字符，但用作上、下加字时有些有所变形，并与基字的辅音连在一起。比如四个下加字在实际文字中分别写成变形形式◌ྱ、◌ྲ、◌ླ、◌ྭ。藏文辅音字母中ག、ད、ན、བ、མ、འ、ར、ལ、ས均可作为后加字，添加在辅音（组块）的后面，标记辅音韵尾。藏文十个后加字中只有འ不发音，属于文字体制问题。藏文创制者秉承这种理念，认为一个音节没有后加字就无法成词造句，因此为元音结尾的音节虚设一个后加字འ。འ是一个多功能字母，作为基字和前加字时读实音，作为后加字和虚词、复元音的元音底座时不发音。后世文法学家不顾藏文体制原理以简化书写为由，取消了该后加字，于是出现了基字和后加字无法区别的问题。比如དག、གད、དད这类字母组合，第一个字母既可以作基字也可以作前加字，后一个字母既可以作基字也可以作后加字，如不加其他元音符号，就没有办法区别。这类字母组合中如果是前加字和基字组合，就要保留后加字。此外，有些常用词积久成习，如དགའ并不会发生误解，也保留了后加字འ。除了后加字外，藏文中还存在ད、ས两个辅音写在部分后加字后作再后加字，表示复辅音韵尾。有些辅音字母与元音符号一样可以上下叠写，这并非出于书写上的缩略，而是有语音和语义关系的原则。

除了以上现代藏文的构件外，还有用于转写梵音的藏字，构成这些藏字的字母不是梵文字母而是藏文字母，只是对梵音进行对译式的藏文字母，因此这些藏字也称为"梵音藏字"。这些梵音藏字的构件用藏文字符的组合、反体等来表示，这种类型藏字的构件在现代藏字的基础上多 11 个元音和 11 个辅音。其中 11 个元音分别为ཨཱ、ཨྀ、ཨཱི、ཨུ、ཨཱུ、ཨྲྀ、ཨཷ、ཨླྀ、ཨཹ、ཨཻ、ཨཽ、ཨཾ、ཨཿ，11 个辅音分别是 5 个厚字辅音གྷ、ཌྷ、དྷ、བྷ、ཛྷ，4 个反体辅音ཊ、ཋ、ཌ、ཎ和其他 2 个辅音ཥ、ཀྵ。

2.2　藏文字符输入技术

2.2.1　藏文字符键盘编码理论

字符输入键盘编码需要遵循工程心理学方法字符输入构件的频度统计原则、德沃拉克（Dvorak）原则、学习容易和使用方便的原则。

1. 藏字构件的出现频度

关于藏字构件的出现频度，相关研究者分别在不同的语料中进行了构件频度统计，统计结果相差不多，根据这些研究成果中不同类别藏文文本的构件频度结果，分析各种结果数据，最终得到关于藏字的构件频度的综合数据，统计数据如表 2.1 所示。

表 2.1　藏文字符构件频度统计结果

序号	构件	频度（%）	序号	构件	频度（%）	序号	构件	频度（%）
1	ཨི	7.838	15	ཤ（上）	3.039	29	ཚ	0.78
2	ག	6.893	16	ར	2.653	30	ལ（下）	0.776
3	ད	6.872	17	བ	2.043	31	ཆ	0.732
4	ས	6.764	18	ཀ	1.967	32	ཟ	0.660
5	ང	5.804	19	ཨུ	1.646	33	ཐ	0.614
6	བ	5.735	20	ཏ	1.441	34	ཕ	0.568
7	ཨེ	5.5	21	ར（上）	1.395	35	ཇ	0.550
8	ན	4.527	22	ཅ	1.2	36	ཎ	20.389
9	ཨོ	4.384	23	ཞ	1.132	37	ཏ	0.361
10	འ	4.261	24	ཁ	1.105	38	ཌ	0.269
11	མ	4.002	25	ཛ	0.93	39	ཥ	0.243
12	ཨཱ	3.696	26	ཉ	0.865	40	ཨྀ	0.055
13	པ	3.527	27	ཡ	0.864	41	ཨ	0.011
14	ཨཱུ	3.046	28	ལ（上）	0.849			

该统计采用字元法，对每个藏字的每个特征字符分别做统计，对于同一个字符出现在不同的位置上时，分别进行相应的处理后再行统计，表中标注上、下分别指作为上加字构件和下加字构件时的频度。

2. 德沃拉克（Dvorak）原则

德氏键盘设计的原理是字母出现的频率与手指击键的效率相一致，分别用高速摄影术分析打字快慢和击键出错的原因，提出键盘设计应遵循以下布局原则：① 应尽量使各个音节由双手交替打成，避免单手连续击键；② 常见的字母优先安排于中排键，特别是其中上下食指放置的 8 个中心键位置上应是最常用的字母，其次是上、下排键食指、中指辖区；③ 越排击键最费时，最易出错，应尽量避免。

有人将德沃拉克的理论用于实验，测试标准键盘中各个键位的方便指数如表 2.2 所示。

表 2.2 标准键盘中各个键位的方便指数

方便度排序	键位	方便指数（次/分）	方便度排序	键位	方便指数（次/分）	方便度排序	键位	方便指数（次/分）
1	K	326	17	M	118	33	Q	107
2	J	318	18	,	117	34	9	101
3	L	292	19	[	115	34	7	101
4	D	274	20	G	115	34	=	101
5	F	264	21	C	114	37	Z	100
6	S	262	21	/	114	38	V	99
7	;	238	23	X	113	39	B	96
8	A	232	23	Y	113	40	\	95
9	I	134	23	8	113	41	4	91
9	H	134	26	]	112	42	5	90
11	O	131	26	Enter	112	42	3	90
12	P	129	26	T	112	42	0	90
13	U	126	29	E	111	45	6	89
14	"	122	30	R	110	46	2	85
14	.	122	31	W	108	47	1	81
16	N	121	31	-	108	48	~	76

说明：当表中方便指数相同时，其方便度相同，所以下一个方便度位缺；该表中 ~ 和 \ 键的数据不够精确，原统计表中没有，但在藏文键盘布局中仍然可以用，因此，其值是按照键位与其他数据的变化规律推测的一个大概值。

德沃拉克的理论用于不同文字的键盘设计，其输入速度快已得到了证明。在设计藏文键盘布局时，在对德沃拉克原则影响不大的情况下适当调节键盘的布局，使得用户更容易学习。藏文的十个数字对应标准键盘的十个数字键；四个元音按"音托"布局在 I、U、E、O 四个键上等，这样更利于一般人的学习。

2.2.2 藏文字符键盘设计分析

键盘是计算机最主要的输入设备，现在虽然还有字形识别输入和语音识别输入等，但键盘输入仍是目前最主要的文字输入方法。《藏文基本集》中目前收录了 210 个字符，即使把几个组合字符用拆分的方式输入，也需要 190 多个键位。

目前，我们在学习、工作中所使用的键盘是标准键盘，其主键盘区除去一些特殊的功能键位外，可用于输入的键位就只有 48 个（其中包括 26 个字母键、10 个数字键、11 个标点符号键以及 1 个空格键）。可见，当前键盘并不能保证每个藏文字符与键位一一对应，藏文字符键盘存在字符多而键位少的矛盾，解决该矛盾的主要方法有以下几种：

（1）归并藏文字符，缩小输入字符集。

为了解决目前已有藏文键盘布局的问题，用图论和概率论的方法，求出藏字特征字符的极大独立集，并使得其独立集的数目不大于标准键盘的可用键位数。再按照键盘设计的原则，将各藏字的极大独立集对应的特征字符分布到具体的键位上。利用藏字拼写的规律，通过上下文确定该键位对应的藏文字符。该方法具有输入规则一致、编码简单、"一键一字"地输入等优点，但可能会出现重码，也有不能用键盘录入的字符出现。

（2）利用组合键扩大键位。

除了利用直接按键输入藏字以外，还可以通过组合键扩大键位，有 48 个键位直接可以使用外，这 48 个键位与上档键（Shift）组合和"Shift+Ctrl+ Alt"组合来扩大键位。

（3）利用标示键扩大键位。

利用标示键也可以扩大输入键位，比如在可用的 48 个键位中选取 47 个键位用来输入字符，用余下一个键位作为标示符扩充键位。例如，Windows 系统自带的藏文输入系统，当直接按 k 键时输入ཀ字符；先按 m 键，再按 k 键时，m 键作为标示键，标示 k 键不再是ཀ字符，而是组合用ྐ字符。该方法能扩大输入键位，但使得输入规则特殊化，而且增加了字的平均码长，影响了输入速度，也影响了易学性和易用性。

综合多种方法，有的输入系统综合利用以上的键位归并、组合键、标示键及其他方法。虽然在 1998 年颁布过《藏文编码字符集（基本集）键盘字母数字区的布局》（GB/T 17543—1998）国家标准，但该标准是按所谓的通用键盘来布局的，通用键盘的字母数字区可利用的键位共计 59 个；而我们平时所用的键盘是标准键盘，它的字母数字区一共只有 48 个键位，故该标准不实用。因此，确立基于标准键盘的藏文字符键盘布局的标准是有必要的。

2.2.3　藏文字符键盘布局国家标准

由于 1997 年通过的中华人民共和国国家标准《信息技术藏文编码字符集（基本集）键盘字母数字区的布局》（GB/T 17543—1998）是针对当时藏文基本集编码字符而制定的。该标准制定时参照的是国际上颁布的 59 键的字母数字键位，同时遵守了国际上对键位字母的布局的要求，但是实施后发现这种键盘布局使得藏文输入的速度变慢，且与许多软件的热键冲突，最终导致藏文字符的输入被破坏。

随着信息技术的不断发展，尤其是《信息技术藏文编码字符集基本集》《信息技术藏文编码字符集扩充集 A》《信息技术藏文编码字符集扩充集 B》等藏文信息技术国家标准的相继发布，使得基于 47 键的藏文键盘布局的国家标准制定的呼声很高。为此，2005 年 1 月 18 日，国家标准化管理委员会下达了《关于成立藏文键盘布局国家标准工作组（WG3）》的文件。

根据信息产业部电子发展基金"藏文信息技术标准与产品"项目的要求，经国家标准化管理委员会批准，由全国信息技术标准化技术委员会组织来自全国各地的专家，组成藏文信息技术国家标准工作组，自 2005 年 3 月起正式开展了《信息技术藏文编码字符集键盘字母数字区的布局》的研制工作。该项目由"全国信息技术标准化技术委员会"归口，由西藏自治区藏语言工作委员会办公室、西藏大学、中国电子技术标准化研究所等负责具体起草。

工作组于 2005 年 3 月 18 日在北京召开了第一次工作会议，讨论了由西藏、青海、甘肃等提出的藏文键盘布局编制说明，并原则上讨论制定了该标准的编制原则（第一版编制方案）。

根据会议所制定的原则，在征求了西藏、青海等地区部分长期从事藏语文教学用户的意见，在原有的中华人民共和国国家标准《信息技术藏文编码字符集（基本集）键盘字母数字区的布局》（GB/T 17543—1998）的基础上，藏文键盘标准工作组在京部分成员于 2005 年 4 月 2 日在北京中国藏学中心进行了关于具体技术性细节的第一次讨论，形成初步的编制方案（第二版编制方案）。

　　其后藏文键盘标准工作组在 4 月 2 日所讨论的原则和编制方案的基础上进行了进一步的修改，形成了第三版编制方案，并于 4 月 21 日向工作组主要负责人提交了此次方案。之后分别收到了西藏大学、西藏自治区藏语文工作委员会办公室、青海藏文智能信息处理中心、北京中国藏学中心等单位的意见。根据以上各单位提出的不同意见，对第三版编制方案又做了进一步的修改，形成了藏文信息技术国家标准工作组会议（云南迪庆）材料（第四版编制方案）。工作小组成员对藏文键盘布局标准编制说明的第三版和第四版进行了比较，认为第三版更为合理，同时对编制说明第三版再次进行了修改，并审阅了相应的藏文键盘布局标准草案，形成了藏文键盘布局标准第五版编制方案，该方案遵循了以下原则和技术：

　　● 根据《藏文编码字符集基本集》（ISO/IEC 10 646）所包含的 193 个编码字符和图形符号，藏文键盘分为一个主键盘和若干个辅助键盘。

　　● 键盘的设计必须按照一字一键、简洁快速的思想，优先安排整字字符，兼顾常用组合字符，确保键盘的速度。

　　● 该标准对 Link 不做强制的安排，第一键盘上对 Link 需安排一个键位，其目的是引导第二键盘或者是引导组合用字符。由于各软件公司或研发单位在具体实现模式上的不同，建议对 Link 不做强制的安排，但用户在开发过程中，可根据具体实现的需要而应用。

　　● 遵循中华人民共和国国家标准《信息技术藏文编码字符集（基本集）键盘字母数字区的布局》（GB/T 17543—1998）中的相关原则，但针对 47 键键盘需要做修改。

　　● 所有藏文辅音字母的不同表现形式，即同一字母的非组合用字符和组合用字符，以及某些字母的相应的翻转字符，应根据第一键盘分别分配在第二键盘及第三键盘上；但要使它们保持在同一个键位上，确保键盘的易记性和易用性。

　　● 藏文辅音字符及其变体以外的图形符号，按其应用类别进行分类组合而安排。

　　● 辅音字符的键位依据对音规律、藏文构字规律（频度）和用户已有的习惯进行安排。对音既兼顾 Wylie 对音法，又兼顾汉语拼音的对音法。频度本质上反映的是藏文固有的构字规律；用户已有的习惯主要照顾方正、华光、同元及其他系统的布局。符合这三个条件的优先，符合任意两个或一个原则时，按照对音规律为先、藏文构字规律为次、已有的习惯为最后的先后原则进行确定。

　　● 符合键盘设计的德沃拉克（Dvorak）的原则，按字元频度与键盘击键速度相对应，速度快，不易出错，不易疲劳。

　　按照该编制方案的要求，藏文键盘布局国家标准制定需要满足以下基本设计原则：

　　① 将最常用的非组合用藏文字符分配到第一键盘上，其他字符则分配到二级键盘上。

　　② 将同一个藏文辅音字母和它的若干变体，都分配在不同键面的同一个键位上，有助于用户记住藏文字符的键位。

　　③ 在同一个键面上分配藏文字母时，主要是基于藏文字母的 Wylie 字母和键位字母之间的联系。

④ 参考原有一些输入法的键盘布局。

按照这些原则要求，在制定藏文键盘布局标准时，考虑到 Unicode 藏文编码字符集中有 193 个藏文字符，在每一个键面上可以分配 47 个藏文字符（空格键未包含在其中），因此，藏文键盘布局国家标准至少需要 5 个键面，才能将所有的藏文字符分配到键位上。2005 年，西藏大学牵头的由全国有关藏文信息技术专家组成的研究小组，在信息产业部全国电子技术标准化研究所的具体管理下，经过一年多的努力，研究制定了中国国家标准藏文键盘布局。键盘布局设计过程中考虑了国内原有的一些键盘布局，如北大方正藏文键盘布局、华光藏文键盘布局，以及国外广泛流行的 Wylie 藏文键盘布局。在键位上分配藏文字符时，充分考虑了藏文字符的使用频度数据，权衡了很多因素。在中国国家标准藏文键盘布局中，一共有 5 个键面，用于分配全部 193 个 Unicode 藏文字符。其中第一个键盘叫作"主键盘"，其他四个叫作"辅助键盘"。中国国家标准藏文键盘布局情况如下：

1. 藏文第一键盘（主键盘）

如图 2.2 所示，藏文第一键盘（主键盘）上分配如下藏文字符：

① 30 个藏文辅音字符。

② 4 个元音符号 ◌ྀ、◌ི、◌ུ、◌ེ。

③ 1 个音节隔离符号 ·。

④ 1 个藏文句子符 ।。

⑤ 10 个藏文数字符 ༡、༢、༣、༤、༥、༦、༧、༨、༩、༠。

⑥ 1 个控制符（Link）。

图 2.2　藏文第一键盘（主键盘）的布局图

2. 藏文第二键盘（辅助键盘）

如图 2.3 所示，藏文第二键盘（辅助键盘）上分配了如下藏文字符：

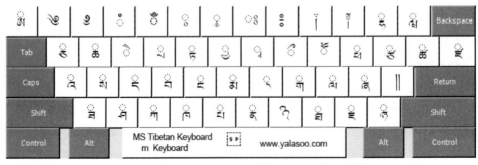

图 2.3　藏文第二键盘（辅助键盘）的布局图

① 30 个组合用辅音字符（带圈的辅音字符）。由于辅音字符ཀ、ཡ和ར的变形下加字ྐ、ྱ和ྲ的频率远高于不变形的ྐ、ྱ和ྲ。因此，ྐ、ྱ和ྲ安排在第二键盘上，而带圈形式ྐ和ྐ安排在第三键盘上。ྐ在第二键盘上有位置，因此，仍被安排在第二键盘上。

② 辅音字符ཨ的下加形式ྵ。

③ 3 个长元首ཱྀ、ཱི、ཱུ。

④ 4 个起始、垂形符号࿉、࿊、࿋、࿌。

⑤ 1 个藏文标点࿙。

⑥ 8 个藏文变音符号ཱ、ྂ、ཱྀ、ྃ、ཱུ、ཱྀ、ཻ、ཽ。

3. 藏文第三键盘（辅助键盘）

如图 2.4 所示，藏文第三键盘（辅助键盘）上分配了如下藏文字符：

① 2 个辅音字符ཡ和ར的组合用形式ྱ和ྲ。

② 藏文长元音ཱ。

③ 6 个反转字符ཊ、ཋ、ཌ、ཎ、ཥ、ཀྵ。

④ 10 个半字数字符༪、༫、༬、༭、༮、༯、༰、༱、༲、༳。

⑤ 14 个天文历算符࿐、࿑、࿒、࿓、࿔、࿕、࿖、࿗、࿘、࿚、࿙、࿛、࿜、࿝。

⑥ 5 个字首标记符ༀ、༚、༛、༜、༝。

⑦ 5 个标记符ༀ、༟、༴、༵、༶。

⑧ 4 个成对标点符号༺、༻、༼、༽。

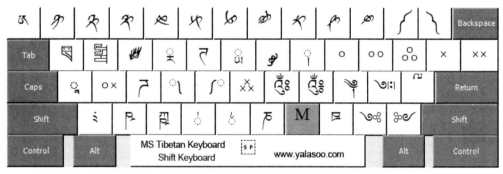

图 2.4 藏文第三键盘（辅助键盘）的布局图

4. 藏文第四键盘（辅助键盘）

如图 2.5 所示，藏文第四键盘（辅助键盘）上分配了如下藏文字符：

① 7 个梵音转写元音ྀ、ྀ、ཷ、ཹ、ཻ、ཽ、ཱ。

② 4 个梵音转写字头符ༀ、ༀ、ༀ、ༀ。

③ 4 个梵音转写辅音字符གྷ、ཌྷ、དྷ、བྷ。

④ 6 个梵音转写组合用辅音字符ྒྷ、ྜྷ、ྡྷ、ྦྷ。

⑤ 11 个标记和符号࿊、࿋、༈、༉、༊、࿏、ྂ、ཱ、ྃ、ༀ、࿇。

⑥ 上加字ར的完整形式ར。

⑦ 藏文音节ྈ。

⑧ 4 个音符࿀、࿁、࿂、࿃。

⑨ 9 个符号࿄、࿅、࿆、࿇、࿈、࿉、࿊、࿋、࿌。

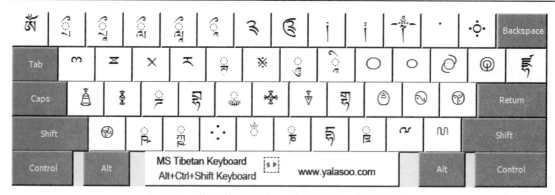

图 2.5　藏文第四键盘（辅助键盘）的布局图

5. 藏文第五键盘（辅助键盘）

如图 2.6 所示，藏文第五键盘（辅助键盘）上分配了如下藏文字符：

① 5 个下加辅音字母ཧྱ、ཧྲ、ཧྡ、ཧྟ、ཧྨ。

② 梵音转写辅音字符ཧྐ。

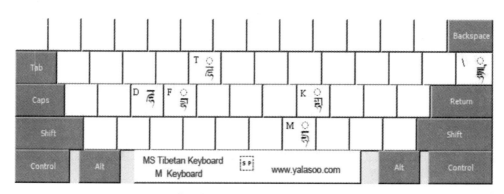

图 2.6　藏文第五键盘（辅助键盘）的布局图

从上面键盘具体布局可以看出，国家标准藏文键盘布局的设计是基于藏文字符的频度数据，常用字符均被分配到了第一键盘上，它们包括藏文隔字符、4 个元音符号、30 个辅音字母、藏文标点符号以及 10 个藏文数字。其他字符因其频度数据相对较小而被分配到了四个辅助键盘上。尽管其中有些字符如组合用字ཀྵ和ཾ，它们的频率远高于分配到第一键盘上的辅音字母ཉ和ཪ，但它们仍被分配到了辅助键盘上，这是由于：

（1）根据上述键盘布局的基本设计原则，辅音字母及其各种变体将集中分配在不同键盘的同一个键位上。例如，辅音字母ན及其三个变体ཱ、ྣ和ྻ都分别被分配到了主键盘和三个辅助键盘的键位 n 上。

（2）在同一个键面上，根据 Wylie 梵音转写规则，多数辅音字母和元音符号均被分配到了与它们的 Wylie 梵音转写字母相一致的字母键盘上。例如，藏文字母ས被分配到了键位 s 上，元音符号ི、ུ、ེ和ོ分别被分配到了键位 i、u、e 和 o 上。Wylie 梵音转写字母多于一个的藏文辅音字母，它们更多的是基于使用频度数据来被分配键位的。

（3）主键盘之外，还有四个辅助键盘。这五个键盘中，主键盘的实现优先级明显高于其他四个辅助键盘。四个辅助键盘的优先级在标准中没有做明确的规定。用户完全可以决定这些键盘的实现优先级，但通常我们认为国标中的四个辅助键盘的优先级是与它们在国标中的排放顺序相一致的。

（4）在藏文中，有些辅音字母是其他一些辅音字母的组合体，完全可以将它们称之为字丁（Stacks），而不是辅音字母。它们完全等同于具体的一些藏文字符串，完全可以通过这些字符串分开输入。例如，藏文辅音字母ཀྱ完全可以通过字符串ཀ+ྱ输入。但是，如果有用户执意要单独输入这些叠加组合的藏文辅音字母也是没有问题的，因为国家标准中已经为这些字丁分配了键位。

（5）在藏文国标键盘中，对键盘布局的实现未做任何规定。除了键盘布局外，未做任何实现方面的限制，用户有充分的自由去发挥和实现这一键盘，底线是每一个键盘上字符的布局必须与国家标准保持一致。

2.2.4 Windows 藏文字符键盘输入技术

藏文键盘输入系统就是按照用户敲击的键盘按键序列将其转化为对应的藏字，输入应用程序。这个转换过程中，一种是一个固定的键位对应一个藏文字符，通过按键就可以确定该藏字，这种实现方式叫无输入对照表的藏文键盘输入；还有一种就是一个键位可能对应两个甚至多个藏文字符，通过输入的键盘序列和藏文拼写规律，建立了一个键盘输入序列与藏文字符的对照表，按照键盘输入序列查找对照表提供可能的输入字符，再通过用户选择确定最终的输入，这种输入方法叫作有输入对照表的藏文键盘输入。

微软 Windows Vista 以后自带的藏文输入系统是一个无输入对照表的藏文键盘输入方法。根据中华人民共和国国家标准藏文键盘布局，微软为其操作系统 Windows Vista 设计了一个藏文键盘（输入方法）。与国家标准相一致，微软藏文键盘中也有 5 个键盘层面。其中，标准键盘分配了国家标准的第一键盘，也就是主键盘。其他四个键盘层面（虚拟键盘）分配了国家标准中的四个辅助键盘，通过组合键"Shift""Alt+Ctrl+Shift"、标示键小写字母 m、大写字母 M 来扩大键位，输入中不用对应的码表，并且输入字符进行开放，可以输入任何字符，包括不符合书写规则的藏文字符。

在国际标准 ISO 10646 藏文编码字符集中有一个字符叫"Link"，国家标准藏文键盘中将这一字符分配到了键位 m 上。在为 Unicode 藏文字符设计藏文键盘的时候，如果不充分利用这个字符，键位 m 将被浪费掉。因此，在微软藏文键盘中，这个键位上的两个字母——小写 m 和大写 M 作为"标示键"被用于激活两个虚拟键盘。

Windows 系统下藏文输入法实际上是将输入的标准 ASCII 字符串按照一定的编码规则转换为藏字或藏文字符串，再输入目的地。由于应用程序各不相同，用户不可能自己去设计转换程序，因此，藏文输入由 Windows 系统进行管理。Windows 用户在使用各种应用软件时，键盘输入藏文字符时经过以下过程，这些过程是比较典型的藏文字符输入过程：

① 用户按下键盘，键盘驱动程序向 Windows 发送及时信息；

② Windows 将键盘事件处理转换键盘信息传送给输入法管理器；

③ 输入法管理器调用当前使用的输入法 IME 的函数，传送键盘信息到输入法 IME；

④ 输入法 IME 接收到键盘消息，从输入转换到藏文字符；如果不进行转换，则输入法管理器将其直接送到应用程序；

⑤ 将转换好的藏文字符（串），通返回参数发送到输入法管理器；

⑥ 输入法管理器通过 Windows 向应用程序发送信息，查询应用程序是否具有双字节能

力，如果应用程序能接收双字节，则输入法管理器向应用程序发送一个 WM_CHAR 消息传送一个藏文（其中 wParam 参数是双字节藏文）；如果应用程序不能接收双字节，则输入法管理器向应用程序发送两个 WM_CHAR 消息传送一个藏文（第一次 wParam 参数的低字节是藏文的第一字节，第二次 wParam 参数的低字节是藏文的第二字节）。

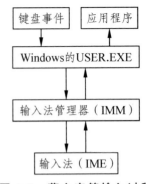

图 2.7   藏文字符输入过程

藏文字符输入过程如图 2.7 所示。

从图 2.7 可以看出，Windows 系统下藏文输入法中 IME 模块的设计，就是为用户接口和转换接口编写代码，完成 IME 界面的表示和输入码到机内码的转换工作，每个输入法的算法就在该模块中实现。该模块从系统中接收键盘消息，经过输入法所定义的有关转换产生藏文字符或词组。

2.3   藏文文字的规范化处理

藏文文字属于符号文字，在藏文文本中除了正常的藏文字符外，还可能会出现借形词、特殊符号、藏语的黏着语等一些特殊的字符形式。这些字符形式在自动注音时需要设定一定的规则转换成规范的藏文文本形式。这些字符的处理结果会直接影响文本信息处理的正确性，对这些字符处理需要在正确理解其产生原因的基础上确定其转换方式。藏文文本的规范化处理主要是对藏文文本做版面分析，识别并规范藏文文本中可能出现的标点符号、外来符号、数字以及其他非藏文字符的过程。

藏语文本的规范化主要有三个任务：第一个任务是特殊符号的归一化；第二个任务是外借词的藏文化；第三个任务是黏着语的规范化处理。

2.3.1   特殊符号的归一化

特殊符号主要是指在藏文文本中出现的一些非常用的藏文标记符号以及其他有特殊含义的符号，这些特殊符号的存在也会对后期文本的理解造成歧义。

1. 标记符号的归一化处理

在藏文文本中可能会存在这样的一些符号，这类符号有些能够表达语言功能，有些只是文本中存在的装饰性图案，这些标记符号对于语音并没有任何作用，因此在进行规范化处理时需要归一化处理。

根据目前从各类文献中收集的藏文符号和图形的分析，藏文文本中的字符与图形可以划分为两大类，即文字符号与非文字符号。文字符号除了包括能够书写语言声音的藏文字符外，还包括描写声音连接、停顿和结束的符号；非文字符号可以表示某种事物或观念意义，但与语言声音无关，这些非文字符号包括篇章符、敬重符、历算符等[41]。

藏文文本中出现的藏文标记符号，一般没有实际语义，所以对这些符号进行规范化处理时，只需要获取其出现的特征标记以及对应的编码形式，通过建立标记符号替换规则表，然后在待处理的文本中识别出这些符号，利用标记符号替换规则表即可实现对其的归一化处理。

2. 其他类型的特殊符号的规范化处理

对于本文中其他特殊符号的处理，首先收集整理可能出现的符号的类型以及其表示的具体语义，其次是确定标准的藏文文本表示形式，最后建立对应的映射规则表即可。规范化处理时直接通过查找映射规则表，在映射规则表中查找出对应的符号，将其用表里的标准藏文文本形式代替即可。映射规则表的格式如表 2.3 所示。

表 2.3　特殊符号的映射规则表（部分）

序号	特殊符号	规范写法	规范化汉意
1	¥	སྒོར།	元
2	.	ཚེག	点
3	%	བརྒྱ་ཆ།	百分之
4	$	ཨ་སྒོར།	美元

2.3.2　外借词的藏文化处理

由于藏文文本的网络化传播，使得许多藏文文本中存在这样一类词。这一类词借用藏语以外的其他民族语言的字形，但是却需要按照藏语的读音来读，这类词就是外借词。外借词主要有两种：一种是简略词，一种是数字符号。

1. 简略词的规范化处理

藏文文本中的简略词主要来源于其他语种中一些事物的缩略表示形式。这些简略词的存在会影响对藏文文本的正确分析，因此，对简略词的规范化处理在自动注音系统中就显得非常重要。

一般而言，藏文文本中包含的简略词主要有两类：第一类是常用的单位简写形式，例如：mm、cm、kg 等，这种需要转换成藏文进行发音；第二类是一些特殊名词的简略表示形式。例如，CO、LA、CA、DC、USA 等，这一类外借词只需要按照原来的形式与藏文分开就可以了。简略词的规范化处理主要是利用建立简略词转换表来实现的。简略词转换如表 2.4 所示，具体处理过程如下：

（1）首先对已经进行符号归一化处理的藏文文本按照句子进行切分，然后将藏文句子按照藏文文本、数字符号以及其他文本进行识别并标记，以此得到三类不同的字符块。

（2）将切分后的句子中所有文本块分别在简略词表中查找，若在简略词表中，转（3），否则转（4）。

（3）查找结果在上下文中进行一一对应，确定对应的规范化形式。

（4）继续处理下一个句子。

表 2.4　简略词转换表（部分）

序号	特殊符号	规范写法	规范化汉意
1	CBA	CBA	中国篮球职业联赛
2	cm	ལིའི་སྐྱེ་ནས།	厘米
3	mm	དོ་སྐྱེ་ནས།	毫米
4	am	ས་དྲོ།	上午
5	pm	ཕྱི་དྲོ།	下午

2. 数字符号规范化处理

数字符号的规范化处理主要包括对日期、电话号码、金钱货币、时间以及其他数字符号（小数、机器型号、IP 地址等）的规范化处理。同汉语文本中一样，藏文文本中同样的数字符号可能会因为意义的不同而发音不同，还有可能数字的写法不同但是读音一致，表示形式相对比较复杂。比如数字"001"可以理解成编码读作"ཀླད་ཀོར་ཀླད་ཀོར་གཅིག（零零一）"，也可以理解为顺序读作"གཅིག（一）"；数字"2008"在不同的语境下表达的语意和读音是截然不同的，譬如在文本"2008-08-08"中，2008 表达地就是二零零八年的意思，而当 2008 在文本"2008￥"中时，2008 代表的就是金额两千零八元，同时，它们对应的藏文文字表述也是截然不同的。所以在识别数字符号时，计算机不能简单地根据输入的形式理解文本可能表达的意义，因而也就不能按照输入形式可能表达的意义来指导计算机识别数字符号并标注出对应的音标。数字符号的规范处理过程需要完全理解该数字符号的意义，基于数字符号的位置信息，提取出能够表明意义信息的上下文语境，以得到在特定环境下数字符号表示的语义。具体而言数字符号的表示形式主要有以下几类：

（1）电话号码形式。固定电话号码形式相对一致，可能包含前缀符号、区号和普通号码三个部分，每部分之间可能存在分隔符号。通常而言，国内的电话基本一致，只包含区号和普通号码两部分共计 11 个数字符号，其中区号部分可能有 3 ~ 4 个数字，普通号码区有 7 ~ 8 个数字。如果一个文本块判别属于这种模式，那么它是电话号码形式的概率就比较大。之后再利用该文本块相邻的上下文内容查找，看看是否有一些指示关键词，诸如"电话（ཁ་པར）""号码（ཨང་གྲངས）"或"Tel"等提示性词汇，一旦出现这些关键字，则可以确定是电话号码了。

（2）日期时间形式。日期在藏文文本中也存在很多种写法，在文本规范化处理时需要处理一些常见的日期格式。在一般文本中涉及的常见日期书写格式包括有 2015-01-06、2015/01/06、15/01/06、2015ལོ།ཟླ་བ6ཉིན།等形式，因此在文本处理时要分别加以确认并处理。时间在藏文文本中也可能有多种表示形式。常见的一些关于时间的书写方式有 8:20、8:20am、8:00-8:30 等。但有时候如果仅仅出现上述形式，并不能完全说明该文本表示形式就是时间格式。比如"8:20"这种形式如果出现在比赛描述中，说明场上比分是"8:20"，此时的"8:20"就不能用时间格式来进行转换，而需要根据上下文环境确立意义之后再进行转换。针对这些可能出现歧义的表示形式，不能简单地只考虑文本表达式的匹配，还需要考虑上下文的环境，确定具体描述的意义之后再进行对应的转换。

（3）金钱货币形式。藏文文本中也可能会出现一些常见的货币表示形式。货币表示形式在藏文文本出现时基本上可以通过货币单位进行辨别，所以在规范化处理时，直接进行识别替代就可以了。

（4）其他数字符号形式。由于藏文文本的来源各异，因此在文本中还可能出现其他特定的数字形式。文本中其他常见的数字形式还有小数形式 2.178、温度形式 – 20.5 ℃、商品型号形式 M4 350、IP 地址形式 202.200.10.11。这类数字符号可能有多种形式，所以在数字符号的规范处理过程中还需要动态加入一些新的数字块识别规则，以便处理外来的新的数字表现形式。

在理解数字符号表示异议的基础上，参照陈志刚等在《中文语音合成系统中的文本标准化方法》中对文本标准化规则库的创建方法，建立百分数规则、小数规则、数字区间规则、温度规则等，确立不同含义数字的组合规则，然后利用数字符号、特征词以及标准藏文文本建立数字符号转换规则表，基于该表就可以实现不同意义的数字符号到标准藏文文本形式的转换。数字符号转换规则如表 2.5 所示。

表 2.5　数字符号转换规则表（部分）

序号	数字符号	特征词	标准藏文文本
1	2012	年	ལོ།	གཉིས་སྟོང་བཅུ་མེད་བཅུ་གཉིས།
2	2008	元	སྒོར།	གཉིས་སྟོང་བཅུ་མེད་བཅུ་མེད་བརྒྱད།
3	202.211.20.5	网络协议地址	དྲ་རྒྱའི་གྲོས་མོལ་གནས་ཡུལ།	གཉིས་བརྒྱ་ཀོར་གཉིས་ཚིག་གཉིས་གཅིག་གཅིག་ཚིག་གཉིས་བརྒྱ་ཀོར་ཚིག་ལྔ།
4	208	斤	བརྒྱ་མ།	ཉིས་བརྒྱ་བཅུ་མེད་བརྒྱད།
5	−21	°C	ཉའ་ཇེ་ཏུའུ།	ཕྱག་ལེ་འོག་ཏུའུ་ཉེར་གཅིག

由于藏文文本来源的不确定性，在文本中可能会存在一些未能收集到的不规范的文本类型，所以建立的规则知识库并不能处理这类文本。针对这种情况，项目中开放了数字符号转换规则表，允许用户添加新的数字符号识别特征词和组合规则，以便更加有效地识别数字符号，从而提高数字符号规范化处理的准确性和完整性。

2.3.3　黏着语的规范化处理

古藏文中不同的音节字之间都有音节点存在，但是随着藏文文字的发展，由于语音和语法表现的需要，在藏文文本中出现了不同音节字之间的音节点省略现象，从而改变了原有音节字的结构，导致了黏着语的产生。由于黏着语特殊的语法作用以及其在藏文文字发展中的重要意义，使得黏着语非常频繁地出现在藏文文本中。黏着语的存在会改变一些藏文音节字的结构，使得藏文文字结构不符合藏文的正字法结构，但又是正确的书写形式，从而无法按照现代藏文的处理方式对这些特殊的藏文文字进行辨识和处理。所以在藏文文本信息处理之前首先必须对黏着语进行识别和处理，规范藏文文本的格式，这对后期藏文文本处理非常重要。

1. 黏着语的种类

藏文文本中常见的黏着语主要有 6 种：

● 属格助词（འབྲེལ་སྒྲ）"འི"，其作用是前置定语，表示词与词之间的修饰、领属和复指关系，例如 "ནམ་མཁའི་ནོར་བུ"。

● 饰集词（རྒྱན་སྡུད）"འང"，主要用在名词后起副词作用，例如 "ང་ལའང་ཡོད"。

● 离合词（འབྱེད་སྡུད）"འམ"，主要起到连词或者助词的作用，例如 "ལྟ་འམ་མི།"。

● 终结词（རྫོགས་ཚིག）"འོ"，主要用于句末表示所要表达的意思完结、告一段落，例如 "ཤེས་པ་དགའོ།"。

● 作格助词（བྱེད་སྒྲ）"ས"，主要作用是联系动词的施受关系，例如 "ངས་བྱས།"。

● 位格助词（ལ་དོན）"ར"，主要作用于组合构成句子的宾语、状语、补语甚至主语的成分，例如"བཀད་པར་ནོན།"。

　　这些黏着语产生的前提是其前的藏文音节的后加字为"འ"或没有后加字。具体的黏着规则是：当其前的藏文音节存在后加字"འ"时，去掉后加字然后在基字后添加黏着语；当其前的藏文音节没有后加字时，直接在基字后添加黏着语。因此，对于这些黏着语的处理需要依据黏写字符形成的特点分别进行分离和还原操作。

2. 黏着语的处理

　　对黏着语的规范化按照其黏着变体特点分别进行处理。设定黏着语为 $nzy = \{$ནི，འང，འམ，ནོ，སོ，ར$\}$，给定藏文语句 S，黏着语的处理是基于音节字的，利用藏文音节点将 S 分成藏文音节的组合，即 $S = w_1, w_2, \cdots\cdots, w_i, \cdots w_n$。若其中的音节 w_i 包含黏着语，则音节 w_i 处理方法为：首先将该藏文音节 w_i 包含的黏着语去掉得到藏文音节 x，此时 w_i 被分成 x 和黏着语两个音节，将藏文音节 x 添加后加字"འ"得到新的藏文音节 y，然后分别判定藏文音节 x 和 y 是否存在于藏文词典库中，根据四种不同的情况分别判别带黏着语的藏文音节 w_i 的处理结果。第一种情况为 x 存在于词典库中，y 不存在于词典库中，则判定原藏文音节 w_i 分离成藏文音节 x 和黏着语；第二种情况为 x 不存在于词典库中，y 存在于词典库中，则判定原藏文音节 w_i 分离成藏文音节 y 和黏着语；第三种情况为 x 与 y 均存在于词典库中，此时需要添加前文信息加以判断，判定藏文字串 w_{i-1} 和 x 是否存在于藏文词典库中，若存在，则判定原藏文音节 w_i 分离成藏文音节 x 和黏着语；否则判定原藏文音节 w_i 分离成藏文音节 y 和黏着语；第四种情况为 x 与 y 均不存在于词典库中，此时添加手工处理标记以便后期人工还原黏着语。包含黏着语的藏文音节 w_i 的还原过程程序如下：

```
Splitnzy ( String wᵢ₋₁, String wᵢ, int n ) // wᵢ为包含黏着语的藏文音节，wᵢ₋₁为wᵢ前面的藏文
//音节，n 为 wᵢ中黏着语的字符数
{
x=wᵢ. Substring ( 0,wᵢ.Length-n ) ;            //x 为 wᵢ去掉黏着语后的藏文音节
l=wᵢ. Substring ( wᵢ.Length-n, wᵢ.Length ) ;   //l 为 wᵢ去掉的黏着语
y=x+"འ";                                        //y 为去掉黏着语添加后加字"འ"得到的藏文音节
 if ( existdict ( x ))          // existdict ( x ) 为查找 x 是否存在于词典库的函数，
                                //若存在则返回为 true
{
if ( existdict ( y ))          // y 存在于词典库
    { if ( existdict ( wᵢ₋₁+"·"+x ))   //wᵢ₋₁+ "·" +x 存在于词典库
        wᵢ=x+"/"+l+ "/";
      else
        wᵢ=y+"/"+l+ "/";
    }
else
        wᵢ=x+"/"+l+ "/";
 }
else
```

```
{ if ( existdict ( y ))                              // y 存在于词典库
      wi=y+"/"+1+ "/";
else
      wi= wi+ "~" + "/";                             //"~"为需要手工处理的音节标记
}
}
```

黏着语处理的流程图如图 2.8 所示。

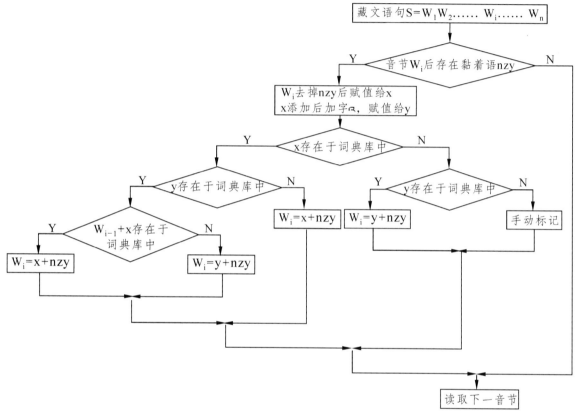

图 2.8　黏着语处理流程图

　　黏着语的处理过程举例如下：在"ནམ་མཁའི་ནོར་བུ།"中，藏文音节"མཁའི"中有黏着语"འི"，去掉黏着语后的字串为"མཁ"，"མཁ"存在于词典库中，"མཁའ"也存在于词典库中。此时查找"ནམ་མཁ"，不存在于词典库中，而"ནམ་མཁའ"存在于词典库中，因此处理结果为"མཁའ"和属格助词"འི"。在"ང་ལྷའང་ཡོད།"中，藏文音节"ལྷའང"有黏着语"འང"，去掉黏着语后的藏文音节为"ལ"，"ལ"存在于词典库中，而"ལའ"不存在于词典库中，因此处理结果为"ལ"和饰集词"འང"，分离出黏着语"འང"。在"ལྷའམ་ཞི།"中，藏文音节"ལྷའམ"有黏着语"འམ"，去掉黏着语后的藏文音节为"ལྷ"，"ལྷ"存在于词典库中，而"ལྷའ"不存在于词典库中，因此处理结果为"ལྷ"和离合词"འམ"，分离出黏着语"འམ"。在"ཤེམས་པ་དགའོ།"中，藏文音节"དགའོ"中有黏着语"འོ"，去掉黏着语后的字串为"དག"，"དག"存在于词典库中，"དགའ"也存在于词典库中，此时查找"པ་དག"和"པ་དགའ"，发现"པ་དག"不存在于词典库中，而"པ་དགའ"存在于词典库中，因此处理结果为"དགའ"和终结词"འོ"。在"བཏང་བར་ཅོན།"中，藏文音节"བར"中有黏着语"ར"，去掉黏着语后的字串为"བ"，

"པ" 存在于词典库中，而 "པར" 不存在于词典库中，因此该藏文音节分离成 "པ" 和位格助词 "ར"。在 "ངས་བཀད" 中，藏文音节 "ངས" 中有黏着语 "ས"，去掉黏着语后的字串为 "ང"，"ང" 存在于词典库中，而 "ངས" 不存在于词典库中，因此该藏文音节分离成 "ང" 和作格助词 "ས"。

2.4　藏文文字的结构识别

2.4.1　小字符集编码的藏文音节结构

小字符集编码方案中只针对藏文的基本组成部件进行编码，然后由这些部件编码横向和纵向动态组合形成藏文音节。在计算机显示藏文字符时，带有纵向结构的字丁组合占据一个字符，纵向结构的第一层辅音决定字符的宽度，所以称该辅音为占位辅音，对应的编码即为占位辅音编码，其他叠加在占位辅音下方的辅音字符不单独占宽度，称为非占位辅音，对应的辅音编码称之为非占位辅音编码。

在藏文文字中，元音都在辅音的上方或下方以叠加方式存在，依附于纵向结构的字丁组合，不单独占宽度，因而其也为非占位字符。基于上述说明，在藏文音节字中若存在元音必为非占位字符，音节中的每个辅音则有占位辅音和非占位辅音两种可能。在小字符集方案中分别对两种位置的字符分别进行了编码，即为不同位置时编码形式分别为占位辅音编码和非占位辅音编码。例如，辅音ལ在ལ中是占位辅音，其对应的编码是 U+0F63，在ྡྷ中属于非占位辅音，对应的编码是 U+0FB3。同时根据藏文正字法以及藏文音节结构，可以确认藏文音节字中，如果存在占位辅音，则其可能是前加字、上加字、基字、后加字或者再后加字；如果存在非占位辅音，则非占位辅音可能为基字或下加字。据此可以得出藏文音节的编码特点如下：

（1）现代藏文音节中最多只有一个纵向结构的字丁组合，例如在藏文例句ང་རྒྱུ་མདུ་སྒྲོ་ སྟོང་བྱེད་ཀྱི་ལན中的所有音节最多只有一个纵向结构的字丁组合。

（2）字丁组合中占位辅音只有一个，此外包含元音在内最多包含三个连续的非占位字符；

（3）前加字、后加字和再后加字都是以占位辅音的形式存在。

在实际藏文音节部件分解中可以利用这点从一个编码序列中定位基字。音节中组合字符的编码是按照书写顺序存储的，即按照上加字、基字、下加字和元音的顺序储存。基于上述分析，可以设定一定的规则识别出藏文音节组合中所有字符的编码，再依据藏文正字法知识就能够辨别出音节中的基字，这样对于下一步藏文音节其他部件的识别非常有利。

因此藏文音节部件的识别工作首先需要确定藏文音节的编码序列，再从中区分出占位字符和非占位字符，以及这些字符在音节字中对应的位置。检测一个编码序列中是否包含组合字符可依据其中是否存在非占位字符来确定，如果不存在则直接按照横向结构和正字法知识确定基字的位置；如果存在则确认该音节字符串中存在组合字符，需要进一步根据非占位字符的其他信息来确定基字，此时可以利用音节编码特点 2 提供的信息，判别时只需要寻找出其中非占位字符编码的个数和位置，就可以查找到非占位字符编码，然后顺序取出第二个编码判别其是否属于非占位字符编码，如果属于非占位字符编码，则取出第三个编码判断是否属于非占位字符编码；如果是则可以判别中间一个为基字。所以说在整个音节的判定过程中，占位辅音和非占位辅音的判定也就是确定基字的关键，再依据藏文正字法知识确立基字，进从而进一步判定藏文的音节结构。

2.4.2 现代藏文音节正字法知识

藏文中 30 个辅音字母均可以作为基字，其中一些在基字字性分类中原本属于弱音势的阴性字（浊音字母）"ག་ད་བ་མ་འ"可以作前加字，当它们改变位置作为前加字与特定的基字组合时，辅音字母的字性会改变，对应的也会发生音变。前加字与基字的组合规则为：阳性前加字"བ"除同组字母"པ་མ"外还能与阳性基字"ག་ཅ་ད་ཙ"和阴性基字"ག་ང་ཇ་ཉ་ད་ཛ་ཞ་ར་ཤ་ས"结合，但是不能与中性基字"ཁ་ཚ་ཐ་ཕ་ཚ"和其他字母结合；阴性前加字"འ"能与阴性基字"ག་ཇ་ད་བ་ཛ"和中性基字"ཁ་ཚ་ཐ་ཕ་ཚ"结合，不能与其他基字结合；中性前加字"ག"能与阳性基字"ཅ་ད་ཙ"和阴性基字"ཉ་ད་ན་འ་ཞ་ཡ་ཤ་ས"结合，不能与其他字母结合；中性前加字"ད"能与阳性基字"ཀ་པ"和阴性基字"ག་ང་བ་མ"结合，不能与其他字母结合；极阴前加字"མ"能与中性基字"ཁ་ཚ་ཐ་ཕ་ཚ"和阴性基字"ག་ང་ཇ་ཉ་ད་ཉ་ཚ"结合，不能与其他字母结合。10 个辅音字母"ག་ང་ད་ན་བ་མ་འ་ར་ལ་ས"可以作为后加字，在 10 个可以作后加字的辅音字母中，有 4 个后加字"ག་ང་བ་མ"后面还可以再加一个辅音字母，作为再后加字。后加字是置于基字所含元音韵母后面作韵尾的，可以与所有的基字横向组合。此外还有 4 个辅音字母"྄྄྄ཱཱཱཱིྀུ"可以在藏文音节中作为下加字存在。藏文辅音字母中有 3 个辅音字母"ར་ལ་ས"可以加在一部分基字上作为上加字。

藏文正字法知识规定了藏文音节结构中不同位置上的构件组合方式，在具体分析藏文音节结构时，分别从前面结构分析得到各位置部件组合时应满足的条件进行分析说明。

（1）前加字、上加字和下加字应满足的条件：

如果音节中包含有上加字"ར"，则纵向结构的非占位辅音只能存在于集合 {ཀ, ག, ང, ཇ, ཉ, ཏ, ད, ན, བ, མ, ཙ, ཛ} 中；如果包含有前加字"བ"，则后面的基字只能存在于集合 {ཀ, ག, ཅ, ཏ, ད, ན, ཙ, ཛ} 中；如果同时包含有上加字"ར"和前加字"བ"，则基字为非占位辅音，且只能存在于集合 {ཀ, ག, ཏ, ད, ན, ཙ, ཛ} 中。

（2）元音、后加字和再后加字应满足的条件：

藏文音节中有可能不显示元音，但是一般会在发音时加上 /a/ 音，也可以是"྄ི, ྄ཱུ, ྄ེ, ྄ོ"其中之一；但是如果有后加字存在，则后加字必在集合 {ག, ང, ད, ན, བ, མ, འ, ར, ལ, ས} 中；如果存在再后加字"ས"和"ད"，则一定有后加字，并且当再后加字为"ས"时，后加字在集合 {ག, ང, བ, མ} 中，而再后加字为"ད"时，此时后加字在 {ན, ར, ལ} 的后面。

2.4.3 藏文文字结构的辨识

在辨识现代藏文音节结构每个构件时，我们主要通过有无非占位辅音来判断。如果藏文音节中包含有非占位辅音，则最多只存在两个非占位辅音，首先利用非占位辅音和元音的位置来确定组合字符的结构，然后再根据藏文正字法规则和占位辅音的情况判别音节的基本结构，从而确定音节结构各位置上的构件，具体判定过程如下：

第一步：当音节结构中不包含非占位辅音时，此时藏文音节最多只有 5 个字符，首先需要判断组合字符的结构，包含有无元音两种情况。当音节结构中包含元音时，则直接可以认定元音前面的字母即为基字，组合字符为基字和元音。当音节结构中不包含元音时，发音时默认包含元音/a/，这时组合字符仅为基字。然后再确定音节结构，音节结构可以按照占位辅音的个数进行判断。下面按照占位辅音个数的不同分别进行讨论分析。

（1）当音节中包含的占位辅音个数为 1 时，那么可以确定该占位辅音就是基字。

（2）当音节中包含有 2 个占位辅音时，此时藏文音节结构有三种可能：① 第一个占位辅音存在于前加字集合中，第二个占位辅音存在于后加字集合中，则该音节包含有后加字；② 第一个占位辅音存在于前加字集合中，第二个占位辅音没有存在于后加字集合中，则该音节包含有前加字；③ 第一个占位辅音不满足前加字的条件，第二个占位辅音满足后加字的条件，则它们是基字和后加字的组合。

（3）当音节中包含有 3 个占位辅音时，藏文音节结构同样存在三种情况：① 第一个占位辅音不满足前加字的条件，其余两个占位辅音分别满足后加字和再后加字的条件，则藏文音节是基字、后加字和再后加字的组合；② 第一和第三个占位辅音分别满足前加字和后加字的条件，则它们依次是前加字、基字和后加字；③ 第一个占位辅音满足前加字的条件，其余两个占位辅音分别满足后加字和再后加字条件，则该藏文音节结构需要人工判断。

（4）当藏文音节中包含有 4 个占位辅音时，则根据藏文正字法知识，直接可以判定该藏文音节包含有前加字、基字、后加字和再后加字。

第二步：当音节结构中有 1 个非占位辅音时的判定：音节结构中有非占位辅音时，则该音节中一定存在组合字符。在这种情况下判定音节结构时需要先找出字丁组合方式，进而判断基字在字丁组合字符中的位置，此时该藏文音节最少包含 2 个字母。

（1）当音节中包含有 1 个占位辅音，该音节只由组合字符构成。音节结构的判断只需要判断组合字符结构即可。若组合字符中有元音并且该占位辅音存在于{ར, ལ, ས}中，而非占位辅音不在{ི, ུ, ེ, ོ}中，则该组合字符结构是上加字、基字和元音；否则该组合字符依次是基字、下加字和元音。若组合字符中没有元音并且该占位辅音存在于{ར, ལ, ས}中，而非占位辅音不存在于{ི, ུ, ེ, ོ}中，则该组合字符结构是上加字和基字；否则该组合字符依次是基字和下加字。

（2）当音节中包含有 2 个占位辅音时，首先判断组合字符的结构，若组合字符中有元音并且该占位辅音存在于{ར, ལ, ས}中，而非占位辅音不存在于{ི, ུ, ེ, ོ}中，则该组合字符依次是上加字、基字和元音；否则该组合字符依次是基字、下加字和元音。若组合字符中没有元音并且该占位辅音存在于{ར, ལ, ས}中，而非占位辅音不存在于{ི, ུ, ེ, ོ}中，则该组合字符依次是上加字、基字；否则该组合字符依次是基字、下加字。然后再判断藏文音节结构其他占位辅音的位置，此时藏文音节结构有两种可能：① 非占位辅音后面除开元音字符外还连接有一个占位辅音，则该音节包含有后加字；② 非占位辅音前面有两个占位辅音时，则该音节必定包含有前加字。

（3）当音节中包含有 3 个占位辅音时，还是首先判断组合字符的结构。若组合字符中有元音并且该占位辅音存在于{ར, ལ, ས}中，而非占位辅音不存在于{ི, ུ, ེ, ོ}中，则该组合字符依次是上加字、基字和元音；否则该组合字符依次是基字、下加字和元音。若组合字符中没有元音并且该占位辅音存在于{ར, ལ, ས}中，而非占位辅音不存在于{ི, ུ, ེ, ོ}中，则该组合字符依次是上加字、基字；否则该组合字符依次是基字、下加字。然后再根据非占位辅音的位置判断为前加字和组合字符还是组合字符与后加字结构，此时藏文音节结构有两种可能：① 非占位辅音后面除开元音字符外还连接有两个占位辅音，则该音节包含有后加字和再后加字；② 非占位辅音前面有两个占位辅音并且最后面的非占位辅音后面除开元音字符外还连接有一个占位辅音时，则该音节必定包含有前加字和后加字。

（4）当音节中包含有 4 个占位辅音时，该音节的结构必包含有前加字、后加字和再后加字。这时只需要判别组合字符的结构即可。若组合字符中有元音并且该占位辅音存在于集合中 {ར，ལ，ས}，而非占位辅音不在 {ཡ，ར，ལ，ཝ} 中，则该组合字符是上加字、基字和元音；否则该组合字符依次是基字、下加字和元音。若组合字符中没有元音并且该占位辅音是ར、ལ或ས，而非占位辅音不是ཡ、ར、ལ或者ཝ，则该组合字符依次是上加字和基字，对应的音节结构为前加字、上加字、基字、后加字和再后加字；否则该组合字符依次是基字和下加字，对应的音节结构为前加字、基字、下加字、后加字和再后加字。

第三步：当音节结构中包含有 2 个非占位辅音时，则该音节中一定存在组合字符，并且组合字符中必然包含上加字、基字和下加字。首先需要判断组合字符的结构，其中包含有无元音两种情况。当音节结构中包含元音时，则组合字符为上加字、基字、下加字和元音；当音节结构中不包含元音时，此时发音时默认包含元音/a/，这时组合字符为上加字、基字和下加字。然后再确定音节结构，音节结构的判断就可以按照占位辅音的个数进行判断，下面按照占位辅音不同的个数分别进行讨论分析。

（1）当音节中只包含有 1 个占位辅音时，那么占位辅音就是上加字。

（2）当音节中包含有 2 个占位辅音时，藏文音节结构存在两种情况：① 第一个占位辅音位于非占位辅音前，则是组合字符和后加字的结构；② 第二个占位辅音位于非占位辅音前，则是前加字和组合字符的结构。

（3）当音节中包含有 3 个占位辅音时，藏文音节结构也存在两种情况：① 第一个占位辅音位于非占位辅音之前，则藏文音节包含有组合字符、后加字和再后加字；② 第二个占位辅音位于非占位辅音之前，则此时藏文音节结构包含前加字、组合字符和后加字。

（4）当音节中只包含有 4 个占位辅音时，那么该音节是由前加字、组合字符、后加字和再后加字组成的结构。

2.4.4 藏文音节构件的确定算法

依据上一节算法所述则可以确定藏文字丁构件，藏文字丁构件主要根据藏文音节构字规则以及藏文小字符集编码的特点来确定，其核心在于寻找藏文基字。

若令 C 表示藏文占位辅音编码集合，V 表示藏文元音字符编码集合，NC 表示藏文非占位辅音编码的集合，同时根据藏文本身特征，设定下加字集合 U，则 U 属于 NC，同时设定音节中编码字符串为 $l_1 l_2 \cdots l_n$（$1 \leqslant n \leqslant 7$），占位辅音编码串为 $C_1 C_2 \cdots C_m$（$1 \leqslant m \leqslant 4$），非占位辅音编码串为 $NC_0 NC_1 \cdots NC_k$（$0 \leqslant k \leqslant 2$），其中 $k = 0$ 是表示该音节编码字串中不含非占位辅音。元音字符编码串为 V_t（$0 \leqslant t \leqslant 1$），其中 $t = 0$ 是表示该音节编码字串中不含元音字符。根据上述假设，结合小字符集编码的特征以及藏文的正字法知识，判别算法如下：

Step1：输入音节字符串 $l_1 l_2 \cdots l_n$，根据字符串匹配法找出其在集合 C、V 和 NC 中的字串 $C_1 C_2 \cdots C_m$、V_t 和 $NC_0 NC_1 \cdots NC_k$。k 的值获取后可根据以下几种情况定位基字的位置并确定各构件字符：

Step2：若 $k = 2$，则该音节中非占位辅音编码串为 NC_1NC_2，此时由小字符集编码的特征判定此时组合字符中必定包含上加字和下加字，而按照藏文输出顺序，就可以确定出两个非占位辅音 NC_1NC_2 分别为基字 Ba 和下加字 Up，从而确定出基字的位置。

Step3：若 $k = 1$，则该音节中非占位辅音编码串为 NC_1，此时 NC_1 有可能是基字，也可能是下加字，因此需要依据藏文构字规则加以判别。首先判断 NC_1 是否属于集合 U。因为藏文显示时，"ཡ་ར་ལ" 作为下加字字符存在时，与其在组合字符中作为基字的编码并不一致。而另外一个下加字 "ཱ"，按照藏文正字法可以确定该字符不能接上加字。所以对于 NC_1，只需要判定是否存在于对应的下加字编码集合中，若存在则 NC_1 必为基字 Ba；否则其前面的占位辅音为基字 Ba。最后如果不满足上面两种情况，则可以判定 NC_1 为基字 Ba。

Step4：若 $k = 0$，则该音节中不存在非占位辅音，表明该藏文音节没有上加字和下加字形式。此时判定基字位置需要依据元音字符进行判定。若 $t > 0$，则可以判定元音前面的辅音字符必定为基字；如果 $t = 0$，则需要根据音节宽度进行进一步判别，判别时利用藏文正字法进行分别讨论得出对应的基字 Ba。

待基字编码串 Ba 确定后，再根据 Ba 是否属于集合 NC 进一步来判定其他构件的位置。如果 Ba 属于 NC，则其后面的占位辅音依次为后加字和再后加字。此时基字前面的占位辅音为上加字，若前面还存在占位辅音，则是前加字；否则基字前面若存在占位辅音必为前加字，后面的占位辅音依次为后加字和再后加字，不存在上加字。最后根据得到的结果确定出各位置上的构件编码。

第 3 章

藏文词法分析

3.1 藏文词法分析概述

3.1.1 藏文词法分析研究的问题

分词与标注是词法分析的两个核心内容。词法分析就是利用计算机对自然语言中的词的语法功能与语法关系进行自动识别。词法分析应该包含词的识别和语法功能的识别两部分内容。其基本理论和方法与目标语言的结构类型有关，英语、德语及法语等印欧语系的大部分语言属于屈折语，词与词之间有空格作为边界标识，不需要切分词形，词法分析时只需要识别词在上下文环境中的语法功能即可。也就是说，英语的词法分析是一个形态分析与词性标注的过程。汉语与英语不同，汉语是汉藏语系的主体语言，汉语属于孤立语，词没有形态曲折变化，语序和语气在语法关系中起主要作用。藏语虽然属于汉藏语系，但它与汉语和英语仍有很大差异，藏语动词有屈折形态变化，形式上与英语相似，但动词的形态变化不能独立表达时态关系。藏语词与词之间没有边界，这与汉语相似同样需要分词。所以，语言的差异导致了藏文分词标注理论与汉语、英语间的不同。因此，分词标注与语言的类型有着紧密的关系。

分词是指对于文本语句进行各个词的分隔，通常以语句为单位进行各个词的分离。例如，"བོད་གངས་ཅན་གྱི་སྲིད་བཅུད་ཆགས་ཚུལ།"经过分词后变为"བོད་/གངས་ཅན་/གྱི་/སྲིད་བཅུད་/ཆགས་ཚུལ་/།"，"高校生活丰富多彩"经过分词后变为"高校/生活/丰富多彩"。

词性标注是为语句中的每个词标注其词性，通常以语句为单位标注各个词的词性。例如，"བོད་/གངས་ཅན་/གྱི་/སྲིད་བཅུད་/ཆགས་ཚུལ་/།"经过标注后变为"བོད་/n གངས་ཅན་/n གྱི་/pg སྲིད་བཅུད་/n ཆགས་ཚུལ་/n །/xp"，在这里，n、pg、w 分别代表名词、属格助词、标点。

现代的词性标注性能也非常高，通常能满足常见的文本分析与文本挖掘任务。一般来说，词性标注与分词系统由同词法分析系统完成，这样能够保证分词过程和词性过程的良好衔接，如系统内所存储的词和相应词性有着良好的对应关系。

命名实体识别主要是指人名、地名、机构名等的切分和识别。人名如བཀྲ་ཤིས(扎西)、བསྟན་རྒྱལ(丹嘉)、བསམ་གྲུབ(桑珠)、བློ་བཟང(洛桑)；地名如ལྷ་ས།(拉萨)、དཀར་མཛེས།(甘孜)、མཚོ་སྔོན་པོ།(青海湖)，机构名如བོད་ལྗོངས་སློབ་གྲྭ་ཆེན་མོ།(西藏大学)、བོད་ལྗོངས་མི་རིགས་སློབ་གྲྭ་ཆེན་མོ།(西藏民族大学)。命名实体可看作一个词，若其搭配无法在词法分析系统则全部收集，再应用命名实体识别技术相助识别。

命名实体识别技术一方面要研究对应实体类型的命名特点，另一方面要紧密结合上下文环境做分析。各类命名实体的识别性能既与实体类型有较大关系，也与给定语句的上下文信息的充分性关系密切，有些命名实体识别技术研究甚至结合文本环境，以此来更准确地判别命名实体。

3.1.2　词法分析研究面临的困难

相比中英文词法分析，藏文词法分析有着自己的特点。

（1）从藏文语言的特点来看：第一，藏文各词之间不存在显式的分界符，因此藏文需要额外的分词过程。第二，藏文中缺少类似英文中人名首字母大写等丰富的词形信息，这将导致标注藏文词性时可用信息较少。而对于命名实体识别来说，上述差别不仅导致实体识别过程缺少英文中丰富的词形信息，如通常英文人名首字母大写，还导致增加额外识别实体边界的任务。第三，藏文词条之间存在丰富的格标记，有助于分词的开展，但是藏语中存在大量的黏写形式，这些形式因受藏文拼写规则的限制，拼写时格标记与前一个词黏附在一起变成了一个音节，影响对于词条之间格标记的识别，因而会导致藏文分词不准确。

（2）从外在因素来看，藏文自然语言处理研究起步较晚，目前还未达到中英文所具有的大规模公开的评测机制与规范的评测语料，由此许多学者的研究工作未能在相同标准下对比，不利于共享彼此的研究成果，因而也没有办法建构统一的评测标准评价系统的优劣。

（3）从词法分析本身来看，分词面临着切分歧义问题与未知词识别问题；词性标注主要面临复杂兼类词消歧与未知词标注问题；命名实体识别任务不仅需要划分出实体的边界，还需要识别出实体的类型。三者所面临的问题并非孤立，而是相互关联的。因此，如何协调地利用彼此的信息，同时有效地完成词法分析的任务是一个亟待探索的问题。

近些年的研究成果表明，现有监督方法在解决词法分析问题时面临着性能瓶颈，对于模型自身的改进并未取得显著的成效。其主要原因有两点：一是数据稀疏问题的影响。因为语言中许多统计现象符合 Zipf 定律（即数据出现长尾现象，即使增大语料库仍然面临着某些特征很少出现的现象，因此数据稀疏问题严重），所以这种数据稀疏问题仅通过增大语料库的方式是难以避免的。二是应用场合数据与训练数据难以保持独立同分布的条件。在实际使用中，往往不能完全满足应用场合数据与训练数据独立同分布这一条件。在克服第一个问题的影响时，除了模型本身的改进，如在 N-Gram 模型中采用平滑算法等，还可从使用特征角度挖掘更有效的特征，以及引入领域知识词典或推理机制，在克服第二个问题的影响上，通常的方法只能是尽可能收集与应用场合数据同源的训练数据。

3.1.3　一体化藏文词法分析框架

从计算语言角度来看，分词、词性标注、命名实体识别面临着不同的任务。分词可看作序列切分的过程；词性标注则是序列标注的过程；而命名实体识别则不仅需要识别实体的边界，还需要识别实体的类型。因为这三项任务不同，所以目前的技术较难采用单一模型处理全部问题。

机器学习中的"没有免费的午餐"定理指出，必须设法寻找更适合当前任务的语言模型，而"丑小鸭"定理指出，必须寻找适合当前任务的有效特征，二者恰好都强调了先验知识的重要性。从已有的技术角度来看，倾向运用更有效的模型解决特定的任务，再有机地结合各项处理结果；从信息增益角度来看，多种知识源分析的方法也正设法充分地利用先验知识，来提高词法分析中各个子任务的性能。

综合上述分析，可以基于以下三种观点设计一种从处理流程上做适当优化的一体化词法分析系统：① 分词、词性标注、命名实体识别之间的协调处理能够改善整个词法分析系统的性能；② 采用易于融合更多统计特征与语言知识的模型有助于改善词法分析系统的性能；③ 恰当的特征集（如增加远距离特征）有助于改善词法分析系统的性能。也就是说，只有当系统能够较好地描述词法知识时，才能获得好的词法分析性能。

基于以上三种观点，从易于利用领域知识以及构建实用化词法分析系统的角度出发，采用各个子任务协作处理的方法方能构建实用的藏文词法分析系统，一个完整的藏文词法分析系统应具备如图 3.1 所示的功能。

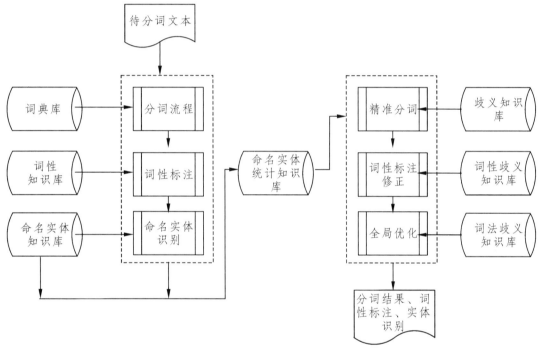

图 3.1 标准词法分析系统结构

在图 3.1 中，分词流程完成词典词切分、仿词识别与派生词识别以及新词发现的任务，同时识别出仿词与派生词的类型。而词性标注模块实现常用词性的自动标注。前两步的处理结果为命名实体识别提供较为准确的词信息与词性信息。反过来，在分词与词性标注过程出现的未知词中，命名实体占主要部分，相比来说它更难处理。而词特征与词性特征会有助于命名实体的识别。

尽管如此，不能忽略前续操作中的错误切分带来的影响使得识别过程无法复原实体，不过这样的一些歧义问题都将在歧义边界判别模块中得以修正。复杂歧义可在前续处理后利用更加高级的特征进行消解，因此，在精确分词模块主要针对这类复杂歧义进行消歧处理。在完善分词之后，词性标注模块需对重切分句子重新标注词性；用命名实体识别结果标注词性；用消歧模型对复杂兼类词进行消歧。

3.1.4 藏文词法分析的意义与作用

从语言应用的角度讲，面对互联网上的呈现指数型增长的藏文信息数据，如何更好地管理、组织和运用这些信息已经成为藏文信息处理领域重要的研究方向。网络上涌现出来的大量藏文信息数据，涉及内容包括文学、教育、哲学、历史、民俗、政治、法律等社会科学和自然科学等各个领域，如何有效地利用互联网存在的海量藏文信息，更好地服务于西藏经济社会发展的各个方面，数据信息内容的挖掘已迫在眉睫。

然而海量存在的数据已经无法用人工方式完成收集，且无法实现对于各种实时数据的及时处理，因此，必须借鉴和利用国内外语言信息处理领域的先进理论、研究成果和丰富经验，在海量藏文文本信息中搜索、挖掘想要的信息。当前文本搜索挖掘的目的已经不仅仅是获取信息量的多少，人们更关注地是获取信息的准确度，通过搜索引擎等模块把想要的内容准确无误地呈现在我们的面前。计算机要做到这样，前提是必须要具有藏语词法分析的能力。不仅搜索引擎如此，事实上与藏文智能化处理相关的机器翻译、信息检索、语音识别、文本分类、情感分析和舆情监测等应用领域都不能没有藏文词法的分析。因此，藏文词法分析是藏文信息处理领域的基础课题，是无法跨越的第一道难关，也是项长期面临的艰巨任务。

从语料库建设的角度看，目前基于语料库统计的实证主义方法已经成为语言研究和语言信息处理的主流技术。语言模型、最大熵模型、HMM 模型、CRFS 模型和 SVM 模型等基于统计的方法已经在自然语言处理中广泛应用，建立大规模、高质量的语料库已经成为藏文信息处理的主要任务。而语料库与藏文词法信息处理相辅相成，语料库建设必须借助高精度的词法分析处理系统，加之人工辅助校对才能完成。但是百万乃至千万词次的藏文语料库词法信息处理仅仅靠人工来完成，其工作量和难度是无法想象的。因此，藏文语料库建设也藏文词法分析技术的保证。

从词法分析规范的角度看，词是最小的能够独立运用的语言单位，也是计算机词法分析的直接对象，要让计算机理解词的词汇意义和语法意义，就必须建立一套既要遵循藏文文法规律，又要便于计算机形式化描述的词汇分类体系和分词标注规范。在中文信息处理中，词性标注遇到的第一个问题就是汉语词汇的词性分类问题，藏文信息处理领域也同样如此。因而，规范和标准是实现分词标注的前提，分词标注的应用需求直接推动了面向计算机的藏文文法研究，迫使我们制定各类规范和标准。同样，各类规范的产生将对相关理论的支持和词法分析系统的完善具有重要意义。

从本体知识库的角度看，构建藏文文法信息词典和词汇框架语义库不仅需要大量的专家知识，同样需要高质量的词库和大量的语言实例，词库及其相关语法知识需要通过大规模训练语料统计得到，词汇和句法实例同样需要训练语料。在浅层语义分析中，论元语义角色的识别、分类及框架的构建虽然很大程度上依赖于专家知识的判断，但是基于语料库的知识是不能忽略的，因为语料库能为语言理解提供更为真实而全面的语言知识资源。

总之，藏文词法分析是藏语语言信息处理的基础内容，也是藏语文法分析的核心，是项庞大的语言工程，涉及藏文法、语言学理论、数学模型和计算机科学等多学科内容，理论涵盖面广，技术难度大，需要大量的人力、时间和精力才能取得最后的成功。

3.1.5 藏文词法分析的目标

（1）探索藏语词法分析理论。

对藏文信息处理领域而言，藏语词法分析是一个重要的研究方向，也是藏语文现代化和智能化进程中产生的崭新课题。在词法、句法和语义等方面涉及诸多语言学理论和方法，这些理论和方法已经远远超出了传统藏文文法的内容。因此，藏文词法分析必须借鉴和吸收国内外词法分析研究方面的理论、算法和成功经验，充分利用传统藏文文法已有的理论成果，立足于现代藏语书面语，进一步研究挖掘多个层面上的规律特征，尝试探索符合藏语语言习惯与规范的词法分析理论，建立实用的藏文词法分析系统。

（2）建立在藏文信息处理领域相对通用的分词与标注规范。

分词与标注是计算机对藏语词法分析的核心内容，也是词法分析成功与否的基础步骤，所以需要保证标准规范。制定有效的规范并非易事，规范需要长时期的实践检验和反复论证，才能形成真正意义上的标准。近年来已经有很多学者在这一领域做了大量的探索研究，发表了诸多科研论文，已经涌现出较为丰硕的研究成果，也初步实现了测试性的分词标注系统。但是，国内外还没有统一的藏文分词与标注规范做指导，各个系统对于语言本体的基本术语、分词单位和标注规范的界定无法统一，严重影响了藏文信息处理技术的发展。因此，藏文分词标注领域学者要借鉴《信息处理用现代汉语分词规范》（GB/T 13715—92）、藏文文法及正字法等相关理论，结合计算语言学理论，在藏文信息处理统一框架下建立一个具有指导意义的藏文分词标注规范。

（3）建立比较实用的藏文分词系统。

"分词系统具有易扩充性、可维护性和可移植性"，分词系统应"支持不同的应用目标"和"支持不同领域的应用"。这些要求同样适应于藏文分词系统。

（4）建立训练语料。

具有一定规模且分布平衡的藏文真实文本语料是藏文词法分析得以开展的关键。首先分词和标注都需要一个高质量、高精度的藏语词表，这样的词表不是人工收集录入完成的，而完全是由计算机程序通过语料库统计得到的，并且词表的语法信息、兼类信息等都需要语料库的支持。此外，词汇搭配信息、词汇语义框架、词元表、词位信息等资源库都需要专家知识和语料库统计相结合才能完成；还有在分词标注系统中常见的 Bi-Gram 模型、隐马尔科夫模型（HMM）、最大熵模型、条件随机场模型（CRFs）和支持向量机模型（SVM）等都需要大规模的训练语料才能保证模型参数的质量。

3.2 藏文自动分词

3.2.1 藏文自动分词概述

1. 藏文自动分词的概念

自动分词是计算机对句子中词的识别过程。自动分词与语言的类型和结构息息相关。世界上有很多种语言，据德国出版的《语言学及语言交际工具问题手册》报道，世界上的语言大约有 5 651 种，其中有一半的语言正在趋于消亡，有文字的语言大约有 1 000 多种，人们研究过的语言不超过 600 种。据微软公司发布的信息，目前 Windows7 支持 95 种语言，Windows8 支持 109 种语言，覆盖全球的 45 亿用户，其中包括我国的汉语和藏语、蒙古语、维吾尔语、朝鲜语等少数民族语言文字。历史比较语言学家按照语言的历史渊源、地理位置和亲属关系把世界上的语言划分为若干个语系，每个语系内部又按照亲属远近划分为语族、语支等。比较著名的谱系分类有中国北大分类法、英国 Simon 分类法、澳大利亚国家标准语言分类法、美国麻省理工学院分类法等。但是对主要的语系划分还是一致的，包括汉藏语系、印欧语系、闪含语系、阿尔泰语系、南亚语系和南岛语系等。

按照语言类型和词汇结构把世界上的语言划分为孤立语、黏着语、屈折语和多式综合语。不同的语系和语言类型其结构和行文习惯差别很大，印欧语系的语言大部分为屈折语言，形态变化丰富，词类功能比较单纯，名词一般都有性、数、格的变化，动词有人称、数、式、态的变化。阿尔泰语系的大部分语言是黏着语，其黏着词缀的语法功能比较明确。汉藏语系的语言大部分是孤立语，词汇很少有屈折形态变化。在行文规范上，印欧语系的大部分语言的词与词之间有空格作为分隔符号，词汇边界明确，比如英语、法语、德语、西班牙语等。

汉藏语系和阿尔泰语系的部分语言没有词汇边界信息。尽管人对词汇的识别非常简单，可是要让计算机完整地识别出句子中的词却非常困难，比如汉语、藏语、蒙古语等语言。因此，计算机自动分词是针对那些没有词汇边界的语言利用计算机程序自动识别藏文文本中词的边界的过程。从符号串形式来看，藏文的句子是由藏字构成的字符串集合，假设一个句子为 S，每个藏字为 c_i，则一个藏语句子的集合可以表示为：$S = \{c_1, c_2, c_3, \cdots, c_n\}$。从词法及韵律的角度来看，藏文的句子是由若干词构成的字符串集合。对于句子为 S，若每个藏文词为 w_i，则该藏语句子的集合可表示为：$S = \{w_1, w_2, w_3, \cdots, w_n\}$。

对于藏文有一些基础理解的人就能轻易找出一个句子中的词来，可是要让计算机找到一个句子中的词却不是件容易的事。如何让计算机识别一个句子中的词呢？这就是我们需要解决的计算机自动分词问题。也就是说，藏文的自动分词就是把一个由藏字组成的字符串转换成由词组成的字符串集合的过程。即对于句子 S 来说，要实现字到词的转换：$\{c_1, c_2, c_3, \cdots, c_n\} \text{->} \{w_1, w_2, w_3, \cdots, w_n\}$。

（a）句子：བོད་གངས་ཅན་གྱི་སྐྱོད་བཅུད་ཆགས་ཚུལ།

（b）分词：བོད་/གངས་ཅན་/གྱི་/སྐྱོད་བཅུད་/ཆགས་ཚུལ།/

句子（a）为藏语句子，（b）是（a）的分词结果。在句子中，"བོད་" "གངས་ཅན" "སྐྱོད་བཅུད" "ཆགས་ཚུལ" 等词没有清晰的边界特征，计算机无法直接得到词语，从形式上看句子由若干个音节构成。尽管藏语音节之间有明显的分隔符号，而单词之间却没有边界分隔信息，词完全隐含在句子当中。虽然只要是一位具有初中藏文水平的人就可以很轻松地判断出句子中哪些是词、哪些不是词。但是目前即便是一台高智能化的计算机要想完全判断出句子中的 "བོད་" "གངས་ཅན" 和 "སྐྱོད་བཅུད" 等词也不是一件简单的事情。如果计算机程序具有人脑的语言认知机制，那么（b）中的分词问题对计算机来说是很简单的。然而，目前由于人类对人脑的语言神经机制研究正处于探索阶段。国内外学术界已经将神经语言学作为生命科学和脑科学领域的尖端学科，试图从人脑的结构、人脑的神经机制、人脑的数据存储机制等方面解开人类语言的秘密，并为语言信息处理的数学模型提供更强的模拟能力。但现阶段所取得的成果还不能完全模拟人脑的认知机制来建立语言模型。因此，我们只能运用语言学、计算机科学、数学、信号处理和人工智能等学科的理论和技术，从语法功能和语言认知机制着手，在语言的语音、语法、语义和语用等不同层面上对语言单位及其相互关系进行探索研究，以语言学为基础建立比较现实的藏文信息处理平台，这样的系统平台应该具备语言理解和语言生成两大功能。

由此也可以看出，计算机只有确定了一个句子中的词，才能分析该词的语法关系或词的类型，进一步结合语料库和专家知识等方法使这些模块具有词法、句法和语义等层面的本体知识，赋予计算机最基本的认知能力，体现计算机的智能化与虚拟化技术。

2. 藏文自动分词规范

制定藏文分词规范的目的就是要为藏文信息处理提供一套适用、实用、科学、系统的分词规则。它将对规范藏文信息处理，对各种信息处理系统的兼容性和语料资源共享起到促进作用。分词规范是在始终遵循以下几条原则下制定的：科学性、严谨性、稳定性、通用性、实用性以及语言现象覆盖率达到 99%以上的完整性等。

分词规范主要规定现代藏文的分词原则，即哪些藏文音节可以组合为一个分词单位。分词单位是《中华人民共和国国家标准信息处理用现代汉语分词规范（GB/T 13715—92）》中的一个基本概念，是指信息处理中使用的、具有确定的语义和语法功能的基本单位，主要由词构成，也包括了一部分使用频度高的词组。在某些特殊情况下，孤立的语素或非语素字也可能出现在切分序列中。在分词过程中出现的所谓的词，一般称之为切分单位。而这个切分单位有词和非词两种。所谓"非词"，含有两层意思：一是小于词的单位，即语素，在藏语中一般是用单个的音节字予以记录；二是指那些大于词的单位，即词组和句子，包括具有一定格式和整体意义的固定词组（辞藻、成语、惯用语等）以及词与词的临时组合（包括形式和意义）。前者基本上是封闭性的，后者则是开放性的。这也为建立分词匹配机载词典时重点的取舍提供了较为可靠的依据，也是普通词典和机载词典在收词时的重要区别所在。尽管藏文词典中也收有词与词组等，但存在边界不明、收词单一、覆盖不广等问题，这些需要在利用词典时注意。

藏文信息处理发展到现在对分词理论的研究较少，对分词中使用术语的定义更是少见。语言学和计算机学界专家，在总结了汉语信息处理二十多年来的经验教训之后，认为"分词单位"是"汉语信息处理使用的、具有确定的语义或语法功能的基本单位。它包括本规范的规则限定的词和词组"。而在《中文信息处理分词规范》中"分词单位"的定义是："具有独立意义，且扮演固定词类的字符串视为一个分词单位"中。作为信息处理中分词单位的划分"只要是不违背人们使用的习惯，能在语言中出现，不是凭空隐造的结构就可以了"，分词单位可以同词表中的词完全一致，也可以是包含未登录词识别以及一些词法分析的切分单位。例如一些人名、地名、机构名、汉语及外国人译名，应予以识别和切分。从字数考虑，对两个字的组合可较宽地看作一个切分单位，三个字的较严，四个字以上的若不是成语、习惯用语、简称、地名或外族人名，则一般不看作一个切分单位。分词一般考虑两个方面的因素：一是分词既要符合语言学的一般规则，同时也要便于词类和句法分析，不能分得过细，也不能分得过粗；二是分词单位必须是在现实语言中出现的，而不是凭空臆造的任何字符串。

基于前面所述，可以得知藏文分词规范需要根据语言学的理论，并遵循藏文自身的特点及构词规律，在借鉴汉语信息处理中的分词理论和方法的基础上形成，内容包括分词单位的确立、切分单位的范围、分词规范总则、分词规范细则。建立一套符合藏语规范和语言习得的分词理论，能为藏文信息处理提供一套适用、实用、科学、系统的分词规范，为今后的研究工作和实际应用奠定一个良好的基础。

藏文分词的关键是如何结合藏语字、词、句各类形式特征来确定藏文分词。扎西加等在《面向信息处理的藏文分词规范研究》中提出从计算机的角度出发考虑藏文分词的规范原则，依据藏文词汇的构词规律和特点来制定适合计算机信息处理的藏文分词规范标准，为解决自动分词、词性标注、信息检索、语料库的构建等一系列重要研究课题提供了依据。文中提出将藏文词类划分为 26 个基本类和 9 个特殊类，在 26 个基本类当中继续细化出不同的子类。基本类包括名词、处所方位词、时间词、数词、量词、代词、自动词、他动词、助动词、存在动词、判断动词、动名词、形名词、形容词、状态词、简别词（区别词）、副词、时态助词、语气助词、原因助词、目的助词、终结助词、介词、连词、叹词、拟声词。特殊类包括成语、习惯语、简略语、前接成分、中接成分、后接成分、首饰符号、标点符号、非藏文符号。这种系统化的规范基本涵盖了具有确定的意义或语法功能的基本单位，包括限定的词和词组。

近几年，涌现出了一批藏文分词理论及方法的研究人员，他们也提出了几种不同的分词规范。然而，藏文到目前为止还没有统一的、能作为国家标准的分词规范，这成为藏文自动分词理论建设方面的不足。

3. 藏文自动分词原则

（1）分词单位要符合语言学基本理论的一般原则，从语义与语法两个方面来确定分词单位所承载的语法功能。

（2）分词规则既要适应语言信息处理与语料库语言学研究的需要，又要与传统的藏文文法学研究成果保持一致。

（3）规范中的分词单位主要是实词和虚词，也包括部分结合紧密、使用稳定的词组以及一些特殊的字符串标志。

4. 藏文分词词典机制

在分词方案中，藏语分词词典是藏语自动分词系统的重要组成部分。词典的收词、词典的数据结构及查询算法应是分词词典设计的核心内容。要保证分词系统的稳定性、可移植性和可扩展性，需要坚持界面与算法、算法与数据分离的原则。分词词典是分词系统的数据，分词词典中的词是按照分词规范中的切分单位收录，词典由训练语料库统计得到，尽量减少人工参与，这样就可以避免因数据的变化影响算法的运行，当后期添加数据完善训练语料时，模型训练后就能得到新的词典数据，而新的词典数据意味着系统的更新。分词词典包含有两部分内容：一是词典的数据结构；二是词典的查询算法。数据结构和查询算法是统一的整体，算法依赖于数据结构，广义上的算法包含数据结构。因为分词系统在运行过程中需要频繁地读取词典，所以一个稳健快速的词典结构及查询算法是词典设计的关键。

在中文信息处理领域，常见的分词词典结构主要有基于整词二分、基于 TRIE 索引树、基于逐字二分等形式。这几种词典机制的数据结构与效率都存在很大的区别，国内很多学者对中文分词词典机制做过系统的研究。下面从藏文角度介绍几种词典结构。

（1）整词二分的词典机制。

这是一种简单的分词词典机制，早期的汉语分词词典大都采用这种结构。对于藏语来说，词典结构分索引和词典正文两部分。索引项按字符串排序，就可以实现二分查找算法（Binary Search）。二分查找又称折半查找，它是一种效率较高的查找方法，基本要求是数据必须是有序的线性表，数据的关键词必须按顺序排序。二分法查找的优点是比较次数少，查找速度快，平均检索长度小，时间复杂度为经过 $\log_2 n$ 次比较就可以完成查找过程。缺点是在查找之前要为建立有序表付出代价，一般情况下，二分查找适应于数据相对固定的情况。

（2）基于 TRIE 索引树的分词词典机制。

TRIE 索引树是一种以树的多重链表形式表示的链树。基于 TRIE 索引树的藏语分词词典机制由词的第一个音节散列表和 TRIE 索引树结点两部分组成。基于 TRIE 树的分词词典由两部分组成：第一部分为词第一音节散列表，表结构包括 TRIE 大小和指向该音节的 TRIE 索引树的根节点指针；第二部分为 TRIE 索引树节点，是一个适合二分查找的关键词排序的数组。这种算法的优点是每次仅比较一个音节，不需要多次回溯查询，不需要知道待查词的长度，对被切分句子的一次扫描就可以完成分词。缺点是它的构造和维护比较复杂，浪费了一定的存储空间。

（3）基于逐音节二分的藏语分词词典机制。

这种词典机制源自汉语的逐字二分的方法，是前两种词典机制的一种改进方案。一方面，逐音节二分与整词二分的词典结构完全一样，易于构建和维护；另一方面，查询过程有所区别，逐音节二分吸收了 TRIE 索引树的查询优势，即采用的是逐音节匹配，而不是整词匹配。这就在一定程度上提高了匹配的效率，而效果同 TRIE 索引树大致等同。从词典的时间和空间效率、查询速度以及可维护性等多个方面考察，基于逐音节二分的分词词典机制是一种简洁、高速的词典组织模式，能基本满足藏文分词词典的要求。

在计算机中，数据是用来描述各类事物特征的概念，分词词典的数据主题为词条，为保证数据词典的一致性和计算机处理的方便，词典中的词均按真实语料中的词形和功能为依据收录，这是分词词典不同于其他电子词典的根本区别。基本要求如下：

● 名词和名词的缩略形式按不同的词形收录，如ཕྱུག་ན་ཏོ་རེ།和ཕྱུག་ཏོར།。

● 形容词带词缀的形式也按不同的词形收录，如མང་།和མང་བ།都是性质形容词，词性和词义完全相同，但两者与名词、副词的结合形式不同，所以在词典中作为两个词收录。复合形容词的缩略形式也是如此情况，因此也作为不同的词收录。

● 动词带或不带词缀形式按不同的词形收录，如བྱེད།和བྱེན་པ།。此外，单音节动词和复合动词的曲折变化也应该分别进行收录，如སྐྱག和བསྐྱགས、ཐག་གཅོད་པ།和ཐག་གཏང་པ།等。

3.2.2　藏文分词的方法

现有的许多分词方法，根据其是否利用机器可读词典和统计信息，可概括地分为三大类：基于规则的方法（包括基于藏文虚词的识别方法）、基于统计的方法以及两者相结合的方法。

1. 基于规则的藏文分词方法

基于规则的分词方法又叫作机械分词方法，其三个要素分别为分词词典、文本扫描顺序和匹配原则。基于规则的分词方法中最基本的算法是字符串匹配法。这种方法，按扫描顺序可分为正向扫描、逆向扫描和双向扫描；按匹配原则又可分为最大匹配、最小匹配、逐词匹配和最佳匹配，主要有正向最大匹配法、逆向最大匹配法、双向匹配法、最佳匹配法、虚词匹配法等。如果分词词典的规模小，覆盖程度不够，则会影响分词的正确率。

（1）正向最大匹配法。

正向最大匹配法（Forward Maximum Matching method，FMM），其算法的基本思想是：假设分词词典中最长词条所含的藏文音节个数为 MaxLen，每次从待切分字串 S 的开始处截取一个长度为 MaxLen 的字串 W，令 W 同词典中的词条依次相匹配，如果某个词条与其完全匹配，则 W 为一个词从 S 中切分出去，然后再从 S 的开始处截取另一个长度为 MaxLen 的字串，重复与词典中词条相匹配的过程，直到待切分字符串为空。如果在词典中找不到与 W 匹配的词条，就从 W 的尾部减去一个字，用长度为 MaxLen -1 的字符串继续与词典中的词条匹配，如果匹配成功则切分出一个词，否则再从 W 尾部减去一个字，重复匹配过程，直到匹配成功。

（2）逆向最大匹配法。

逆向最大匹配法（Backward Maximum Matching method，BMM），其算法的基本思想与正向最大匹配法的基本思想一样，不同之处在于它是从句子的末尾开始切分，每次匹配不成功时，去掉藏文字符串前面的一个字。逆向最大匹配法对交集型歧义字段的处理精度比正向最大匹配法略高。这两种方法实现简单、实用性强，但它们的最大缺点就是保证不了词典的完备性，这点对分词精度有很大的影响。另外，正向最大匹配和逆向最大匹配实际上否认了"词中含词"这一语言现象，因此拒分现象严重，出错率高，而且它们的时间复杂度都很高。提出逆向最大匹配法的意义更在于与正向最大匹配法结合运用，即下面所讲的双向匹配法，它能对字符串进行更准确的切分。

（3）双向匹配法。

双向匹配法（Bi-direction Matching method，BM），其算法的基本思想是：将正向最大匹配法（FMM）和逆向最大匹配法（RMM）的结果相比较，一致的部分被认为是正确的，不一致的部分（称为疑点）则从人工干预、词频算法或上下文相关信息选取一种切分。这种方法对于正、逆向扫描结果一致而被认为正确但实际上切分不正确的字段没有强有力的处理手段。其时间复杂度比单向扫描至少增加一倍；其分词词典必须同时支持正逆两种顺序的检索，词典结构无疑是比较复杂的，或者要设立两种结构的词典，因此该方法一般作为一种检查歧义字段的方法。

（4）最佳匹配法。

最佳匹配法（Optimum Matching method，OM）由北京航空航天大学提出，分为正向最佳匹配法和逆向最佳匹配法。其算法的基本思想是：在词典中按词频的大小顺序排列词条，以求缩短对分词词典的检索时间，达到最佳效果，从而降低分词的时间复杂度，加快分词速度。实质上，这种方法也不是一种纯粹意义上的分词方法，它只是一种对分词词典的组织方式。最佳匹配法的分词词典中的每条词前面必须有指明长度的数据项，因此其空间复杂度有所增加，对提高分词精度没有影响，但分词处理的时间复杂度有所降低。这种方法需要将词典中的单词按它们在文本中出现频度的大小排列，高频度的单词排在前，低频度的单词排在后，从而达到提高匹配速度的目的。

（5）虚词匹配法。

根据藏文的语法特征，藏文句子可以看成虚词添加到词之间，短语与短语间加虚词然后与句尾动词相结合的结果，所以可以利用藏语虚词特别是格助词的这种特征实现自动分词。因此，分词关键就是找到这些虚词，然后根据虚词理论把句子划分成"块"，最后对"块"用"最大匹配"算法来切分成词。这种方法中计算机对藏文虚词的识别过程非常重要，一般按照藏文虚词的使用方法和计算机识别藏文虚词的难点分析出发，首先排除虚词的兼类性，利用受限虚词的接续规则来判断虚词；然后识别和还原黏着虚词；最后结合中嵌否定词和指人名词后缀结合的方法来识别藏文虚词，具体识别过程如下：

Step1：藏文文本中有些虚词与实词兼类，它既是虚词又是实词，因此在实现识别之前需要进行这类虚词的排除。按照藏文虚词的兼类性和组合性的特点，建一个虚词兼类词典，收录藏语虚词参与组词的、比较固定的词，比如：རེམ་གྱིས། 、ས་སོ།、ཤིང་ད།、ཡང་ཐྱི།、མི་རིགས། 等。对于一个待分词文本，首先利用虚词兼类词典从连续文本中把虚词兼类及参与组词的部分词划分出来，该部分只有虚词参与组词的一个非虚词的词。

Step2：一般来说，受限虚词的使用受到前后字符的限制，因此可以充分利用该特点建立一个虚词词典，格式如：{虚词，前导字符，后接字符}。上一步已经剔除了虚词兼类词的划分，在剩余文本中找到虚词时，利用其"前导字符"和"后接字符"，即受限虚词的接续规则来识别虚词类别。

Step3：按照藏语虚词的黏着变体性特点，依据藏文文本规范化相关处理方法进行藏语黏着虚词的识别和还原（详见本书 2.3.3）。

Step4：经过以上的虚词识别，把虚词都从藏文连续文本中识别了出来。但是在这些虚词中还存在一些特殊情况需要排除，比如藏文虚词中的中嵌否定词"མ"和指人名词后缀"པ""བ""ཕོ""བོ""མཁན""ཅན""ལྷུན"等形式虽然仍然是虚词，但从用法来说，中嵌否定词加在两个意义相对的名称中间，构成特殊的词组，表示"似是而非"或"不伦不类"的意思。例如，ཤི་མ་གསོན།（半死不活）、རྒྱ་མ་བོད།（半藏半汉）等。指人名词后缀附加在原来名词或现在时动词后面构成新的名词表示与该事物或动作有关的人。例如，རྩིས་པ།（会计）、སློབ་མ།（弟子）等。这类虚词已经成了构成藏文一个词不可分割的组成部分了，所以，这类虚词要与前后的词结合起来构成一个新词，不能作为切分标志进行切分。经过上述步骤后，完成用于划分的虚词识别和确认，利用这些虚词实现句子划分成不同的"词块"，再对"词块"按照"最大匹配"算法来实现词语的切分。

综上分析，基于规则分词方法的优点是：

① 理论上容易理解，算法容易实现，分词仅依靠规模较小的词典。

② 对自然语言的表达比较深入，具有较强的概括性，表达的知识容易理解。

领域应用效果较好。对于某些特殊的歧义组合，可以通过对语境中的词以及特征信息的深入细致的描述，获得很好的排歧效果。

基于规则分词方法的缺点是：

① 统一性不好。由于自然语言本身的复杂性，在构建规则库的过程中不可避免地会出现一些错误，难以保证规则的一致性。

② 健壮性较差。基于规则的系统仅能描述规则范围内的语句，而对于规则描述以外的语句就无法处理，在处理大规模的真实语料时，很难产生令人满意的结果。

③ 某些情况下能处理歧义，但是对于歧义的处理能力较差。

基于规则的方法，不论规则如何，都是解决匹配"成功"与"失败"，的问题，但是面对当前复杂的自然语言现象仅仅用"成功"与"失败"的难以解决当前的问题。随着对自然语言处理研究的深入，人们开始考虑对大规模真实语料进行调查，它顺应大规模真实文本处理的要求，运用统计学方法，在自动分词等方面取得了较好的效果。

2. 基于统计的分词方法

基于统计的分词方法主要是利用词与词之间的联合概率信息来进行分词。词是稳定的字的组合，所以在上下文中，相邻的藏文音节同时出现的次数越多，就越有可能构成一个词。因此，成词的可信度可由字与字相邻共现的频率或概率较好地反映出来。大家可以通过统计语料中相邻共现的各个字的组合频度来计算它们的互现信息。而定义两个字的互现信息可计算两个藏文音节 A、B 的相邻共现概率。互现信息体现了字符串对之间结合关系的紧密程度。当互现信息的值高于某一个阈值时，则可认为此音节组可能构成一个词。这种方法只需对语料中的音节组频度进行统计，不需要切分词典，因而又叫作无词典分词法或统计取词方法。

基于统计的分词方法以概率论为理论基础，将藏文上下文中藏文音节组合链的出现抽象成随机过程，在具体实施时，这一随机过程的参数可以通过大规模语料库训练得到。基于统计的分词方法采用的统计原理有：互信息，N 元模型，隐马尔科夫模型（HMM），条件随机场模型（CRF）等。除了上述的分词方法以外，还有一些其他分词方法，如专家系统方法和神经网络方法等，下面具体介绍下各种统计模型。

（1）互信息。

互信息是一种度量不同音节串之间相关性的统计量。互信息的定义如下：

$$I(A,B) = \log_2 \frac{P(A,B)}{P(A)P(B)} \tag{3.1}$$

其中，$P(A, B)$ 为字符串 A 和 B 的相邻共现概率，$P(A)$ 和 $P(B)$ 分别为字符串 A 和 B 各自在语料中出现的概率。

互信息体现了藏文音节之间结合关系的紧密程度。若某一藏文音节串的互信息高于给定阈值，即可认定此音节串能够构成一个词。在式（3.1）中，$P(A, B)$ 为音节串 A、B 联合出现的概率，$P(A)$ 为音节串 A 单独出现的概率，$P(B)$ 为音节串 B 单独出现的概率。若 A、B、AB 在藏文语料中出现的次数分别计为 $n(A)$、$n(B)$、$n(AB)$，n 是词频总数，则式（3.1）中各量可用式（3.2）估计。

$$P(A) = \frac{n(A)}{n}, \quad P(B) = \frac{n(B)}{n}, \quad P(AB) = \frac{n(AB)}{n} \tag{3.2}$$

通过计算互信息，可以比较直观地判断藏文音节串 $A.B$ 之间的成词可信度。互信息的判断方法较为简单，可采用如下三个条件进行分析判断：

● 当 $I(A, B) \geq 0$ 时即 $P(A, B) \geq P(A)P(B)$，此时 A、B 间成正相关，成词可能性较大。如果 $I(A, B)$ 大于给定的阈值，判定 A、B 成词。

● 当 $I(A, B) = O$ 时，即 $P(A, B) = P(A)P(B)$，此时 A、B 间不相关，成词可能性很小。

● 当 $I(A, B) \leq 0$ 时，即 $P(A, B) \leq P(A)P(B)$，此时 A、B 间互斥，基本没有结合关系，判定 A、B 不会成词。

（2）N元模型。

N元模型也称N元语言模型（n-gram language model）。在N元模型中，设变量W_i是文本中的任意一个词,若已知它在该文本中的前两个词W_{i-2}和W_{i-1},则可以用条件概率$P(W_i|W_{i-2}W_{i-1})$来预测W_i出现的概率。假设变量W代表文本中一个任意的词序列，它由n个词顺序排列组成，即$W = \{W_i, \cdots, W_n\}$，那么词序列W在文本中出现的概率$P(W)$就可以用统计语言模型表示。利用概率的乘积公式，$P(W)$可以展开为

$$P(W) = P(W_1)P(W_2|W_1)P(W_3|W_1W_2)\cdots P(W_n|W_1W_2\cdots W_{n-1}) \qquad (3.3)$$

由式（3.3）可知，为了预测词W_n的出现概率，必须要知道它前面所有词的出现概率。从计算上来看，这是一个复杂的过程。如果任意一个词W_i的出现概率只与它前面的两个词有关，问题就能得到极大简化。这时的语言模型称为三元（trigram）模型。

$$P(W) \approx P(W_1)P(W_2|W_1)\prod_{i=3\cdots n}P(W_i|W_{i-1}W_{i-1}) \qquad (3.4)$$

一般来说，所谓的N元模型就是假设当前词的出现概率只同它前面的$N-1$个词有关。重要的是这些概率参数都可以通过大规模语料库计算来获碍。例如，三元概率

$$P(W_i|W_{i-2}W_{i-1}) \approx \frac{\text{count}(W_{i-2}W_{i-1}W_i)}{\text{count}(W_{i-2}W_{i-1})} \qquad (3.5)$$

其中，count（…）表示在整个语料库中一个特定词序列出现的累计次数。事实上，全切分法存在着切分路径数随输入长度增大而呈指数性增长的问题。换句话说，句子越长，切分结果越多。因此，也可不将全切分法作为系统的分词方法，而是将其应用在歧义消解处理上。按照某种策略检测出歧义字段，由于歧义字段的长度通常不会很长，因此减少了全切分处理所耗费的时间。

（3）隐马尔可夫模型。

隐马尔可夫模型又称隐马氏模型（HMM），在20世纪60年代末、70年代初，Baum等人创建了该模型的基本理论。隐马尔可夫模型是一种用参数表示的概率模型，用于描述随机过程的统计特性，由马尔可夫链演变而来。隐马尔可夫过程是一个双重随机过程：观察事件依存于状态的概率函数，这是隐马尔可夫模型中的一个基本随机过程；另一个随机过程是状态转移过程，但这一过程是隐藏的，不能直接观察到，只有通过生成观察序列的另外一个概率过程才能间接观察到。我们的语言过程也是一种双重随机过程。在语音识别领域，隐马尔可夫模型的应用已经取得了很好的成效。实验证明，隐马尔可夫模型可以很好地描述藏文音节序列的产生过程。隐马尔可夫模型被认为是在汉语自动分词和藏文自动分词领域中较为成功的统计模型之一。

（4）条件随机场模型。

条件随机场（CRF）是一个无向图的判别模型，它能够被用来定义在给定一组需要标记的观察序列的条件下，一个标签序列的联合概率分布。对于一组长为n的观察序列$X = X_1X_2\cdots X_n$（要标记的序列或词序列），输出为$Y = Y_1Y_2\cdots Y_n$（相应的标注序列）。这样就把分词问题转化为相应的序列标注问题。同时，条件随机场模型允许增加复杂特征，可以有效地处理标记偏置问题。

上述几种方法的描述，可以看出统计方法有下列优点：

① 有较强的数学理论作基础。

② 运用大规模语料库更容易，大规模语料库能提供足够的实例模型化知识。

③ 如果训练的语料足够大，能更客观地反映语言学中的规律，一致性好。

④ 统计方法处理自然语言的健壮性好，能够覆盖的范围较大。

但相比较基于规则的方法，统计方法的存在三点缺点：

① 对自然语言的处理和表示比较肤浅。

② 需要大规模的准确涵盖面广的语料库。

③ 表达的知识难理解。

综上所述，基于统计的方法完全从语料库来获取语言知识，所得的知识规则具有较高的一致性和覆盖率，且将不确定的一些语言知识客观地定量化，可以应用于各种语言和语言现象的处理；对不断生成的新规则、新词、生词和特殊语言现象处理能力极强。随着各种统计机器学习模型在藏语分词中取得较好的效果，基于统计的藏语分词研究成果也逐渐多起来，由于条件随机场的优点，越来越多的研究人员将其应用在分词研究中，下面主要介绍这种方法。

3.2.3　基于条件随机场的藏文分词方法

1. 条件随机场理论

分词问题可以理解为通过给定的观测序列 $O = \{O_1, \cdots, O_n\}$，例如有待标注词位的音节字序列，求解最优的隐含状态序列 $S = \{S_1, \cdots, S_T\}$，即最可能正确的分词结果。在统计模型中，可以求解类似问题的模型有很多种，但是由于条件随机场本身的优点，越来越多的研究人员将其应用在藏语分词中。

条件随机场（Conditional Random Fields，CRFs）是一种基于统计的序列标记识别模型，它是 Lafferty 于 2011 年在最大熵模型和隐马尔科夫模型的基础上提出的一种判别式概率无向图学习模型，是一种用于标注和切分有序数据的条件概率模型。它是一种无向图模型，对于指定的节点输入值，它能够计算指定的节点输出值上的条件概率，其训练目标是使得条件概率最大化。线性链是 CRFs 中常见的特定的图结构之一，它由指定的输出节点顺序链接而成。一个线性链与一个有限状态机相对应，可用于解决序列数据的标注问题。后面叙述中若无特别说明 CRFs 均指线性的 CRFs。

设 $G = (V, E)$ 是一个无向图，$Y = \{Y_v | v \in V\}$ 是以 G 中节点 v 为索引的随机变量 Y_v 构成的集合。给定 X 的条件下，如果每个随机变量 Y_v 服从马尔可夫属性，即 $p(Y_v | X, Y_u, u \neq v) = p(Y_v | X, Y_u, u \sim v)$，则 (X, Y) 就构成一个条件随机场。最简单且最常用的是一阶链式结构，即线性链结构（Linear-chain CRFs）。

用 $x = (x_1, x_2, \cdots, x_n)$ 表示要进行标注的数据序列，$y = (y_1, y_2, \cdots, y_n)$ 表示对应的结果序列。根据随机场的基本理论即有：

$$p(y | x, \lambda) \propto \exp\left\{\sum_j \lambda_j t_j(y_{i-1}, y_i, x, i) + \sum_k \mu_k s_k(y_i, x, i)\right\} \quad (3.6)$$

其中，$t_j(y_{i-1}, y_i, x, i)$ 表示对于观察序列的标记位置 $i-1$ 与 i 之间的转移特征函数；$s_k(y_i, x, i)$ 表示观察序列的 i 位置的状态特征函数。将两个特征函数统一为 $f_j(y_{i-1}, y_i, x, i)$，则式（3.6）可以表示为

$$p(y \mid x, \lambda) = \frac{1}{z(x)} \exp \left\{ \sum_{i=1}^{n} \sum_{j} \lambda_j f_j (y_{i-1}, y_i, x, i) \right\} \tag{3.7}$$

CRFs 模型的参数估计通常采用 L-BFGS 算法实现，CRFs 解码过程也就是求解未知串标注的过程，需要搜索计算该串上的一个最大联合概率，解码过程采用 Viterbi 算法来完成。

CRFs 具有很强的推理能力，能够充分利用上下文信息作为将征，还可以任意添加其他外部特征，使得模型能够获取的信息非常丰富。CRFs 模型没有隐马尔可夫模型（Hidden Markov Model，HMM）的强独立性假设条件，因此可以加入更多的文本信息特征；而且 CRFs 模型计算的是全局而非局部最优输出节点的条件概率，正因如此，它解决了最大熵模型（Maximum EntroPy Model，MEM）的标记偏置问题。CRFs 模型能更容易地融合客观世界数据的真实特征，因此，此模型被广泛用于自然语言处理的很多领域。倖

2. 藏语词位标注集的设计

在基于 CRFs 的分词方法中，首先需要将藏语语料根据词位标注集处理为藏文音节字的标注序列，即设计藏语词位标注集。

中文分词中通常采用的词位标注集分为四词位和六词位两种。以四词位标注集为例，各标签的具体定义如下：

① 当某字出现在词首，并与其右边的字共同构成词语，则被标记为"B"；

② 当某字出现在词中，并与左右两侧的字共同构成词语，则被标记为"M"；

③ 当某字出现在词尾，并与其左边的字共同构成词语，则被标记为"E"；

④ 如果该字独立成词，则被标记为"S"。

六词位标注集中各标签的具体定义与四词位标注集类似，仅仅是对位于词首的字做了更细致的区分（将位于词首的前三个字分别标记为 B1，B2，B3）。对于汉语分词来说，四词位标注集和六词位标注集已经被证明是足够有效的了。但这样的标注集却没有考虑到藏语由书写原因造成的黏写形式的特点，综合上面从分词的目的出发，必须优先切分出黏写形式。因此，在设置藏语分词标注集时，我们将黏写形式的存在考虑进去，把汉语分词中常用的四词位标注集扩充成六词位，采用"BMES"的基础标注方法，其中"B"表示一个藏文词语的开始音节，"M"表示一个藏文词语的内部音节，"E"表示藏文词语的结束音节，"S"表示单音节的词语。此外，为了正确切分藏文的黏着词，藏文文本中扩展了两个标注："Eg"和"Sg"，它们分别代表黏着形式的结束音节和黏着形式的单音节词。标注集含义如表 3.1 所示。

表 3.1 藏文分词标注集

标注	含义
B	藏文词汇的首个音节
M	藏文词汇的中间音节
E	藏文词汇的结尾音节
Eg	带黏着形式的结尾音节
S	单个音节
Sg	带黏着形式的单个音节

按照上面的标注集，例如对于藏文句子：" མི་དབང་ཆེན་མོའི་ དྲུང་དུ་ཕུལ།"，按照上面标注

集为："ঙे·/Sད་བང་/Bཅེན་/Mསོའི་/Egདུང་/Sདུ་/Sཕྱལ/S།/S"，反映到序列标注问题上，此时的输入序列为：$X = \{$ ঙে་དབང་ཅེན་སོའི་དུང་དུ་ཕྱལ། $\}$，对应的标注序列为：$Y = \{S\ B\ M\ Eg\ S\ S\ S\}$。藏语真实文本中还包括数字及各类标点符号，因此，词位标注的对象不仅仅是语素、音节字，还包括数字、英文字母、标点符号等其他非音节字字符。本文将所有非音节字字符统一标记为 S，如上文例句中的单垂符"།"即被标记为 S。

3. 藏文自动分词特征模板的选择

基于统计的分词方法，最关键的就是特征的选择和使用。在基于词位的分词语料当中，可用的上下文信息局限于当前音节字以及前后字的词位信息，特征选取的关键就是在词位信息当中提取出最有效的上下文相邻特征。

采用条件随机场模型选择上下文相邻特征时，首先要考虑上下文特征的提取范围和上下文信息的表示方法。在分词应用中，条件随机场模型上下文信息的提取是围绕当前音节字前后一定范围进行的，这个固定范围即"上下文窗口"。如果使用宽度为 3 个字的上下文窗口，则需要考虑当前音节字及前后音节字共三个字长度的上下文特征；如果使用宽度为 5 个字的上下文窗口，则需要考虑当前音节字及前后各两个音节字共五个字长度的上下文特征。通过对藏文语料的统计得出藏文词汇的平均加权词长约为 1.7 左右，五字宽的上下文窗口恰好大致表达了前后各一个词的上下文，具备了字和词的双重含义。因此，我们采用的是宽度为 5 个音节字的上下文窗口。

在采用条件随机场的标注模型中，通过使用特征模板来定义上下文的依赖关系。特征模板主要由两部分组成，即原子特征和复合特征。原子特征主要考虑一个观察单元，这里所使用的原子特征有当前音节和前后各 2 个位置的音节，如表 3.2 所示。

表 3.2　藏文分词模型的特征模板

特　征	含　义
W_{-2}	藏文中心词前面的第 2 个词
W_{-1}	藏文中心词前面的第 1 个词
W_0	中心词
W_1	藏文中心词后面的第 1 个词
W_2	藏文中心词后面的第 2 个词

通过上述原子模板的不同组合形成复合特征，从而确定特征模板。特征模板确定之后，依据已有的训练语料实现 CRFs 模型的训练，构建合适的 CRFs 模型。根据前面叙述，确定基于 CRFs 模型的藏文分词流程为：首先对输入的藏文文本以音节点为标志进行音节切分，音节切分时藏语中的符号，如单垂符"།"、云头符"༄༅"，汉语标点符号和英文字符要单独切分开；切分好的音节单位输入紧缩词处理模块进行紧缩词处理，其输出结果作为分词基本单位，分词基本单位可以是藏语音节、数字、标点符号等；处理好的分词基本单位输入基于 CRFs 的分词模块进行分词处理，最后输出分词结果。

3.2.4　藏文未登录词的处理方法

1. 藏文未登录词的类型

藏文自动分词是藏语自然语言处理领域一项很重要的基础工作，而随着新词的不断出现，藏文分词结果中出现了过多的"散串"，影响了分词的准确率。因此，未登录词识别已经成为藏文自动分词的一个难点和瓶颈问题。

通常，未登录词被定义为未在词典中出现的词。未登录词分为五种类别，分别如下：

① 缩略词（abbreviation），如"སྐྱིད་གྲོལ།""སྐལ་རྫོ།""ཞེར་ཕྱིན།"。

② 专有名词（proper names），主要包括人名、地名、机构名，如"རྒྱ་བ་ཚེ་རིང""ནག་ཆུ""ནོ་ཞེལ།"。

③ 派生词（derived words），主要是指含有后缀词素的词，如"རྣམ་བཞག་ཅན།"。

④ 复合词（compounds），由动词或名词等组合而成，如"འགྱུར་སྐྱོམ""འཚོལ་ཐབས།"。

⑤ 数字类复合词（numeric type compounds），即组成成分中含有数字，包括时间、日期、电话号码、地址、数字等，如"2005ལོ།""སྟོང་གསུམ"等。

2. 藏文未登录词的处理方法

目前，汉语未登录词的处理方法主要有：张普教授通过有穷多层列举来识别未登录词；刘挺等人通过计算字串在局部上下文中的共现概率来识别未登录词；清华大学智能技术与系统国家重点实验室提出利用前字前位成词概率、后字后位成词概率、前字自由度、后字自由度、互信息、单字词共现概率构建训练集以生成决策树的方法来识别未登录词；朱静等人提出了利用 Bi-gram 来刻画单字词之间的共现信息，引入隐马尔可夫模型来计算汉字的单字成词能力和在未登录词中成词的概率分布,并将未登录词的辨识转换成网格中的路径寻优问题。这些方法都有不同程度的效果。

综上可以看出，未登录词识别技术大致可以分为基于规则方法和基于统计方法。基于规则方法主要根据未登录词的构词特征或上下文特征建立规则库、专业词库或者模板库，然后通过规则匹配发现新词。基于统计识别方法采用统计信息提取候选串，然后利用其他辅助信息排除可信度较低的候选，保留最终结果。

最大匹配分词方法几乎没有未登录词处理能力。根据设定的模板对字的前后特征、自身编码等信息进行建模，这样同等地看待未登录词和登录词。这种方法在汉语分词中对未登录词的识别能力超过了其他的方法，取得了良好的效果。

在藏文方面，通常分词系统采用的未登录词识别策略是在分词"碎块"中采用一定的算法查找并重新组合。且不说未登录词是不是一定都包含在分词"碎块"中，就是在假定所有的未登录词都分布在某一段分词"碎块"内的前提下，仍然面临着一个无法克服的技术难题，即分词系统事先无法确认组成未登录词的"碎块"到底是一些单字串还是几个双字串或是包含单、双字串在内的多字串。也就是说，我们无法识别组成未登录词"碎块"的边界和大小。但在采用基于格助词和接续特征分词方法的情况下，如果存在某个无法切分的块，我们就基本可以确定这个块可能就是一个未登录词，在知识尚不完备的分词阶段，我们采取加标记但不切分的"谨慎"策略。这样，不但解决了未登录词的识别问题，而且很自然地确定了其相应的边界和大小，这无疑对于进一步开展句子分析有非常积极的意义。

3.3 藏文词性标注

自动词性标注是计算机对句子中的词赋予唯一的语法功能标识的过程，是计算机进行语法分析的基础。一个词在不同的上下文环境中可能承担不同的语法功能，就形成了兼类词。

如果一个词在不同的语言环境中其语法功能是唯一的，那么自动词性标注就变得非常轻松简单。但是在真实的自然语言中并非如此，许多常用词都存在兼类现象。这样的兼类现象给自动词性标注带来了一定的难度。词性标注是自然语言处理中的一项基础任务，在语音识别、信息检索及自然语言处理的很多领域都发挥着重要的作用。

3.3.1　藏文词类标记集

藏文词类标记集的选择是词性标注研究的首要任务，是藏文词性标注必须要解决的问题，然而由于藏语属于有形态的语言，其语法体系自形成以来已经历了 1 300 多年的历史，研究者由于研究的角度不一样，因此对于藏语的词类划分有很多种设计方案，直至目前藏文信息处理学界所使用的词类标记集并不统一。但是我们也看到，藏语结构的稳定性和语法系统的完整性为后期确立基本原则提供了足够的基础，因此，基于藏语语法体系和语言学界提出的词类划分的三个标准，确立了信息处理用现代藏语词类标记集确立的主要原则：

（1）语法功能是词类划分的主要依据。词的意义不作为划分词类的主要依据，但有时也起某些参考作用。

（2）词类标记集里的分类应该能覆盖现代藏语中的全部词汇。为满足计算机处理真实文本的需要，标记集中的符号，不仅要覆盖语言学意义上的词，还要覆盖比词小的单位，如前接成分（前缀）、后接成分（后缀）、语素字、非语素字等，以及比词更大的语言单位，如成语、习用语、简称、略语以及标点符号、非藏文文字符号等。

（3）词类划分允许有兼类。兼类词的标注方法为把它所兼的词类用"/"连接起来，如 n/v 表示名动兼类词，n/a/v 表示名动形兼类词，等等。

这些原则只是制定了一个大致的语言工程基本准则，与词类的进一步研究并不矛盾，它只是词类研究参照的 ·个原则。依据确立的原则和藏文词性标注的需要，康才畯等基于此原则确立了藏语词类标记集[康才畯，2014]，该标记集包括名词、动词、副词、连词等常见的词类，也有藏语特有的词类，如格标记、体标记等。下面具体介绍一下藏语词类标注集特有的词类特点。

格标记（w）：自成音节的字母或字母组合，附着在名词或名词短语后面，标示句法成分的性质及语义关系。词类标注集将格标记分为以下几小类：

- 属格（wg）：གི、གྱི、ཀྱི、འི、ཡི。
- 施格（wa）、工具格（wi）：གིས、གྱིས、ཀྱིས、འིས、ཡིས。
- 位格（wl）、与格（wd）：སུ、རུ、ར、ལ、དུ、ཏུ、ན。
- 从格（wc）：ནས。
- 比较格（wb）：ལས。
- 体标记（t）：如གི་རེད、གི་ཡོད、པ་ཡིན、སོང、བྱུང 等。
- 名物化标记（h）：包括有མཁན、ཡས、སྟངས、དུས、ཐབས、སྲོལ、ཆུན。
- 音节字（s）：指没有实际意义，可以表读音的藏语音节。
- 其他（x）：指在文本处理的过程中，无法归入其他类别的词或符号，这些词或符号往往要在后面处理步骤中做进一步的加工处理。其他包括标点符号（xp）、阿拉伯数字串（xd）和其他篇章符号（xo）等。

剩余常用词类的定义和特点与其他语言的类似，在此不再赘述。

在该标注集中，第一个层次上的 20 个基本词类是标注系统的标注基础，在这个基础上各个标注系统可以根据自己的体系确定大类和小类。标注集中的小类是对信息处理中常用小类的枚举。各个标注系统可以根据需要选择使用这些小类，也可以增加自定义的小类。各小类之下的例词是对小类的说明，当选用的小类不同时，例词的归属关系可能会发生变化。具体内容可参见表 3.3。

表 3.3　藏语词类标记集

序号	分类		子类	标记符号
1	名词			n
		1	普通名词	ng
		2	人名	nh
		3	地名	ns
		4	机构名	ni
		5	时间名词	nt
		6	方位名词	nd
		7	其他专有名词	nz
2	数词	8		m
3	量词	9		q
4	副词			d
		10	否定副词	dn
		11	其他副词	do
5	连词	12		c
6	动词			v
		13	联系动词	vl
		14	存在动词	ve
		15	趋向动词	vd
		16	助动词	va
		17	其他动词	vo
7	形容词	18		a
8	代词			r
		19	人称代词	rh
		20	疑问代词	rw
		21	指示代词	rd
9	助词			u
		22	比拟助词	ua
		23	停顿助词	up
		24	枚举助词	ue
		25	方式助词	uf
		26	结果助词	ub
		27	目的助词	um

续表

序号	分类		子类	标记符号
10	格标记			w
		28	属格	wg
		29	施格	wa
		30	工具格	wi
		31	时间格	wt
		32	处所格	wl
		33	对象格	wd
		34	从格	wc
		35	领有格	wp
		36	比较格	wb
		37	向格	wx
		38	使动格	wf
		39	伴随格	ws
11	体标记	40		t
12	名物化标记	41		h
13	复数标记	42		p
14	语气词	43		y
15	叹词	44		e
16	拟声词	45		o
17	习用语（固定短语）			i
		46	名词性习用语	in
		47	动词性习用语	iv
		48	形容词性习用语	ia
		49	连词性习用语	ie
		50	副词性习用语	id
18	缩略词	51		j
19	音节字	52		s
20	其他			x
		53	标点	xp
		54	阿拉伯数字串	xd
		55	其他未知符号	xo

3.3.2　基于最大熵模型的藏文词性标注

最大熵模型是基于最大熵理论的统计模型，其广泛应用于自然语言处理，如词性标注和句法分析中。最大熵原理指出，需要对一个随机事件的概率分布进行预测时，我们的预测应当满足全部已知的条件，而不要做任何主观假设。这样处理概率分布最均匀，保留了最大的不确定性，让熵达到最大。最大熵模型即是在已知约束条件的前提下，从符合条件的分布中选择熵最大化的分布作为最正确的分布。熵的计算公式为：

$$H(X) = -\sum_{x \in X} p(x) \log p(x) \tag{3.8}$$

熵具有如下的性质：$0 \leqslant H(X) \leqslant \log|X|$。其中，$|X|$在离散分布时是随机变量的个数。当每一个$x \in X$都为确定值，即$X$的分布没有变化时，上式左边的等号成立；当$X$服从均匀分布时，上式右边的等号成立，此时熵最大。

词性标注问题可以归结为统计分类问题，如果将词性标注任务的所有标注状态构成一个类别有限集S，对于每个$s \in S$，其生成均受上下文信息O的约束。已知与S有关的所有上下文信息组成的集合为O，则词性标注问题的目标就是在给定上下文信息$o \in O$的条件下，计算输出为$s \in S$的条件概率$p(s|o)$。

给定一些训练样本（O，S），其中O表示上下文，S表示标注状态，我们可以从训练样本中计算出上下文信息$o \in O$和标注状态$s \in S$的联合经验概率分布$\tilde{p}(o,s)$：

$$\tilde{p}(o,s) = \frac{(o,s)\text{在训练样本中同时出现的次数}}{N} \tag{3.9}$$

其中，N为训练样本空间的大小。需要注意的特殊情况是，如果（o，s）没有在训练样本中出现，需要对其经验概率进行平滑处理，而不能简单地将其当成0。

根据这些已知的训练样本可以构建无数个能生成经验概率分布$\tilde{p}(o,s)$的统计模型，这些模型都能完整地表达训练样本中数据的特征。如果以特征函数来表征某一特征的话，可以是以下的二值形式：

$$f(o_i, s_i) = \begin{cases} 1 & \text{if } o_i = \text{"喜欢" and } s_{i-1} = ng \\ 0 & \text{otherwise} \end{cases} \tag{3.10}$$

满足约束条件的模型很多，根据最大熵原理，最符合要求的模型应该是在满足已知约束条件的情况下最均匀分布的模型，也就是熵最大的模型，其数学公式如下所示：

$$p^* = \arg\max_{p \in C} H(p) \tag{3.11}$$

其中，C为满足约束条件的条件概率分布集合，$H(p)$为条件概率分布p的熵，$p^* \in C$为使取得最大值的唯一解。

最大熵模型的条件概率分布的一般形式为：

$$p(s|o) = \frac{1}{z(o)} \exp\left[\sum_{i=1}^{k} \lambda_i f_i(o,s)\right] \tag{3.12}$$

其中$Z(o)$是归一化因子：

$$Z(0) = \sum_{s} \exp\left[\sum_{i=1}^{k} \lambda_i f_i(o,s)\right] \tag{3.13}$$

$f_i(o,s)$是特征函数，用来表述已知的约束条件，通常为一个二值表征函数，k为特征函数的数量。参数λ_i是一个需要从训练数据中学习的参数，为特征函数$f_i(o,s)$对于模型的重要程度的权重，取值范围是$(-\infty, +\infty)$。

因此，对最大值p^*的求解转化为对参数空间$\Lambda(\lambda)$最优解的求解问题。最大熵模型的参数估计可以利用GIS迭代算法求解。利用最大熵模型处理词性标注问题，特征可以灵活选取，且不需要额外的独立性假设。

使用最大熵模型进行词性标注，首先要建立模型，即找出一个特征集合，并确定每条特征的重要程度。因此，特征的选择和提取是使用最大熵模型进行词性标注的前提条件。

最大熵模型中的特征一般由两部分组成：一部分是约束条件，另一部分是在满足约束条件时应获得的结果。以下面的特征为例：

如果当前词为 A，它的后一个词为 B，后一个词的词性为动词，那么当前词的词性为名词。

其中，"如果……"部分描述的为约束条件，"那么……"部分描述的为对应的结果。

在词性标注中，条件部分一般涉及上下文信息，如当前词、当前词的前一个词、再前一个词、当前词后一个词、再后一个词，又或者当前词前一个词的词性、再前一个词的词性等。需要注意的一点是，当前词之前的词性信息属于前一步的标注结果，可以作为上下文信息使用，而当前词本身及之后的词性信息属于需要标注的结果，无法当作上下文信息使用。

最大熵模型的关键在于特征选取，特征选取的恰当与否对标注结果有直接的影响。对特征进行筛选主要通过特征模板来实现。特征模板可以看作对一组上下文信息按照共同的属性进行的抽象，其主要功能是定义上下文中某些特定位置的语言成分或信息与某类待预测结果的关联情况。考虑到当前词的词性主要和前词、前词词性、当前词以及后词相关，我们选择如表 3.4 所示的特征模板。

表 3.4　最大熵特征模板

特征编号	特征模板	特征描述
1	$w_0 = A \ \& \ p_0 = X$	如果当前词为 A，那么当前词的词性为 X
2	$w_{-1} = A \ \& \ p_0 = X$	如果前一个词为 A，那么当前词的词性为 X
3	$w_1 = A \ \& \ p_0 = X$	如果后一个词为 A，那么当前词的词性为 X
4	$p_{-1} = Y \ \& \ p_0 = X$	如果前一个词的词性为 Y，那么当前词的词性为 X
5	$p_{-2}p_{-1} = YZ \ \& \ p_0 = X$	如果前两个词的词性为 Y 和 Z，那么当前词的词性为 X

特征的提取是将特征模板套用到训练语料上的一个循环过程。从直观上看，丰富的特征对于词性标注准确率的提高具有重要的作用，但过于琐碎的特征又会带来数据稀疏和噪声问题，从而影响标注结果的可靠性。为此，我们在对特征进行提取的同时还要对其进行筛选，去掉那些带来噪声的特征。

对训练语料中噪声特征的筛除主要通过设定出现频度阈值来实现。基于出现频度的特征筛选方法主要基于这样一个假设：不常出现的特征是噪声或者本身不具备相关性，出现频度较大的特征才真正代表了上下文信息的特性。对于不同类型的特征分别设定不同的初始频度阈值，然后在实验中比较和调整确定最终参数。确定好特征参数之后，再利用训练语料学习建设最大熵模型，并基于此模型形成最大熵标注器实现词性的标注。

3.4　藏族人名识别

3.4.1　藏族人名的结构

藏族人名是藏文化的组成部分之一，反映了藏族文化的特征。为了在藏族人名识别研究中更合理地利用藏族人名的特点，本节对藏族人名结构特点进行简要介绍。

关于藏族的姓氏问题，有人认为藏族原本无姓。事实上，藏族人在历史上曾经使用姓氏，《西藏王统记》上记载西藏历史上曾经有过四大姓氏；敦煌古籍记载吐蕃时期达官显贵的姓氏；在其他史书里也记载有藏族的六大姓氏。这些姓氏相继派生出诸多不同的姓氏，构成了藏族人名中的姓。但是藏族早期的姓氏并非固定不变，它随着社会和历史的变迁而逐渐被弱化，最终为家族名或者尊号所代替。

藏族人的名字用字音节数最少的是一个音节，比如：གཙང、བག，最多的有二十多个音节，比如贡却丹增卓堆巴丹曲吉尼玛赤列索列南巴嘉哇桑布共有 22 个字，这种特殊人名组合形式其实反映了本民族传统文化中的价值观念和宗教信仰。其内容反映姓、名、房名、功德、教派、家族等文化意义。但是，一般来讲，藏族人名多为四个音节，即由两个二音节的词组成。也有些名字是三音节的，三音节名字的人多分布在康、安多等方言地区。比如ཆུང་ཆུང་མ、ཚེ་རིང་རྒྱལ等。

四个音节的藏族人名在口语或者书面语中使用时，常常简称，但简称的方式因地区不同而有一些差异，以拉萨和日喀则为主的卫藏地区，简称规则为：四个音节中保留第一、第三音节，而去掉第二、第四音节，比如：ཚེ་རིང་ནོར་བུ简称为ཚེ་ནོར；སྒྲོལ་བཟང་གཡུལ་རྒྱལ简称为སྒྲོ་གཡུལ。但是在安多和康地区，简称恰恰相反，其简称规则为保留第二和第四音节。而且在康方言区，人们常常直呼其名，或者用名字的第一个音节附加དགའ，如བྲ་དགའ、ཉི་དགའ等表示昵称。

值得提出的是藏语词语的接续特征十分突出，由字母构成的音节在组词造句时，有一套比较完整的接续规则。因此，人名简称的写法也有一些讲究，比如后两个音节为ནོར་བུ或རྒྱ་མཚོ的，在简写时，必须是ནོར和རྒྱ，比如བསྟན་འཛིན་རྒྱ་མཚོ简称为丹嘉བསྟན་རྒྱ。还有一些情况是把两个音节的人名合并成一个音节，比如扎西བཀྲ་ཤིས写成བཀྲིས。

3.4.2 藏族人名的特点

藏族人名最主要的特点之一就是运用有具体意义的实词，一般来说，多为两音节实词，意义涉及的范围宽广，内涵也比较丰富。表示祝福、赞扬、祈求、贬斥等以及根据自己身体形态特征，对宗教的虔诚，对地位、权力的期盼等各个方面来取名。也有用神、佛、法物、法器为名的。但不管怎么说，这些具有实在意义的词数量有限，据王贵先生收集整理，构成现代常见藏族人名基本成分的两个音节的词大约为多个（不包括藏族古代人名和特殊人名）。

由于用字单调，加之姓的丢弃，必然导致同一个地方几个人用同一个名字的现象。为了区别重名，避免混淆，人们常常采用各种方式。比如按照年龄的大小在名字前加大（ཆེ་བ）、中（འབྲིང་བ）、小（ཆུང་བ）等字；在名字前加籍贯或各人所在的寺庙、扎仓等名字；以及添加人物的身体特征、职业、性别等以示区别。有时还把这些方法混用，以区别较多的同名人。但是这些具有区别性的用字不是人名中固有的成分，它们往往随着人物地点、职业、身份、体形等特征的消失而消失。因此，这些成分可以看成人名中的临时成分。

3.4.3 藏族人名的识别策略

现代藏族人名主要是无姓的人名，因此我们在讨论藏族人名识别时，也主要指这类人名。本小节主要从藏族人名的附加成分标记入手来探讨藏族人名的识别策略。

藏族十分讲究礼节，因此在称呼人时，经常用一些附加成分表示对所称人物的尊敬。附加成分标记一般分为以下四种情况：

（1）加在人名前表示尊称。加在人名前的敬语成分因地区而异，在前后藏地区为"ཁུ་གཞིགས"，在工布地区为"ལ་དར"，康巴地区为"ལ་ཚོ"，安多地区为"ལ་ཁུ"，其意义相当于"先生"。

（2）在人名前加"རན"，意思为"老师、师长、师傅、长者"。

（3）在人名后面加"ལགས"，表示尊敬而亲切。。

（4）在人名的前后同时加附加成分。如根索达拉（རན་བསོད་དང་ལགས）中的"根"和"拉"。

上述这些附加成分，有助于藏语文本中人名的识别，而如何利用这些人名上下文标识的特征又可以分为两类策略：第一类是建立人名知识库和附加成分标记特征规则表；第二类是建立统计学习模型。下面分别介绍这两类策略。

建立人名知识库主要包括建立常用人名姓氏表和常用人名名字表。藏族人名姓氏表主要包括旧西藏贵族家族名共 259 个；甘、青、川、藏各地土司、千户、百户、部落首领、头人、巨商、大户等家族名 219 个；重要活佛尊号及拉丈名共 46 个。藏族常用人名名字表收集的主要是组成名字的二音节的词，共 543 个。每一个词基本有实在的意义。我们对这些人名用字进行音节切分并统计，该表使用音节 1 061 个，非重复的音节数为 346 个。表 3.5 是排在前 30 位的音节。

表 3.5　藏族常用人名表（前 30 名）

序号	藏族人名	序号	藏族人名	序号	藏族人名
1	ལ	11	རབ	21	བསྐུན
2	ཆོས	12	མཆོག	22	འཕེབ
3	སྒྲོ	13	ཚོ	23	མ
4	དབང	14	དགའ	24	གྱུབ
5	པ	15	དཔལ	25	ཆེབ
6	རྗོ	16	འཛོམས	26	ཀྲ
7	དབང	17	ཞིགས	27	ཆེ་ག
8	ཚུང	18	རྐུལ	28	ཆེར
9	ཕུན	19	སྒྲོ	29	ག
10	རྒྱབ	20	མཚོ	30	མརྗོས

表中使用频度较高的音节基本上是比较常见的且具有实际意义的音节，这一统计结果印证了藏族人名用字基本具有实在意义。通过藏族人名知识库，再结合附加成分标记特征，即可以识别文本中的藏族人名。

藏族人名知识库虽然能覆盖大多数的藏族人名，但对于未记录在内的藏族人名就无能为力了。而建立统计学习模型则可以很好地解决未登录人名的识别问题。建立藏族人名识别统计模型首先需要分析藏族人名构成本身具有的内部特征，其次需要总结包括上下文信息、附加成分标记特征信息等在内的外部特征，然后提取出典型的特征集，并选择建立合适的数学模型，使用大量的真实语料对模型进行训练，最后利用模型对候选人名进行识别。

3.4.4　基于词位的藏族人名识别方法

针对人名的自动识别主要有三种方法：规则方法、统计方法以及规则与统计相结合的方法。基于规则的方法对人名的构成特征及上下文信息特征进行分析归纳，建立规则集。该方法具有较高的准确率，但召回率不高，在缺乏大规模语料库的时候，规则似乎是唯一可行的方法。统计方法主要是建立统计模型对姓名语料库进行训练，得到候选字段作为姓名的概率，设定阈值从而判断是否为人名。规则与统计相结合的方法，一方面通过概率计算减少规则方法的复杂性与盲目性，另一方面通过规则的复用，降低统计方法对语料库规模的要求。目前的研究基本上都采取规则与统计相结合的方法，不同之处仅在于规则与统计的侧重程度不一样。

通过上一节对藏族人名特点的分析，我们发现藏族人名来源复杂，名字长度差异大，与普通词汇同形现象严重且同名现象普遍，采用简单的词典匹配法在识别上有较大的难度。传统的基于规则的方法很难提高藏族人名识别的召回率。因此，可以考虑基于词位的藏族人名识别方法。该方法围绕人名及其上下文设计词位标签集，然后通过条件随机场模型对句子进行标注，最终根据标注序列上不同特征标签集的意义识别出人名。

在条件随机场模型中，最重要的问题是如何根据不同的任务选择合适的特征标签集。标签设计可基于字一级的精细度和词一级的精细度。考虑到在词一级上进行识别，需要以准确的分词结果为基础，如果分词有歧义反而会干扰识别的过程和结果，因此该方案采用了基于字一级的特征标签。

方案中标签集的设定依据是某个字在人名构成中所起的不同作用，如名字、前缀、后缀、上文、下文等。与汉族人名类似，藏族人名的上下文用词都比较集中，有很强的规律性，同时人名的前缀与后缀的用词范围也很有限。根据前面叙述可知，藏族人名与汉族人名不同的地方是，藏族人名没有严格意义上的姓氏，旧西藏贵族和宗教界人士名字中的家族名、寺庙名等被用作类似汉族的姓，大多数普通人的名字中没有"姓"的部分。藏族人名的长度也不固定，大多数为 2~4 个音节，但宗教界上层人士的名字往往很长，有 6 个音节、10 个音节、最长可达 26 个音节。同时，藏文中的格标记也可能以黏写附着在人名之后，使得藏族人名的自动识别更加困难。根据藏族人名的具体特点设定的标签集如表 3.6 所示。

表 3.6　藏族人名识别标签集

标签	部　位	意　义
B	名字首字	指名字中的第一个字
M	名字中间字	指名字中除首字和末字之间的字
E	名字末字	指名字中最后一个字
Eg	带黏写形式的名字末字	指带黏写形式名字中的最后一个字
S	单字名字	单个名字
Sg	带黏写形式的单字名字	带黏写形式的单字名字
P	名字前缀	指名字之前的表职务、尊称、谦称的字
U	名字后缀	指名字之后的尊称
F	名字上文	指与名字无直接关系的上文
A	名字下文	指与名字无直接关系的下文
C	名字间连接字	两个名字之间表示并列、跟随等关系
N	无关字	名字无关系的其他字

以下为根据标签集标注的例子：

 བོད་/Nལ་/Nསངས་/Nརྒྱས་/Nཆོས་/Nལུགས་/Nས་/Nབྱུང་/Nགོང་/Fརྒྱལ་/Fཔོ་/Pགཉན་/Bཁྲི་/Mབཙན་/Mཔོ་/Eནས་/Aརྒྱལ་/Pཔོ་/Pཁྲི་/Bསྲོ་/Mསྲི་/Mགཉན་/Mབཙན་/Mགྱི་/Aབར་/Nལ་/Nརབས་/Nཉི་/Nཤུ་/Nབདུན་/Nརིང་/Nབོད་/Nཀྱི་/Nཆབ་/Nསྲིད་/Nདེ་/Nསྐྱོང་/N།/N

3.4.5 基于条件随机场的藏族人名识别

与采用条件随机场模型的分词方法一样，采用条件随机场的藏族人名识别系统也需要选取合适的特征。在获取特征时，同样也要通过特征模板在一个上下文环境窗口中提取。上下文特征窗口扩展得越大，越能较好地观察到藏族人名与上下文的关系，更好地发现文本中的长距离依赖，提高识别准确率。但是窗口越大，模型的训练时间就越长，影响模型的整体性能。从上文藏族人名的特点分析可知，虽然少部分宗教界人士的人名较长，但大部分人名的长度为 2 ~ 4 个音节字，因此，我们可以认为大部分藏族人名的长度在 4 个音节字以下（包含 4 个音节字）。

考虑到藏族人名与其上下文的联系及特征标签集中各成分的相互关系，若采用 5 字宽的上下文窗口，窗口的宽度可以覆盖一个 4 字长的名字，从而在训练时间和识别效果上达到一个平衡。因而在藏族人名识别中设置的上下文窗口长度与藏语分词方法中使用的一样，尝试用同样的特征模板来进行藏族人名识别实验，前面已经有所介绍，此处不具体讨论。

3.5 藏文词处理方法测评

从目前自然语言处理的最新理论与技术来看，自动分词与标注仍然是计算语言学的基础内容，许多与语言相关的应用系统的前端处理都离不开分词与标注技术。在中文信息处理领域，随着计算机技术的发展，分词理论与技术也在不断更新。从字典匹配模型到 N-Gram 模型、最大熵模型、再到条件随机场模型，分词的精度几乎达到了极值。这一事实我们可以从国际中文测评数据中看到。据现有的文章和资料显示，藏文分词主要以基于词典匹配和 N-Gram 模型、标注以隐马尔科夫模型为主。此外，也能看到基于最大熵和条件随机场模型的藏文分词标注的相关研究也有很大进展。但是，所有这些研究都是利用 CRF++工具在实验室展开的尝试性探索，还未形成公开实用的完整分词标注系统。因此，不论是汉文还是藏文，只有展开分词测评，才能比较分调模型的优劣，以有力地推动分词研究进程。

3.5.1 黄金标准

黄金标准（Golden Standard）是国际计算语言学会中文语育处理小组（SIGHAO）开展国际中文语言处理竞赛时，针对公开的测评数据而提出的概念，它包含了多个测试集及其对应的标准分词结果。黄金标准就是大家公认的若干组由人工标注的测试语料集，用这些语料作为参照标准来评价分词模型。这样做的原因是：① 每个人对语言单位颗粒度大小的认同有所区别；② 不同的应用领域对语言单位的界定有所差异；③ 许多分词模型随着理论与技术的更新在不断完善。因此，对于黄金标准来说，测试语料不需要多大规模，而要求参加测评的每个研发团队提供一份最佳切分的参考语料，且内部切分与标注要保持高度一致。这些语料共同构成作为测评语料的黄金标准。每个分词标注模型都需要经过若干组语料测试，得出测评结果。这样的测评也可以更加细化，对分词测评来说可以按学科领域展开测评，也可以分组抽样测评。

3.5.2 评价指标

为了更好地测试各类分词模型，人们制定了一套自动分词的评价体系。具体评价指标包括召回率（Recall，R）、精度（Precision，P）、F 值（F-mesure，F）和错误率（Error Rate，ER）等。这些指标也是评估信息检索系统的重要参数。

假设 n 是黄金标准切分的单词数，e 是分词器切分错误的单词数，c 是分词器正确切分的单词数，k 是测试语料的总切分词数，则可得到各评价指标的计算公式为：

召回率 R：

$$R = \frac{c}{n} \tag{3.14}$$

精度 P：

$$P = \frac{c}{k} \tag{3.15}$$

F 值：

$$F = \frac{2PR}{P+R} \tag{3.16}$$

错误率 ER：

$$ER = \frac{e}{c} \tag{3.17}$$

精度 P（也叫正确率 correct ration）表明了分词器分词的准确程度；召回率 R 表示正确切分的词有多少；F 为平衡值，综合反映整体的指标；错误率 ER 表明了分词器分词的错误程度，通常 P、R、F 值越大越好，ER 值越小越好。一个完美的分词器的 P、R、F 值均为 1，ER 值为 0。实际分词系统测试中希望召回率和精度两者越大越好，但两者相互制约，要做到两个值都高甚为困难。

要计算 R、P、R、ER 等值，首先要统计得到 e 和 c 的值。e 和 c 要通过"黄金标准"语料和"待评测的切分语料"进行比较才能得到。理论上，除了分词后添加的空格之外，它们所有的文字都是相同的。唯一的区别就是那些被分词器切分后的个别词的边界位置不同，其余的词都是相同的。因此，只需要找到这种差异的个数，就可以统计出分词器正确切分的词的数量（c）和切分错误的词的数量（e）。

从公开的资料和研究成果来看，由于藏文分词系统都不够成熟公开，且缺少高质量的藏文评测语料，因此藏文分词系统的测试一般都是基于小规模的语料按照评估指标进行系统的半开放测试。

第 4 章

藏文句法分析

4.1 句法分析概述

4.1.1 句法分析概念

自然语言处理中句子是能表达一个相对完整意思的最小语言使用单位,句子组成段落,段落组成文章。所以,句法分析和句义研究在信息处理中至关重要。句法分析是从单词串得到句法结构的过程。不同的语法形式,对应的句法分析算法也不尽相同。由于短语结构语法(特别是上下文无关语法)应用最为广泛,因此,以短语结构树为目标的句法分析器研究得最为彻底,很多其他形式语法对应的句法分析器都可以通过对短语结构语法的句法分析器进行简单改造而得到。

在自然语言中,歧义现象是天然的、大量存在着的,而且这些歧义的解释往往都有可能是合理的,因此,对歧义现象的处理是自然语言句法分析器最本质的要求。由于要处理大量的歧义现象,导致自然语言句法分析器的复杂程度远高于形式语言的句法分析器。一般来说,语言单位的歧义现象在引入更大的上下文范围或者语言环境时总是可以被消解的。句法分析的核心任务就是消解一个句子在句法结构上的歧义。

4.1.2 句法分析基本策略

1. 自顶向下分析法

利用自顶向下分析法进行句法分析过程可以理解为句法树的构造过程。所谓自顶向下分析法首先从初始符号开始构造根节点,然后逐步向下扩展搜索,构造推导树,一直分析到句子的结束字符为止。在搜索过程中,搜索目标首先是初始符号即为根节点,从根节点开始,选择文法中适用的规则来替换搜索目标,并用文法规则的右边部分同句子中的字符串进行匹配。如果匹配成功,则剔除该字符串,并记录下与该字符串有关的规则,同时继续对输入句子中的剩余部分进行搜索;如果分析到句子的结尾,搜索目标为空,则分析成功。如果某一步字符串匹配不成功,则不能继续往下分析,需要采取回溯的方法,看看是否可以利用别的规则进行分析,此时换取的规则如果可以实现匹配,则记录规则同时剔除原字符串;如果所有的规则都与待分析字符串不匹配,则表明待分析的字符串不可能是一个合法的句子,句子分析不成功。

2. 自底向上分析法

所谓自底向上分析法，也就是先利用输入句子的句首字符串构造句法树的叶节点，向前移进（shift）并根据文法的重写规则逐级向上归约（reduce），直到构造出根节点，确立可以表示句子结构的整个推导树为止。这种方法实际上是一种"移进-归约算法"（shift-reduce algorithm），它对句子中的字符串逐步读取向前"移进"，而在利用文法中的重写规则时则按条件"归约"，移进-归约算法的信息存放方式主要是"栈"（stack），信息操作方式主要有移进、归约、拒绝、接受。这种算法利用一个栈来存放分析过程中的有关"历史"信息（即关于已经移进结束过程的信息），并且根据这种历史信息和当前正在处理的符号串来决定究竟是移进还是归约。所谓"移进"，就是把一个尚未处理过的符号移入栈顶，并等待更多的信息到来之后再做决定。所谓"归约"，就是把栈顶部分的一些符号，由文法的某个重写规则的左边的符号来替代。这时，这个重写规则的右边部分必须与栈顶的那些符号相匹配。用这样的办法对栈中的符号以及输入符号串进行移进和归约两种操作，直到输入的符号串处理完毕并且栈中仅仅剩下初始符号的时候，就认为输入符号串被接受。如果在当前状态，既无法进行移进，也无法进行归约，并且栈并非只有唯一的初始符号，或者输入符号串中还有符号未处理完毕，那么，输入符号串就被拒绝。

这种方法中可能会出现在某个时刻，既可以执行移进操作，又可以执行归约操作，这种情况称之为"移进-归约冲突"，简称"移归冲突"；或者在某个时刻，往往会有多个规则都能满足归约条件，这种情况称之为"归约-归约冲突"，简称"归归冲突"。什么时候执行移进操作，什么时候执行归约操作，怎样定义归约的条件，这些问题是移进-归约算法的中心问题，也是自底向上分析算法需要解决的首要问题。

3. 左角分析法

左角分析法是一种把自顶向下分析法和自底向上分析法结合起来的分析法。所谓"左角"是指表示句子句法结构的树形图的任何子树中左下角的那个符号。如果重写规则的形式是 $A \rightarrow B\ C$，则 B 就是左角，重写规则 $A \rightarrow B\ C$ 可以表示为图4.10。

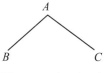

图4.1 重写规则 $A \rightarrow B\ C$

对于该句子，如果采用自顶向下分析法，其分析过程应该是 $A \rightarrow B \rightarrow C$，是先上后下；如果采用自底向上分析法，其分析过程应该是 $B \rightarrow C \rightarrow A$，是先下后上；如果采用左角分析法，则分析从左角 B 开始，然后根据重写规则 $A \rightarrow BC$，自下而上地推导出 A，最后再自顶向下地推导出 C。其分析过程就应该是 $B \rightarrow A \rightarrow C$，是有下有上的。

4.2 藏文句子概述

4.2.1 藏文句子概念

句子是由词或短语构成的一个语言单位，它能表达一个相对完整的语义，同时能完成一次简单的交际任务。字成词，词成句，句成大意，传统藏文文法中藏语句子也有不同的定性描述。《藏文文法概论》中指出句子是用来表明事物的属性及差异（དོན་གི་ངོ་བོ་དང་ཁྱད་པར་སྟོན་ནས་སོན་པ་ཞིག་གོ）；吉太加教授在《现代藏文语法通论》中指出藏语句子由词组合而成，句中是否有虚词无关，句子结尾加谓语成分且句尾不能有"པ་བ"等后接成分，表明所述内容结束，具有语气鲜明的特点（ ᠎᠎᠎ ）。学者们从不同角度对藏语句子的定义进行了阐述，综合这些定性描述结合句子的实际意义，可以定义藏语句子为词或短语、虚词组成的一个语言单位，每个句子都有语气、语调。根据藏文句子中特殊构成虚词的存在与否，又可将藏文句子分为非虚词句子和含虚词句子，虚词在藏文句义功能上处于重要地位。如：ᠬᠬᠬᠬ（今天早上写了数学作业）。其中，"ᠬᠬ"是时间名词，"ᠬᠬ"是名词短语，"ᠬ"是动词，由词和短语组成；ᠬᠬᠬᠬ（今天早上扎西写了数学作业）。其中，"ᠬᠬ"是时间名词，"ᠬᠬ"是人名，"ᠬ"是虚词，"ᠬᠬ"是名词短语，"ᠬ"是动词，由词、短语和虚词组成。另外，藏文句子中动词和虚词对表达语义起到决定性作用。藏文是属于动居句尾语言（SOV 结构），如：ᠬᠬᠬᠬ（我们今年的任务能够全部完成）。藏文句子中名词一般放在动词前面，谓语充当着句法功能的核心。"ᠬᠬᠬ"是一个完整的谓语，其中，"ᠬ"是主要动词，"ᠬ"是助动词，"ᠬ"是属格，"ᠬ"是句尾特征词，句子成分中除了时态外，其他四种成分都属于动词范围，因此，藏文句子中动词和特征虚词决定了该句子的功能和类型。

4.2.2 藏文句子特点

根据藏文句子的定义以及关于其语法结构的描述，可以得到藏语句子的包含以下特点：

特点一：句子中可以允许没有虚词存在。构成藏语句子的因素有两个虚词和实词。虚词结合实词之后能表明事物的属性，但没有虚词仅由实词组成的句子也一样可以表明事物的属性。例如："ᠬᠬᠬ᠎᠎ᠬᠬᠬ"等，因此，藏语中不存在没有实词的句子，但存在没有虚词的句子。

特点二：句子的结尾必有结束标记的谓语成分。藏语句子的结尾具有形容词、动词和助词等谓语成分，这是区分词组与句子的一个重要标志。例如："ᠬᠬᠬᠬᠬᠬ"等，句尾有结束标记的谓语成分时就可以抽取到一个表达完整意义的藏语句子。

特点三：句子结尾不能有"པ་བ"等后接成分，"པ་བ"等后缀成分是区分词组与句子的一个重要标志，有后缀成分"པ་བ"的词组，不论多长都没有结束要表达的意思，所以依然是词组。例如："ᠬᠬᠬᠬᠬᠬ"这个藏语句子的句尾是后缀成分"པ"，所要表达的内容没有结束，只能作构成藏语句子的一个单位。因此，以"པ་བ"等为后缀成分的词或词组不能作为藏语句子结束的标志。

特点四：句子的语气要鲜明。句子与词组也可用语调的高低和快慢等进行区分，一个藏语句子在不同的语境下有不同的语调，如陈述句"ᠬᠬᠬᠬᠬᠬ"、疑问句"ᠬᠬᠬᠬᠬ"、判断句"ᠬᠬᠬᠬᠬ"和祈使句"ᠬᠬᠬᠬᠬ"就由不同的语调表示。满足上述四个特点的藏语句子被称为表达完整意义的句子。

满足上述四个特点的藏语句子被称为表达完整意义的句子。

4.2.3　藏文句尾词性特征分析

汉语以句号、问号、分号和感叹号作为一个句子的边界符，英语以点号和问号作为一个句子的边界符。藏语在古代文法中规定用双垂符表示句子结束的标记。双垂符具有句号、问号、分号和感叹号的作用，单垂符添加在词和短语之后，具有顿号、逗号的作用。但是随着藏文化的发展，人们时常把双垂符简化为单垂符，因此，现代藏文中单垂符不仅具有顿号、逗号的作用，同时又具有了句号、问号、分号和感叹号的作用，从而导致无法简单使用双垂符或单垂符作为标识藏语句子结束的标志，结束符号存在较多的歧义问题，其功能不确定，严重影响了藏语句子的判定。但是人们在研究中发现，通过句子结尾的单垂符和句尾词的词性的判定基本可以实现藏文句子边界的确定。因此为了更好地了解藏文句子特征，对于藏文句尾词性也需要进行判定，通过对大量的藏语句子进行分析，发现共存在 11 种句尾词性包括"形容词、动词、存在助词、判断助词、比喻助词、助动词、终结助词、祈使助词、时态助词、疑问代词和语气助词"。以下是对 11 种句尾词性特征的概述：

形容词在藏语句子中表示人或事物的属性、状态、特征或性质，在句中主要充当定语和谓语，用来修饰藏语句子中的主语；动词在藏语句子中表示人或事物的动作、变化的词，通常出现在藏语句子谓语部分充当谓语；存在助词在藏语句子中表示所述的人或事物等都存在之中，一般放在句末，可独立成词；判断助词在藏语句子中表示肯定或否定，一般放在句末，可独立成句；疑问代词在藏语句子中以疑问的形势指代未知的人或事，一般放在句末；比喻助词在藏语句子中多半用于诗歌当中表示把某种事物比作另一种事物，把抽象事物变得具体，把深奥道理变得浅显，不能独立成词，不能重叠，一般放在句末；助动词在藏语句子中添加在动词之后，修饰和限定动词；终结助词在藏语句子中用于句末表示表达的意思完结；祈使助词在藏语句子中用于动词后面作表示祈使语气的助词，一般用在命令时自主动词后面表示命令，一般放在句末；时态助词在藏语句子中是一种动词形式，是表示行为或动作在各种时间下的动词形式，通常出现在动词或形容词后；语气助词在藏语句子中通常位于句中或句末，表示描述（说话）时的语气或者状态，一般出现在句末表示停顿和强调语气。

通过分析藏语句子特点和 11 种出现在藏语句子结尾的词性，可以得出"若尾部词性是上述所列 11 种词性之一时，则一定构成一个句子；反之，若尾部词性不是上述所列 11 种词性之一时，则一定不是句子"的结论。因此，在句子分析时可以尾部词性是否属于上述 11 种词性为标准判断藏语字符串是否构成句子。

当一段文本串结尾出现以上规定的 11 种词之一时，可以确定是一个表达完整意义的藏语句子进行抽取，例如："ཁོང་གིས་ང་ཚོ་ལ་དཔལ་པོའི་མཛོད་རིས་མ་གཏོགས་ཅི་ཡང་མ་བཞག་ལ།"，在这个句子的句尾出现的并不是我们规定的 11 种句尾词性之一，因而它不是一个表达完整意义的藏语句子。当句子结尾出现藏语格助词或接续词时就算后面有单垂符也不能构成一个句子，因为前面提到过藏文标点符号作为标识句子结束的标志存在较多的歧义，功能不确定。但是我们能够看到，这个句子结尾的位格助词"ལ"前面是及物动词"བཞག"，我们可以通过分析句尾词性和虚词之间的关联关系，从而抽取表达完整意义的藏语句子，如：ཁོང་གིས་ང་ཚོ་

ལ་དཔའ་བོའི་མཛད་རིས་མ་གཏོགས་ཅི་ཡང་མ་བཞག།

4.3　藏文句子类别

4.3.1　藏文句子分类

传统藏文文法中对句子分类没有统一的标准和方法，随着语言学的发展和语法研究的深入，句子分类方式也变得多样化，一般按照句类、句型、句模、句式进行分类。其中，句类是按语气分类的，是语言学家根据句子的语气划分出来的一种类型，有一定的语调表示，有上升、平直、下降、强烈或委婉的语气，如陈述句、疑问句、祈使句、感叹句等。句型是按结构形式分类，如简单句、并列句、复合句，主谓句、非主谓句等。句模是语义结构模式划分的，如："动核+施事"句、"动核+施事+受事"句等。句式是按照句子特征分类，如汉语中的"把"字句、"被"字句、比较句等。从语法的三个平面来分类，句型是句法平面的分类，句模是语义平面的分类，句类是语用平面的分类，但三个可相互交错。

传统藏文文法中对句子分类没有统一的标准和方法，有学者以语境和功能特征词为依据对藏文句类和句子用途对藏文句子进行分类，分别为陈述句、疑问句、祈使句、感叹句四类。句型是根据句子的结构分出来的句子类型，包括主语、谓语、宾语、定语、状语、补语六种，但藏文句子中常强调三种（ བ་བྱེད་ལས་གསུམ ）；主语、谓语、宾语。例如：བཀྲ་ཤིས་ཀྱིས་བོད་ཡིག་ཆ་འཕྲིན་ལག་རྩལ་སྦྱོང（扎西在学习藏文信息处理），"བཀྲ་ཤིས་"是主语，"ཀྱིས་"是作格虚词，"བོད་ཡིག་ཆ་འཕྲིན་ལག་རྩལ་"是宾语，"སྦྱོང"是谓语，句子结构为主语+宾语+谓语（SOV）。句义是根据句子内部语义结构的不同给句子所分的类型。如：施事—动词、施事—受事—动词、受事—动词、受事—施事—动词等。藏文句子也可以从不同的角度实现对句子的分类。

4.3.2　藏文句子基本结构

构成藏语句子的因素有两个虚词和实词。藏语中不会存在无实词的句子，但会存在无虚词的句子，因此，句子中是否存在虚词与整体句意无关。虚词和实词结合之后表明事物的属性；实词的组合中没有虚词也能表明事物的属性。根据有无虚词，将藏语归类为两个基本的句型：一种是 N（基本词）+ P（虚词）+ V（谓词），如རྒྱ་མཚོ་ཆེན་པོ་རྒྱ་བོའི་གཏིང མཐའ་འཁངས་དེ་བོག་བསླས་གང མིག་གིས་མི་མཐོང；一种是 N（基本词）+ V（谓词），如ལ་ཡུལ་ཉི་མ་བླ་བྲང་ཡིག་མཛད་ཚོན་སྐུ་ལུ་ཀར。

4.3.3　藏文句型分类

根据前面叙述的藏语句尾词性特征的不同，将藏语句子分为 11 种不同的藏语句型。

1. 动词谓语句

动词表示人或事物的动作、存在、变化的词，通常出现在谓语部分充当谓语，以动词为句尾的句型也是藏语中最为常见的句型，是十分重要的一种句型。如："བཟོ་བ་/nnརྣམས་/rzཀྱིས་/gxའཕྲུལ་འཁོར་/nnབཟོ/vt"，句法广义表为：(S (NP (NP (nnབཟོ་བ)) (RP (rzརྣམས)(gxཀྱིས)))

(VP (nnའཕྲུལ་འཁོར) (vtབཟོས)) (།))。

2. 形容词谓语句

形容词表示人或事物的属性、状态、性质或特征，在句中主要充当定语和谓语，用来修饰前面的主语。如："མདང་དགོང་/ttང/rrའི་/gzཆི་ལམ་/nnཤིན་ཏུ་/dcཡག/ad།"，句法广义表为：(S(TP(ttམདང་དགོང)) (AP (RP (rrང) (gzའི)) (AP (NP (nnཆི་ལམ)) (AP (dcཤིན་ཏུ) (adཡག)))) (།))。

3. 存在助词谓语句

存在助词在藏语中表示所述的人或事物等都存在于之中，一般放在句末，可独立成词。如："nnཚན་རིག་/nvགོང་འཕེལ/dcཧ་ཅང་/asམགྱོགས་པོ་/viའབྱུང/usབཞིན/ucའདུག།"，句法广义表为：(S (NP (nnཚན་རིག) (nvགོང་འཕེལ)) (UP (AP (dcཧ་ཅང) (asམགྱོགས་པོ)) (UP (VP (viའབྱུང) (usབཞིན)) (UP (ucའདུག)))) (།))。

4. 判断助词谓语句

判断助词在藏语中表示肯定或否定，一般放在句末，有上下文关系，可独立成句。如："ཚེ་སྐྱིད་/nrནི་/yyང/rrའི་/gzསློབ་གྲོགས་/nnཡིན/up།"，句法广义表为：(S (NP (nrཚེ་སྐྱིད) (yyནི)) (UP (RP (rrང) (gzའི)) (UP (nnསློབ་གྲོགས) (up ཡིན))) (།))。

5. 比喻助词谓语句

比喻助词在藏语中一般与喻体连接，多半用于诗歌当中表示把某事物比作另事物，把抽象事物变得具体，把深奥道理变得浅显，不能独立成词，不能重叠 ，一般放在句末。如："རྒྱལ་ས/nnའི་/gzསྒྲོག་སྒྲོན་/nn ནམ་མཁའ/nn འི་/gzསྐར་མ་/nnདང་/cdའདྲ/ub།"，句法广义表为：(S(NP(NP (nnརྒྱལ་ས) (gzའི)) (NP (nnསྒྲོག་སྒྲོན))) (UP (NP (nnནམ་མཁའ) (gzའི)) (UP (NP (nnསྐར་མ) (cdདང)) (UP (ub འདྲ)))) (།))。

6. 祈使助词谓语句

祈使助词在藏语中用于动词后面作表示祈使语气的助词，一般用在命令时自主动词后面表示命令，一般放在句末。如："སྐད་ཆ་/nnདེ་འདྲ་/rzགཏན་ནས་/dwམ་/dfའཆད་/viཅིག/uq།"。句法广义表为：(S(NP(nnསྐད་ཆ)(rzདེ་འདྲ))(UP(DP(dwགཏན་ནས))(UP(VP(dfམ)(viའཆད)) (UP (uqཅིག)))) (།))。

7. 时态助词谓语句

藏语中时态助词是一种动词形式，通常接在动词或形容词之后，表示动作或变化的状态。如 "མི་དམངས་/nnལ་/glཞབས་འདེགས་/nvཞུ་བ/vtའི་/gzབསམ་པ་/vtའགྱུར/us།"。句法广义表为：(S (NP (NP (nnམི་དམངས) (glལ)) (UP (NP (NP (nvཞབས་འདེགས)) (VP (vtཞུ་བ) (gzའི))) (UP (vtབསམ་པ) (usའགྱུར))) (།))。

8. 语气助词谓语句

藏语中的语气助词通常位于句中或句末，表示描述（说话）时的语气或者状态，一般出现在句末表示停顿和强调语气。如："ཕུ་བོ་/ nnསློབ་གྲྭ/nn ར་/glསོང་/vtམ་/dfསོང་/y།"。句法广义表为：(S (NP (nnཕུ་བོ)) (UP (NP (nnསློབ་གྲྭ) (glར)) (UP (VP (vtསོང)) (UP (dfམ) (yསོང)))) (།))。

9. 助动词谓语句

助动词在藏语中添加在动词之后，对动词进行语义上的修饰、限定和补充，作为复合谓语直接煞尾。如："སྐྱོབ་ལ་/nnལ་/gl སྐྱལ་འདེད་/nv གཏོང་/vi དགོས་/ux།"。句法广义表为：（S（NP（nnསྐྱོབ་ལ་）（glལ་））（UP（NP（nvསྐྱལ་འདེད་））（UP（viགཏོང་）（uxདགོས་））））（།））。

10. 疑问代词谓语句

疑问代词在藏语中以疑问的形势指代未知的人或事，一般放在句末。如："དཔེ་ཆ་/nnའདི་/rzབྱེད་/rrཀྱི་/gzཡིན་/upནམ་/ry།"。句法广义表为：（S（NP（nnདཔེ་ཆ་）（rzའདི་））（UP（RP（rrབྱེད་）（gzཀྱི་））（RP（upཡིན་）（ryནམ་））））（།））。

11. 终结助词谓语句

终结助词在藏语中用于句末表示所要表达的意思完结，与后面的语句不再发生任何结构关系。如："ཁོ་/rrའི་/gzམི་ཆེ་/nnམྱུར་/vi ཐོགས་/nnསོ་/uz།"。句法广义表为：（S（RP（rrཁོ་）（gzའི་））（UP（NP（nnམི་ཆེ་））（UP（nnམྱུར་ཐོགས་）（uzསོ་））））（།））。

4.3.4 藏文句型功能特征分析

根据藏文文本挖掘需求，本文主要对藏文句类，即对陈述句、疑问句、祈使句、感叹句四类句型功能特征进行讨论和分析。

1. 疑问句及其功能特征

疑问句就是向别人提出问题或询问。如：བོད་ཡིག་ཐོག་མར་གསར་བཏོད་བྱེད་མཁན་སུ་ཡིན།，该句类是实际生活和人机交互中最常用的一种句类，一般英文和汉文的句尾用问号（？）表示。藏文法中问句又可以分为一般疑问句、选择疑问句、特殊疑问句和反问句四种类型。一般疑问句和选择疑问句的句尾带有"གམ་ངམ་དམ་ནམ་བམ་མམ་འམ་རམ་ལམ་སམ་ཏམ།"等 11 个功能虚词；特殊疑问句的句中带有"གང་ཅི་ཇི་སུ་དུ་ནམ་"6 个功能虚词，这 6 个功能虚词可以添加在句中、句首和句尾。随着社会和时间的变迁，书面语与口语中产生了更多复合功能虚词。如："གང་དག་གང་ན་ཅི་ཞིག་ཇི་ལྟར་ག་ཚོད་ལ་ནམ།"等等。除以上疑问句特征虚词外，口语中经常会出现"ཤེ"等疑问特征词。还有一种自问自答形式的疑问句称为反问句，通常藏文中有"ཅི་ནའི་ག་ནི་ན"3 个功能虚词作为反问句功能特征。

从藏文信息处理角度分析，疑问句研究等同于问答系统，表示问与答的互动，最基本的用途是通过提问来寻求答案，提出问题的方式不同所使用的功能虚词就不同，同时所传递的语用信息也不同。以上功能特征对问答系统中机器如何理解针对人、事物、时间、地点、原因等言语行为可以提供帮助。

2. 祈使句及其功能特征

祈使句是向对方提出要求做什么或不做什么。如：སོབ་སོང་ལ་འབད་པ་བོས་ཞིག，这类句子中必有命令式动词后面添加"ཅིག་ཞིག་ཤིག"3 个功能虚词。祈使句的表达方式汉藏有所不同，以上的特征词藏文中除了祈使句外，还包含一种祈祷形式的语气，主要是受到了文化和信仰等方面的影响。如：ཐམས་ཅད་བདེ་བ་དང་ལྡན་པར་གྱུར་ཅིག，这种类型在藏文句类中使用频率较高，一般句尾带有"ནོག་གྱུར་ཅིག"等功能虚词。

从藏文信息处理角度分析，祈使句目前在藏文信息处理中没有发现对应的研究任务。它主要应用于表达命令、请求、劝告、警告、禁止等语境中。

3. 感叹句及其功能特征

感叹句中带有快乐、惊讶、厌恶、恐惧等感情表达。如：ཀྱེ་མ་ཇོ་མོ་གནང་མའི་དབུ་ཆེ་དགུང་ལ་མཛེས། 英文和汉文中句末都用叹号（！）来表示，而藏文中主要用"ཀྱེ་མ་ཀྱི་ཧུ་ཀྱི་ཧུད་ཨེ་གཱ་ལ་ཧོཿ་ཁ་ཀཿ་ཙི་ཙི"等十几个专用功能虚词来表示感叹句。在藏文传统文法中大多数感叹词的第一字由基字"ཀ"和"ཨ"组成的字开头。

从藏文信息处理角度分析，感叹句倾向情感分析，情感是人对客观事物是否满足的需要而产生的一种态度或评价。目前藏文情感分析只是在舆论评价任务上有所研究。

4. 陈述句及其功能特征

陈述句描述事实，描写人或事物的外貌、形状、性质等，是四种句子类型中使用频率最高的一种句类。如：ཕྱུགས་བསམ་ནི་མྱུར་མོད་ཀྱི་སོན་བྱེ་ཡིན། 该句类的大部分句尾存在"ཡིན་མིན་ཡོད་མྱེད་རེད་འདུག་དགོས་སོང་ཐུབ་ཚར་ཡོད་ཤེས"等功能特征词表示肯定，这些特征前面添加"མ"，"མི"字表示否定。该句类的特征比较模糊，除疑问句、祈使句和感叹句外，其他的都可以成为陈述句。

从藏文信息处理角度分析，陈述句已成为藏文信息处理中的主要研究对象。目前，句子成分分析、句子结构分析、句子相似度计算、依存句法树，还有机器理解层面的句子压缩、句子融合、句子复述等研究领域都有相对应的研究成果。陈述句和疑问句在日常生活中使用频率最高，因此，它们是自然语言处理中研究最多的对象。

句子是由字或词组、特征虚词等合成的一个符号序列，然而有些特征虚词存在同一个符号具有双重或多重意义的可能，如："གང"和"ལས"等属于疑问句功能特征虚词，同时也是一般名词，所以让机器学习这些特殊虚词的使用规律，可以更好地避免出现词法歧义、句法歧义、语义歧义等问题。

4.4　藏文句法分析

4.4.1　句法分析概述

句法分析是根据给定的语法体系，自动推导出句子的语法结构，分析句子所包含的语法单元和这些语法单元之间的关系，将句子转化为一棵结构化的语法树，是自然语言处理的三个层次中最关键的一个环节，起着词法分析和语义分析的承接作用，向上需要对词法分析的结果进行分析，完成把词法分析的结果做句法处理之后，还需要向下输出给语义分析层次进行语义分析。

句法分析的最终目标是自动推导出句子的语法结构，实现这个目标首先要确定语言的语法体系，即对语言中合法句子的语法结构给出形式化的定义。语法体系的不同对句法分析有很大的影响。第一个影响是句法分析的应用，遵循不同的语法体系将获得不同形式的语法结构，而从不同的语法结构所获取的信息是不同的，这就要求应用系统应该选择合适的语法体系。另外，语法理论的目标是揭示语言的规律，试图以形式化的方式描述自然语言。但不同语法理论的出发点不同，其描述语言的角度也不同，对句法分析来说，关心的是计算问题，即选择什么样的语法体系能够更易于计算机自动推导句子的语法结构。

目前已经有多种用于句法分析的语法体系，其中，应用最为广泛的有短语结构语法和依存语法。

短语结构语法（Phrase Structure Grammar，PSG）是 20 世纪 50 年代美国语言学家乔姆斯基（N.Chomsky）利用形式化的方法研究自然语言的语法理论。Chomsky 提出形式语法理论时，定义了四种形式语法结构，描述了自动机、形式语法理论和自然语言之间的关系，这四种语法统称为短语结构语法（PSG）。短语结构语法由四元组构成，即 $\{N, V, P, S\}$，其中 N 是非终结符的有限集合，V 是终结符的有限集合，P 是重写规则的有限集合，$S \in N$ 是句子符或开始符号。例如："རིག་གནས་/nnའི་/yyསྐད་ཆ/nnའི་/gzབརྗོད་བྱ་/nnཡིན/up|"，其短语结构树见图 4.2。

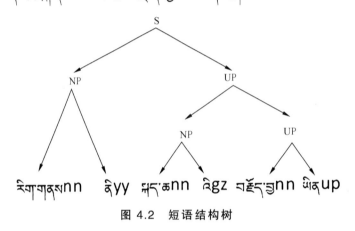

图 4.2   短语结构树

例句用短语结构的形式化可以描述为：

$G = \{N, V, P, S\}$

$N = \{NP, UP, nn, yy, gz, up\}$

$V = \{$རིག་གནས, སྐད་ཆ, བརྗོད་བྱ, འི, ནི, ཡིན$\}$

$S = S$

P：① $S \to NP\ UP$ ② $UP \to NP\ UP$

③ $NP \to nn\quad yy|gz$ ④ $UP \to nn\ up$

⑤ $nn \to$རིག་གནས|སྐད་ཆ|བརྗོད་བྱ   ⑥ $yy \to$ནི

⑦ $gz \to$འི⑧ $up \to$ཡིན

利用以上重写规则，可以从句子的初始符号 S 开始，生成"རིག་གནས་/nnའི་/yyསྐད་ཆ/nnའི་/gzབརྗོད་བྱ་/nnཡིན/up|"这类主宾谓结构的藏语句子。从图 4.2 可以看出，句法树由非终结符、终结符和短语标记构成。句法分析的过程就是根据所给的产生式规则，如 $UP \to NP\quad UP$ 等，把藏语句子的终结符归约到初始符号 S 的过程。

依存语法（Dependency Grammar）是由著名的法国语言学家特斯尼耶尔于 1959 年提出的一种语法理论。该语法认为句子中的述语动词是支配其他成分的中心，而它本身却不受其他任何成分的支配，所有的受支配成分都以某种依存关系从属于其支配者。依存语法直接描述描述词与词之间直接的句法关系，这种句法关系具有方向性，通常是一个词支配另一个词，或者说，一个词受另一个词支配，这种支配和被支配关系体现了词在句中的关系。依存语法的最小单位是词语，它所关注的对象是词与词之间的从属关系，该关系用来描述句子的深层和表层结构。20 世纪 70 年代，美国语言学家罗宾松（J. inson）首次提出了依存语法的 4 条公理：

① 句子的其他成分都依存于除本身之外的某一其他成分；

② 一个句子只有一个独立的成分并且它不受其他任何成分的支配；

③ 任何一个成分都不能依存于两个或两个以上的成分；

④ 如果句子中的成分 A 与句子成分 B 之间有成分 C，并且成分 A 和成分 B 之间有依存关系，成分 C 不能依存于除了 A 与 B 之外（包括 A 和 B 之间的成分）的任一成分。

这四条公理保证了依存句法分析时遵循的原则是单一父结点（single headed）、连通（connective）、无环（acyclic）、可投射（projective）。对依存语法的形式化描述提供了形式上的约束，为计算语言学中的应用奠定了良好的基础。20 世纪 80 年代，舒贝尔特（K.Schubert）在多语言机器翻译系统 DLT 研发中，提出了面向自然语言处理的 12 条依存语法原则，其中含有上述 4 条公理，并且拓宽了依存语法的研究领域。

20 世纪 90 年代，我国著名学者冯志伟先生将依存语法的理论引进国内自然语言处理研究领域，冯先生根据机器翻译的实践经验，提出了满足依存结构树的 5 种条件：

① 非交条件：依存结构树的树枝之间不能彼此相交；

② 单纯结点条件：依存结构树中所有的结点都是句子中出现的具体的单词，依存结构树中只有终极结点，没有非终结点；

③ 独根结点条件：依存结构树中的根结点可以支配这个树中所有其他结点，同时一个依存结构树中有且只有一个根结点；

④ 单一父结点条件：所有的结点（除了根结点之外）都只有一个父结点；

⑤ 互斥条件：依存结构树中的两个结点之间如果存在着依存关系，那么它们在依存结构树中不能存有左右之间的前于关系，只能存有上下之间的从属关系。

冯志伟教授提出的这五个条件比 J.Robinson 的四公理更实用、更直观、更加形象地表述了依存结构树中各个结点之间的依存关系。J.Robinson 的四公理和冯志伟的五个条件规定了正确的依存句法结构所必须满足的条件。根据藏语句子中词与词之间的依存关系，藏语的依存树契合以上所有的条件，并且在句法树和语义树的对应关系方面一致性更强，不同的句型可产生相应的依存句法关系分析表、依存分析树和输出格式。下面以句子 S1 为例对依存关系表、依存分析树、输出格式等进行描述。如句子 S1：ཁྱབ་བསྟན་/rr ཀྱིས་/gx ནགས་ཚལ་/ nn དུ་/gl སྲ་རེ་/nn ཡིས་/gl སྟོང་པོ་/vt གཅོད/vt །/lz。其依存句法分析树如图 4.3 所示。

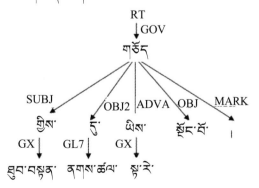

图 4.3 藏文句子 S1 的依存句法分析树

从图 4.3 能够看到，依存分析的结果没有非终结符，词与词之间直接发生依存关系，构成一个依存对，其中一个是核心词，也叫支配词，另一个叫修饰词，也叫从属词。依存关系用一个有向弧表示，叫作依存弧。在图 4.3 中，依存弧的方向为由支配词指向从属词，每个依存弧上有一个标记，叫作关系类型，表示该依存对中的两个词之间存在什么样的依存关系。图 4.3 中 "གཅོད" 是全句的中心词，具有向下的 5 个依存关系，分别为 SUBJ、OBJ2、AD□VA、OBJ 和 MARK，即中心词 "གཅོད" 支配 "གྱིས་" "དུ་" "ཡིས་" "སྟོན་པོ་" 和 "།" 5 个词，其中 SUBJ 为主语关系，OBJ2 为间接宾语关系，ADVA 为状语关系，OBJ 为直接宾语关系，MARK 为符号关系。"གྱིས་" 支配 "ཕྱུག་བདག་"，为作格助词关系；"དུ་" 支配 "ནགས་ཚལ་" 为格关系，"ཡིས་" 支配 "སྣེ་རེ་"，为作格助词关系。对 S1 进行依存句法标注后，其形式化输出格式为：

TD(S1)={1<2:GX 2<7:SUBJ 3<4:GL7 4<7:OBJ2 5<6:GL2 6<7:OBJ 7<0:GOV 8<7:MARK}
其中，"1<2:GX" 中数字 "1" 表示句中词序，数字 "2" 表示支配词序号，冒号后面的 "GX" 表示依存关系，即：句中序号<支配词序号：依存关系。S1 的结构由主语、谓语、直接宾语、间接宾语、状语、作格助词和位格助词等组成。

依存语法的一个特点是形式简洁、易于理解，这一点对于自动句法分析很重要。句法分析主要面向计算机领域研究人员，他们缺乏语言学背景，并且句法分析工作需要人工标注大量的语法树库，这些因素使得语法体系的简洁性显得很必要。依存语法直接表示词语之间的关系，不增加额外的语法符号。即使没有语言学背景的人也很容易掌握该语法形式，这对于树库建设工作非常有利。另外，依存语法的描述侧重于反映语义关系，这种表示更倾向人的语言直觉，有利于一些上层应用，如语义角色标注、信息抽取等。

4.4.2　基于概率上下文无关文法的藏语句法分析

1. 模型参数的计算方法

基于概率上下文无关文法（Probabilistic Context-Free Grammar，PCFG）的统计模型是应用较为广泛和成功的统计句法分析方法及短语句法分析方法。PCFG 是一个为每个规则添加概率的 CFG。PCFG 的规则表示形式为：$A \rightarrow \alpha\ p$，其中 A 为非终结符，p 为 A 产生出 α 的概率，即 $p = P(A \rightarrow \alpha)$，产生式概率分布须满足归一化条件，即：

$$\sum_{\alpha} G(A \rightarrow \alpha) = 1 \qquad (4.1)$$

基于 PCFG 的句法分析模型主要包括语法规则初始概率值和结构共现概率两个参数，其计算方法如下：

（1）语法规则的初始概率计算方法。

对于藏语语法规则初始概率值的计算，首先通过统计训练语料库中出现的语法规则和语法规则出现的次数，然后利用最大似然估计通过语法规则出现的频率，估计出使用语法规则的概率，作为藏语语法规则的初始概率值，计算公式如下：

$$P(A \rightarrow X) = \frac{c(A \rightarrow X)}{\displaystyle\sum_{\gamma \in (V \cup V_M)} c(A \rightarrow \gamma)} \qquad (4.2)$$

这里 C（$A{\to}X$）表示规则 $A{\to}X$ 在树库中出现的次数，其中 A 表示非终结符（nonterminal symbols）集，X 表示终结符（terminal symbols）集，P（$A{\to}X$）表示规则 $A{\to}X$ 的概率估计值。

（2）结构共现概率计算方法。

结构共现概率的计算采用最大似然估计的方法。处于句首的句法范畴 F 向前共现概率 $P(\varepsilon, F)$、非句首的句法范畴 F 向前共现概率 $P(v, F)$、处于句尾的句法范畴 E 向后共现概率 $P(\varepsilon, E)$ 和非句尾的句法范畴 E 向后共现概率 $P(v, E)$ 计算分别如式（4.3）~式（4.6）所示。

$$P(\varepsilon, F) = \frac{\text{count}(F\text{处于句首})}{\text{count}(\text{所有处于句首的句法范畴})} \tag{4.3}$$

$$P(v, F) = \frac{\text{count}(v\text{出现在}F\text{前面})}{\text{count}(v)} \tag{4.4}$$

$$P(\varepsilon, E) = \frac{\text{count}(E\text{处于句尾})}{\text{count}(\text{所有处于句尾的句法范畴})} \tag{4.5}$$

$$P(v, E) = \frac{\text{count}(v\text{出现在}E\text{后面})}{\text{count}(v)} \tag{4.6}$$

2. 零概率问题的解决

从实际的语言现象来看，对于一个确定的训练语料，即使语料规模再大，也会遇到数据稀疏问题。其原因在于进行句法分析时，测试语料中会遇到训练语料中从未出现过但又合法的新语法规则，从而出现零概率问题。

下面通过实例说明零概率问题对 PCFG 句法分析的影响。图 4.4 是句子 S = "ཁྱོད་ཀྱི་མིང་ལ་ཅི་ཟེར།" 通过 PCFG 模型分析得到的句法分析树。

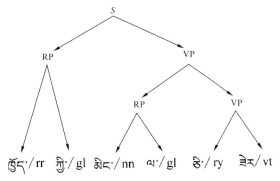

图 4.4 句子 S 的句法树

图 4.4 中"ཁྱོད་/rr""ཀྱི/gl""མིང་/nn""ལ་/gl""ཅི/ry"和"ཟེར/vt"等是终结符，"S""RP"和"VP"等是非终结符。该句子的概率之积为：

P（S）= P（rr→ཁྱོད）*P（gl→ཀྱི）*P（nn→མིང）*P（gl→ལ）*P（ry→ཅི）*P（vt→ཟེར）*P（RP→rr gl）*P（NP→nn gl）*P（VP→ry vt）*P（VP→NP VP）*P（S→RP VP）

假设树中的规则"nn→མིང"是训练语料中未出现的合法的新的语法规则，就意味着 P（nn→མིང）的值为零，从而使得 P（S）的值也为零，故得出这种结论的句法结构树是错误的。因此，降低了句法分析的准确率。为了解决这个问题，Good 在 1953 年提出了著名的 Turing 公式来处理零概率的事件，即 Good-Turing 数据平滑。这里也利用数据平滑来解决零概率问题。数据平滑技术采用最大似然估计对语法规则的概率估计进行调整，以保证语法规则的概率都不为零。

使用 Good-Turing 公式，可以得到训练语料中所有语法规则的概率和为式（4.7）所示：

$$\sum\nolimits_{A \to X : C(A \to X) > 0} P_T(A \to X) = 1 - \frac{n_1}{N} \qquad （4.7）$$

$C(A \to X) > 0$ 表示该语法规则在训练语料中出现的次数大于零，训练语料中从未出现过的语法规则的概率和如式（4.8）所示：

$$\sum\nolimits_{A \to X : C(A \to X) = 0} P_T(A \to X) = 1 - \frac{n_1}{N} \qquad （4.8）$$

$C(A \to X) = 0$ 表示在训练语料中出现的语法规则次数为 0。

3. 句法结构树的生成

通过已知的规则集和概率值，利用概率 CYK 算法可以自动分析出给定句子的句法结构，从而生成句法结构树。如句子"ལུག་གིས་རྩ་ཟ་འདག"生成句法结构树的过程如下：

（1）规则集及其概率值：

S->NP VP #0.002   nn->ལུག#0.004

VP->NP VP#0.002   gx->ས#0.109

NP->nn gx#0.007   nn->རྩ#0.004

NP->nn #0.401   vt->ཟ#0.040

VP->v try #0.170   ry->འས#0.097

（2）利用概率 CYK 句法解码算法后生成的句法结构树如图 4.5 所示。

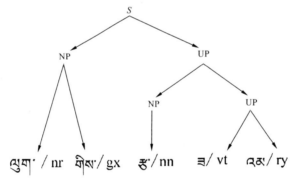

图 4.5　句法结构树

该句法结构树的广义句法结构树为：

（S（NP（ལུག་/nn）（གིས་/gx））（VP（NP（རྩ་/nn））（VP（ཟ/vt）（འས/ry）））（ །））

通过分析藏文语句的构成特点，对藏文语句进行了分类，并归纳了各类藏文句子的结构特征，在此基础上利用 PCFG 对藏文句子进行句法分析。但是 PCFG 模型属于监督式学习方法，对训练语料的质量要求很高，需要不断扩建藏文疑问句句法标记树库来提高句法分析效果，同时可以尝试无监督式的基于神经网络模型的藏文句法分析技术，以提高藏文句法分析的性能。

4.4.3　藏文依存句法分析

1. 藏语句子的筛选原则

在选择研究句子时，综合考虑句型、体裁、时代、语体等，使选择的句子具有代表性和针对性。藏语传统语法理论里藏语句型有他动句、自动句、依存句、主谓句及述谓句 5 种基本句型，在选择句子时可以以这些基本句型作为依据，对句子分类进行深入研究，使其涵盖藏语的所有句型。在内容方面，根据藏语实际应用范围，选择典型句子的语料中应包含文学、学术、新闻、历史、传记、宗教等藏语应用领域中的主要体裁。鉴于藏语各种方言的不同和书面文字的差别，拟选择统一的书面表达的句子。同时，在选择句子时还充分考虑时代等特点，使选择的句子具有代表性。按照以上原则从大规模藏文文本中筛选 10 000 个句子，以此形成包括单句、复句、句群等在内的藏语典型句型库。

2. 树库构建的基本流程

Step1，通过藏语句子末端的规则从句子语料中筛选句子，对整理完成的文本进行机器自动分词和词性标注，再用人工方法对分词和词性标注的结果进行校对。

Step2，分词和词性标注的基础上建立藏语依存树库的标注体系，包括藏语依存关系的层次体系和语义次级体系。根据藏语句子的成分进行分类研究，对精加工过的句子成分进行结构和关联标注，形成较大规模的语法单位句法成分标注库，从而找出其依存关系，形成完整的依存句法树库。

Step3，依据藏语依存句法的形式化模型，建立藏语依存分析的概率模型，设计分析藏语依存的算法。

3. 藏语依存结构分析

依存语法的四公理和五条件均为形式化描述，用来制定藏语依存句法结构的形式约束或其合乎性，依存关系指的是词与词之间的支配与从属关系，而藏语中的这种关系是一种具有方向的不对等关系。

简单地讲，置于支配及控制地位的成分项被称为支配者，处于被支配及被控制地位的成分项称之为从属者。换句话说，"句子结构是自上而下的，有层级，有等级关系。"一般支配和从属关系被描述为父子结点的关系类型。支配和被支配的关系以带有方向性的有向弧线图来表示；带多标记立体结构的支配和被支配的关系以依存树的图式来表示；格标记和中心词的从属关系以词格标记树形图来表示；在依存投影树中，如从属关系包含着潜在的依存关系时，可以用虚线来表示。

在藏语依存句法分析的过程中，由以图式和符号表示的依存句法结构形式为连接依存语法和依存分析算法的中介。将以形式化的文法规则或形式约束来描述边结点所附带的各种信息。常用藏语依存结构的图式有有向图（图 4.6）、藏语依存树（图 4.7）、格标记树形图（图 4.8）及藏语依存投影树（图 4.9）4 种。

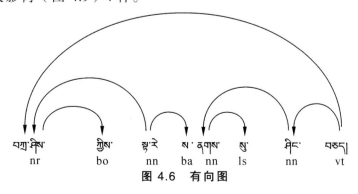

图 4.6 有向图

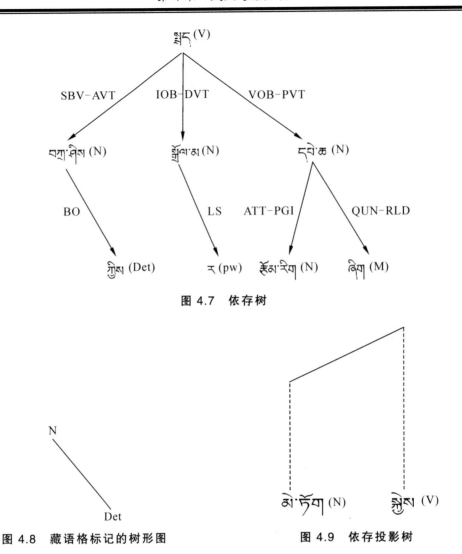

图 4.7　依存树

图 4.8　藏语格标记的树形图　　　　图 4.9　依存投影树

有向关系图 4.6 中，不同标记代表不同的词类，比如：nr 代表人名，bo 代表施事格标记，nn 代表一般名词，ba 代表工具格标记，nn 代表一般名词，ls 代表业格标记，nn 代表一般名词，vt 代表及物动词，依存弧线用来表示各词类之间的关系，箭头端为从属词，无箭头端为支配词，这样能够更形象地了解词间依存关系的层次体系。

参照依存骨架分析的结果，形成携带多标记立体结构的依存树的图形表示即为藏语依存树见图 4.7。

若从句法和语义两重层面解释图 4.7。第一层中"སྤྱོད"是动词。第二层中的"བཀྲ་ཤིས"是第一行动元，作主语（SBV），施事（ATV）；"སློབ་མ"是第二行动元，作第一宾语（IOB），对象（DVT）；"དཔེ་ཆ"是第三行动元，作第二宾语（VOB），语义上为涉事对象（PVT）；第三层为三个行动元从属的状态元，语义上和各自的支配单位形成整体的施事、对象事和涉事。其中"ཀྱིས"是具格格标记（BO），跟在主语或施事之后，"ར"是黏着于格标记（LS），与第一宾语黏着，语义上属于对象范畴，起对象接引或指向的作用，这两种格标记都在名词右侧，意为后置虚词，"ཚལ་རིག"是名词，从属于第二宾语或涉事"དཔེ་ཆ"，"ཞིག"是数量词，在第二宾语之后，和第二宾语一起形成短语在语义上扮演凭事角色。需要说明的是，对于藏语格标记的功能和用法将另作虚词规则库来支撑计算机去识别。因此，不管在词法、句法层面，还是在语义层面，其格标记都不变，但理解层面随着所标记的语法的层面不同而去变化，这种变化正是虚词规则库所观照的，这样就会便捷很多。依存分析树中词与词之间具有直接的联系，没有非终结点，对藏语句法树的词汇化描述达到了最细致的区分度，藏语依存树呈现了藏语句子中的词与之词之间的依存关系，这便于各种语言知识的获取及应用。

在藏语中，N（名词）和 Det（格标记）与之间的依存关系是：N 是中心词，Det 是从属词，Det 处于名词的右侧，该从属关系可用格标记树形图 4.8 表示。

另外，在依存投影树中，从属词与支配词之间的依存关系可以用虚线来表示，这种从属关系还包含着潜在的依存关系，可以用藏语依存投影树图 4.9 表示。

藏语依存树库的建设属于句法分析和语义分析的重要数据支撑。句法分析和语义分析的主要任务是自动剖析句子的表层和深层的结构关系。换言之，将一个线性呈现的句子转换成一个结构化的一颗语法树。根据藏语依存关系的形式化体系，确定了藏语句子中词与词之间的依存关系，并且采用 4 种图式对藏语句法、语义依存骨架结构进行细致入微的分析，并直观地刻画出形式多样的藏语依存关系图式。

4. 藏语依存树的多维分析

藏语依存树的多维分析采用了判别式的句法分析，以词性判断句法、以句法推到语义的多维递进、互为映照的分析模式，这种分析模式符合藏语句法语义的推理机制。依存语法本身并未对依存关系进行详细分类，但是为了更加丰富依存结构映射的句法和语义信息，在应用分析时，一般会对依存树的各个边结点赋上不同的标记。边结点可以附带的信息有：藏语词汇本身(Tibetan Words)，藏文分词标记(Tibetan Word Segmentation)，藏语词性标记(Tibetan Part of Speech tags)，藏语句法（语法）功能（ Tibetan Syntactic Functions ），藏语语义角色（ Tibetan Semanticroles ）等多种信息。

藏语依存句法树第一层（最底层）表示词性及其序列号，第二层为藏文词汇本身或字符串及其分词标记，第三层为依存句法标记。在依存句法标记中，ADV 为状中关系，RAD 为后附加，ls 为业格，SBV 为主谓关系，RAD 为后附加，QUN 为数量定中关系，VOB 为涉事宾语，ic 为小句核心，cn 为衔接连词，ld 为同体格，HED 为整句核心。

藏语树库是藏语自然语言处理研究中的一项关键环节，也是藏语句法与语义分析衔接的重要桥梁。经过藏语自身的语法特点出发，以依存语法理论与方法为导向，研究和构建适合藏语语言本体的依存树库，重点解决了藏语句法和语义同步分析的策略问题，具体分析中力求从句法形式得到语义的逻辑验证，从语义映射句法形式的结构验证，为藏语句法和语义分析提供了较为理想的形式化描写策略。

第 5 章

藏文文本表示模型研究

5.1 文本表示概述

文本是由文字和标点组成的字符串。字或字符组成词、词组或短语，进而形成句子、段落和篇章。文本的本质是由字符构成的字符串。字符串是无结构化的数据，但是字符串具有语法，通过语法组织起来的字符串背后隐藏着丰富的含义，这些含义无法被计算机直接使用，要是计算机能够高效处理真实文本，就必须找到一种理想的文本表示方法。文本表示一方面要能够真实地反映文档的内容，包括文档的主题、领域、结构和语义等；另一方面又要对不同文档有较好的区分能力。综上所述，文本表示可以定义为用文本的特征信息集合来代表原来的文本的一种方式。

5.2 文本特征项

文本的特征项就是文本的元数据，从文档的组成来看，它是字符串的集合。一般来说文档的特征项应该具有以下特点：特征项是能够对文档进行充分表示的语言单位，文档在特征项集合上的分布具有较为明显的统计规律；特征项分离比较容易实现，计算复杂度不太大，在文本挖掘处理中，按照文档特征的粒度来划分，常用的特征单位有词、N-Gran（N 元）项、短语和概念等。

1. 词

在信息处理领域，词是使用最为普遍的文档特征，英语、法语和德语等西方语言通常采用空格或标点符号将词隔开，具有天然的分隔符，所以词的获取简单。但对于中文、藏文来说，句子之间有分隔符，但词与词之间没有分隔符，所以需要分词来得到词，对于中文、藏文等语言，也可以采用单个字来表示文档特征，相关研究表明：中文 IR 系统中，单个字和词在性能上表现相当，但两者结合起来更佳。目前，大多数文本处理时都会采用词的文档表示来进行。

2. *N*–Gram 项

N-Gram 项一般是由相邻的 *N* 个词组成，经常在统计语言模型中使用，使用较多的是的 Unigram（一元）、Bigram（二元）、Trigram（三元）。对于中文来说，*N*-Gram 项一般由相邻

的字构成。例如：从 "བོད་ལྗོངས་མི་རིགས་སློབ་གྲྭ་ཆེན་མོ།（西藏民族大学）" 中提取 2-Gram 项，可以得到 "བོད་ལྗོངས" "ལྗོངས་མི" "མི་རིགས" "རིགས་སློབ" "སློབ་གྲྭ" "གྲྭ་ཆེན" 和 "ཆེན་མོ" 7 个 2-Gram 项。对于英文来说，N-Gram 项既可以由相邻单词构成，也可以由相邻字母构成。例如：从 "Jiangxi University of Finance & Economics" 中提取 2-Gram 项，以单词的方式可以得到 "Jiangxi University" "University of" "of Finance" 和 "Finance & Economics" 5 个 2-Gram 项；以字母的方式可以得到 "Ji" "ia" "an" 共 34 个 2-Gram 项。N-gram 项作为文档的特征，可以避免庞大的词典和复杂的分词程序。一般情况下，使用同样的分类方法，基于词的文本分类效果并不比基于 N-Gram 项的好，在特征数目较小的情况下，基于 N-Gram 项的文本分类效果甚至更优于基于词的，但是 N-Gram 项的语义显然没有真正的词那么明显，而且，随着 N 的增长，N-Gram 项的数目会呈指数增长，使算法的时间和空间消耗大大增加，所以 N 的取值一般不宜过大。目前取值一般不超过 3。对于中文的 IR 系统来说，N-Gram 项（尤其是 2-Gram 项）和词的性能相差无几。

3. 短　语

词的文档表示法的一个显著缺点是：原始文档中的大量语义信息被丢失了，比如，段落、句子、词序和词性等都被忽略了。结果是：虽然满足了计算机学习算法所需要的连续性，却打乱了人们正常的思维连续性，短语表示法的一个目标就是为了尽可能挽回词语表示法所滤除的有用信息，短语表示法在信息处理领域已有些研究成果。但是总的来说，其表示能力并不明显优于词表示法，原因在于：短语表示法虽然提高了特征向量的语义质量，却降低了特征向量的统计质量，使得特征向量变得更加稀疏，让机器学习算法难以从中提取用于文本处理的统计特性。

4. 概　念

概念相比词语而言，具有更高的抽象性，在文本分类中，存在着一词多义和多词一义现象，这是因为一个概念使用了不同的表达方式，而基于关键词的文本处理往往无法揭示这现象，从原理上来说，采用概念作为文本特征有诸多优点：首先，将关键词空间映射到概念空间会大大降低特征空间的维数，从而节省了文本处理器的训练时间，因此基于概念的文本表示在处理文本问题上时间效率上要由于基于词的特征表示方法。其次，将具有同义关系的关键词映射到一个概念，可以避免一个重要的语义特征因为采用关键词的分散而削弱其对于文本主要概念的权重。再次，将一个多义关键词映射到多个概念，可以避免只采用关键词作为特征所产生的特征歧义，即虽然都采用同一个关键词，但所代表的意义完全不同，从而提高文本深度处理的准确性。最后，基于关键词特征的文本处理时，各关键词之间是独立的，而关键词之间不但存在同义、多义关系，还存在相关关系、相斥关系，将关键词映射到概念空间可以从一定程度上消除这种相关性。

5.3　文本特征表示方法

根据前面所叙述的各种特征项，基于各类特征项分别进行了表示方法的研究，目前主要有 4 种特征项的表示方法：基于字的特征表示法、基于词的特征表示法、基于概念的特征表示法、基于短语的特征表示法。

5.3.1　基于字的特征表示法

基于字的表示方法是针对像中文、藏文等词之间无明显便捷的文体提出来的，它的优点是回避了分词所带来的困难，这样中文和藏文就可以以像英文一样分成基本单位，基于字的特征是指用某一个音节字作为特征项，用音节字作为特征项似乎是一种非常机械和简单的想法。然而在实际应用时，中文基于该方法的许多实验都表明这种方法和用词、短语作特征项在正确率上不但没有明显的下降，反而由于汉字的数量远远小于词汇的数量，使得运算速度和需要的存储空间远远小于后者。产生上述现象的原因主要有两个方面：一方面，汉语中存在着大量的单字词，这单字词多维高频词，有关统计数据表明，文档中的单字词的出现频率占总文档总词数的 30%以上。经统计，汉藏语言中词汇的平均词长在 1～2 之间，由此可见，在这类语言中用单字做文档特征项是可行的。另一方面则是由于当前汉藏语系的分词中存在许多尚未解决的问题，如歧义判断、分词规范的确定、未登录词识别等分词问题会导致许多分词错误，许多领域有关的未登录词往往是以单字出现的。因此，在文本处理中用单字作为特征项直接避免分词的麻烦，文本表示相对简单。

但是随着分词技术的不断发展，如果只用字作为特征项还是不能够准确地表示一篇文章，它减少了文中许多词语应有的意义，所以基于词的特征表示会是大家研究和应用的重点。

5.3.2　基于词的特征表示法

词是具有独立含义的最小的语言单位，是短语、句子和文档的基本组成单元。传统的独字表示方法无法刻画词语的语法和语义信息，那么，如何将语法和语义信息编码在词语的表示中，成为研究者关注的重点。Harris 和 Firth 分别于 1954 年和 1957 年提出并明确了词语的分布式假说：一个词的语义由其上下文决定，即上下文相似的词语，其语义也相似[Harris，1954；Firth，1957]。顾名思义，如果掌握了一个词所有的上下文信息，那么也就掌握了这个词的语义。因此，语料资源越丰富，获得的分布式表示越能够刻画词的语义信息。20 世纪 90 年代以来，随着统计方法的逐渐兴起和语料规模的快速扩大，如何学习词的分布式表示问题受到了越来越多的关注。简单地说，分布式表示学习的核心思想就是利用低维连续的实数向量表示一个词语，使得语义相近的词在实数向量空间中也临近。本小节着重介绍几种典型的词的分布式表示方法。

分布式假说表明词语表示的质量很大程度上取决于对上下文信息的建模。在基于矩阵分解的分布式表示方法中，最常用的上下文是固定，窗口中的词语集合，很难利用更加复杂的上下文信息。例如，若采用窗口内的 n 元语法（N-Gram）作为上下文，N-Gram 数目将会随着 n 的增加呈指数级增长，数据稀疏和维数灾难问题将不可避免。神经网络模型实质上是由一系列线性组合和非线性变换等简单操作构成，理论上可以模拟任意函数，因此，可以对复杂的上下文通过简单的神经网络结构进行建模，从而使得词语的分布式表示能够捕捉更多的句法和语义信息。

不同于矩阵分解方法中的文档集合表示，神经网络模型中的训练数据都以句子集合的形式表示，通过统计训练数据集中出现的词语，可以得到一个词汇表，假设每个词语映射到一个分布式向量（通常称为词向量），那么词汇表对应一个词向量矩阵。神经网络模型的目标在于如何优化词向量矩阵，为每个词语学习准确的分布式向量表示。下面介绍几种常用的语言模型。

1. 神经网络语言模型

在神经网络模型中，词向量表示最初用于神经网络语言模型的学习过程。语言模型是用来计算一段文本的出现概率，度量该文本的流畅程度。给定 m 个词语构成的句子 $w_1w_2\cdots w_m$，其出现的可能性可通过链式规则计算：

$$P(w_1w_2\cdots w_m) = P(w_1)P(w_2|w_1)\cdots P(w_i|w_1\cdots w_{i-1})\cdots P(w_m|w_1\cdots w_{m-1}) \quad (5.1)$$

在传统语言模型建模过程中，通常基于相对频率的最大似然估计（Maximum Likelihood Estimation，MLE）方法估计条件概率 $P(w_i|w_1\dots w_{i-1})$，由于 i 越大，词组 w_1，$\cdots$，w_i 出现的可能性越小，最大似然估计越不准确，因此，典型的解决方案是采用 $(n-1)$ 阶马尔可夫链对语言模型进行建模（即 n 元语言模型），假设当前词的出现概率仅依赖于前 $(n-1)$ 个词，若 $n=1$，表示一元语言模型（Unigram），此时假设词语之间是相互独立的；$n=2$ 表示二元语言模型（Bigram），表示当前词的出现概率与前一个词有关。$n=3$、$n=4$ 和 $n=5$ 是使用最广泛的几种 n 元语言模型。这种近似方法使得词序列的语言模型概率计算成为可能。但是，基于词、短语等离散符号匹配的概率估计方法仍然面临严重的数据稀疏问题，并且无法捕捉词语之间的语义相似性。例如，两个二元短语"很无聊"和"很枯燥"的语义非常相近，P（无聊|很）与 P（枯燥|很）的概率应该非常接近，但实际上这两个二元短语在数据中的频率可能相差悬殊，导致两个概率 P（无聊|很）与 P（枯燥|很）的差别也较大。

此外，Bengio 等人提出了一种基于前馈神经网络（Feed-Forward Neural Network，FNN）的语言模型[Bengio et al, 2003]，其基本思路是：将每个词映射为一个低维连续的实数向量（即词向量）。并在连续向量空间中对 n 元语言模型的概率 $P(w_i|w_{i-n+1}, \dots, w_{i-1})$ 进行建模。对于一个三层的前馈神经网络语言模型来说，首先，历史信息的 $(n-1)$ 个词被映射为词向量，并被拼接后得到 h_0，h_0 通过非线性隐藏层学习 $(n-1)$ 个词的抽象表示得到 h_1 和 h_2，最后利用 softmax 函数计算词表 V 中每个词的概率分布：

$$P(W_i|W_{i-n+1},\cdots,W_{i-1}) = \frac{\exp\{h_2 \cdot e(W_i)\}}{\sum_{k=1}^{|v|}\exp\{h_2 \cdot e(W_k)\}} \quad (5.2)$$

该模型训练过程便是优化参数 Θ，使得整个训练数据上的对数似然值最大，语言模型训练结束后，就得到了优化后的词向量矩阵 L^*，它包含了词表中所有词语的分布式向量表示。本书中的对数若无特殊说明，均以 2 为底。

由于前馈神经网络语言模型仅能对固定窗口的上下文进行建模，无法捕捉长距离的上下文依赖关系，Mikolov 等人便提出了采用循环神经网络（Recurrent Neural Network，RNN）直接对概率 $P(w_i|w_1, \dots, w_{i-1})$ 进行建模的思路[Mikolov et al., 2010]，旨在利用所有的历史信息 w_1，$\cdots$，w_{i-1} 预测当前词 w_i 的出现概率。循环神经网络的核心要点在于计算每一时刻的隐藏层表示 h_i，其中，第 $i-l$（$i \geqslant 2$）时刻的隐藏层表示 h_{i-1} 蕴含从第 0 时刻到 $(i-1)$ 时刻的历史信息（第 0 时刻的历史信息通常设置为空，即 $h_0=0$）。$f(\cdot)$ 为非线性激活函数，可取 $f(\cdot)=\tanh(\cdot)$。在第 i 时刻隐藏层表示 h_i 的基础上，可直接采用 softmax 函数计算下

一个词 w_i 的出现概率 $P(w_i|w_1, \cdots, w_{i-1})$。神经网络参数和词向量矩阵的优化方法与前馈神经网络方法类似，都是最大化训练数据的对数似然。

为了更加深入地刻画隐藏层（h_{i-1} 和 h_i）之间的信息传递方式，并有效编码长距离的历史信息，$f(\cdot)$ 可通过长短时记忆单元（Long-Short Term Memory，LSTM）[Hochreiter and Schmidhuber，1997]或门限循环单元（Gated Recurrent Unit，GRU）[Cho et al.，2014]实现。无论是 LSTM 还是 GRU，输入都是前一时刻的隐藏层表示 h_{i-1} 和前一时刻的输出 W_{i-1}，输出都是当前时刻的隐藏层表示 h_i。

一般来说，LSTM 由三个门（gate）和一个存储记忆单元控制，LSTM 希望通过输入门、遗忘门和输出门控制如何有选择地编码历史信息和当前信息。GRU 计算单元是对 LSTM 的一种简化，省去了记忆单元的计算。LSTM 和 GRU 可以有效地捕捉长距离的语义依赖关系，在文本摘要和信息抽取等很多序列预测的文本挖掘任务中都体现出更优的性能[Nallapati et al.，2016；See et al.，2017]。

2. C&W 模型

在神经网络语言模型中，词向量的表示学习只是一个副产品，并不是核心任务。Collobert 和 Weston 于 2008 年提出了一种模型，直接以学习和优化词向量为最终目标，这种模型以两位学者的姓氏首字母命名，称为 C&W 模型（Collobert and Weston model）[Collobert and Weston，2008]。

神经网络语言模型的目标在于准确估计条件概率 $P(w_i|w_1, \cdots, w_{i-1})$，因此每一时刻都需要利用隐藏层到输出层的矩阵运算和 softmax 函数计算整个词汇表的概率分布，计算复杂度为 $O(|h|\times|V|)$，其中 $|h|$ 是最高隐藏层的神经元数目（通常为几百或一千左右）。$|V|$ 是词表规模（通常为几万至十万左右）。这个矩阵运算操作极大地降低了模型的训练效率。Collobert 和 eston 认为，如果目标只是学习词向量，则没有必要采用语言模型的方式，而可以直接从分布式假说的角度设计模型和目标函数：给定训练语料中任意一个 n 元组（$n = 2C+1$）（w_i，C）$= w_{i-C} \cdots w_{i-1} w_i w_{i+1} \cdots w_{i+C}$，如果将中心词 w_i 随机地替换为词表中的其他词 w_i'，得到一个新的 n 元组（w_i'，C）$= w_{i-C}, \cdots w_{i-1} w_i' w_{i+1} \cdots w_{i+C}$，那么，（$w_i$，$C$）一定比（$w_i'$，$C$）更加合理。如果对每个 n 元组进行打分，那么（w_i，C）得分一定比（w_i'，C）高，即：

$$s(w_i, C) > s(w_i', C) \tag{5.3}$$

简单的前馈神经网络模型只需要计算 n 元组的得分，并从得分能够区分输入的 n 元组是来自真实的训练文本，还是随机生成的文本。我们将真实训练文本中的 n 元组（w_i，C）称为正样本，随机生成的 n 元组（w_i'，C）称为负样本。

为了计算 $s(w_i, C)$，首先将 $w_{i-C} \cdots w_{-1} w_i w_{i+1} \cdots w_{i+C}$ 中的每个词从词向量矩阵 L 中获得对应的词向量，并进行拼接，得到第一层表示 h_0，h_0 经过隐藏层通过非线性激活函数得到 h_1，h_1 再经过线性变换，得到 n 元组（w_i，C）的得分。可见 C&W 模型由隐藏层到输出层的矩阵运算非常简单，将计算复杂度由神经网络语言模型的 $O(|h|\times|V|)$ 降低至 $O(|h|)$，可以高效地学习词向量表示。

在词向量优化过程中，C&W 模型希望每一个正样本的打分至少比对应负样本的打分高 1 分，对于整个训练语料，C&W 模型需要遍历语料中的每个 n 元组，并最小化如下的目标函数：

$$\sum_{(w_i,c) \in D} \sum_{w_i \in V_{neg}} \max(0.1 + s(w_i', C) - s(w_i, C)) \tag{5.4}$$

其中，V_{neg} 为负样本集合。

3. CBOW 与 Skip-gram 模型

无论采用神经网络语言模型还是 C&W 模型，隐藏层都是不可或缺的，而输入层到隐藏层的矩阵运算也是高频时间开销的关键部分。为了进一步简化神经网络结构，更加高效地学习词向量表示，Mikolov 等人在 2013 年提出了两种不含隐藏层的神经网络模型：CBOW 模型（Continuous Bag-of-Words Model）和 Skip-gram 模型（Skip-Gram Model）[Mikolov et al., 2013a]。

CBOW 模型的思想类似于 C&W 模型：输入上下文词语，预测中心目标词语。不同于 C&W 模型，CBOW 模型仍然以目标词的概率为优化目标，而且 CBOW 模型在网络结构设计上做了两点简化：一方面，输入层不再是上下文词对应词向量的拼接，而是忽略词序信息，直接采用所有词向量的平均值；另一方面，省略隐藏层，输入层直接与输出层连接，采用 Logistic 回归（Logistic Regression）的形式计算中心目标词的概率。

形式化地，给定训练语料中任意一个 n 元组（$n = 2C+1$）$(w_i, C) = w_{i-C}\cdots w_{i-1}w_iw_{i+1}\cdots w_{i+C}$，将 $WC = w_{i-C}\cdots w_{i-1}w_iw_{i+1}\cdots w_{i+C}$ 作为输入，计算上下文词的平均词向量 h，将 h 直接作为上下文的语义表示预测中心目标词 w_i 的概率，在 CBOW 模型中，词向量 $\boldsymbol{L}$ 是唯一的神经网络参数。对于整个训练语料，CBOW 模型优化次向量矩阵 $\boldsymbol{L}$ 以最大化所有词的对数似然。

Skip-gram 模型与 CBOW 模型利用上下文词预测中心词的做法不同，其采用了相反的过程，即用中心词预测所有上下文词。给定训练语料中任意一个 n 元组 $(w_i, C) = w_{i-C}\cdots w_{i-1}w_iw_{i+1}\cdots w_{i+C}$。Skip-gram 模型直接利用中心词 w_i 的词向量 $e(w_i)$ 预测上下文 $WC = w_{i-C}\cdots w_{i-1}w_iw_{i+1}\cdots w_{i+C}$ 中每个词 w_c 的概率。

Skip-gram 模型的目标函数与 CBOW 模型的目标函数类似，都是优化词向量矩阵 $\boldsymbol{L}$ 以最大化所有上下文词的对数似然。

4. 噪声对比估计与负采样

CBow 模型和 Skip-gram 模型虽然极大地简化了神经网络结构，但是仍然需要利用 softmax 函数计算词汇表 V 中所有词的概率分布。为了加速神经网络模型的训练效率，Mikolov 等人受 C&W 模型和噪声对比估计（Noise Contrastive Estimation，NCE）方法的启发，提出了负采样（Negative Sampling，NEG）技术[Mikolov et al., 2013b]。

以 Skip-gram 模型为例，通过中心词 w_i 预测上下文 $WC = w_{i-C}\cdots w_{i-1}w_iw_{i+1}\cdots w_{i+C}$ 中的任意词 w_c，负采样技术和噪声对比估计方法都是为每个正样本 w_c 从某个概率分布 $P_n(w)$ 中选择 K 个负样本 $\{w_1', w_2', \cdots, w_K'\}$，并最大化正样本的似然，同时最小化所有负样本的似然。

对于一个正样本 w_c 和 K 个负样本 $\{w_1', w_2', \cdots, w_K'\}$ 噪声对比估计方法首先对 $K+1$ 个样本的概率进行归一化处理，得到噪声对比估计的目标函数 $J(\theta)$：

$$J(\theta) = \log p(l=1|w_c, w_i) + \sum_{k=1}^{K} \log p(l=0|w_k, w_i) \tag{5.5}$$

其中，w 表示某个样本，$l=1$ 表示该样本来自正样本，服从神经网络模型的概率输出 $p_\theta(w|w_c)$；$l=0$ 表示该样本来自负样本，服从噪声样本生成的概率分布 $p_n(w)$。

负采样技术的目标函数与噪声对比估计相同，但不同于噪声对比估计方法的是，负采样技术不对样本集合进行概率归一化，而直接采用神经网络语言模型输出，因此目标函数可以简化为：

$$J(\theta) = \log \sigma(e(w_i) \cdot e(w_c)) + \sum_{k=1}^{K} \log \sigma(-e(w_k) \cdot e(w_c)) \tag{5.6}$$

Mikolov 等人实验发现，负样本数目 $K = 5$ 时就能够取得很好的性能。可见，负采样技术极大地简化了概率估计，有效提升了词向量的学习效率。

5. 字词混合的分布式表示方法

基于分布式假说的词向量表示学习需要足够的上下文信息去捕捉一个词的语义，也就是说，要求词出现的频率足够高。但是，根据齐夫定律（Zipf's Law），绝大多数词在语料中很少出现。对于这些词，无法依据分布式假说获得高质量的词向量表示。

虽然词是能够独立运用的最小语义单元，但是词并不是最小的语言单位，文本是由字符或字构成的。例如，英文单词由字母组成，中文词由汉字构成，以中文词为例，研究者分析发现 93% 的中文词满足或部分地满足语义组合特性，即这些词是语义透明的。如果一个词是语义透明的，表明这个词的语义可以由内部汉字的语义组合而成。相比于词汇规模，音节字集合是有限的，以汉字为例，根据国标 GB 2312 常用的汉字不足 7 000 个，而且汉字在语料中的频率都比较高，能够在分布式假说下获得高质量的汉字向量。因此，如果能够充分挖掘音节字的语义向量表示，设计准确的语义组合函数，就能够极大地增强汉语词（特别是低频词）的向量表示能力。基于这种想法，字词混合的分布式表示方法越来越受到研究者的关注 [Chen et al.2015；Xu et al.，2016；Wang et al.，2017]。

字词混合的分布式表示方法可以有多种，它们之间的区别主要在于两方面：一是如何设计准确的字语义组合函数；二是如何融合汉字组合语义和词语的原子语义。下面以 C&W 模型的思想为例介绍两种字词混合的分布式表示方法。

所有方法的目标仍然是区分正常的 n 元组和随机的 n 元组，核心任务还是计算一个 n 元组的得分。以汉语研究为例，假设中文词 $w_i = c_1 c_2 \cdots c_l$ 由 l 个汉字组成（例如"出租车"由 3 个汉字组成），该方法首先学习汉字串 $c_1 c_2 \cdots c_l$ 的语义向量组合表示 $x(c_1 c_2 \cdots c_l)$ 和中文词 w_i 的原子向量表示 $x(w_i)$。在组合汉字的语义向量时，假设各个汉字的贡献相同，利用平均字向量表示 $x(c_1 c_2 \cdots c_l)$：

$$x(c_2 c_2 \cdots c_l) = \frac{1}{l} \sum_{k=1}^{l} x(c_k) \tag{5.7}$$

其中，$x(c_k)$ 表示汉字 c_k 的向量表示。为了获得最终的词向量，该方法直接将汉字的语义组合表示和中文词向量表示进行拼接：

$$X_i = [x(c_1 c_2 \cdots c_l); x(w_i)] \tag{5.8}$$

之后的 h_0、h_1 和最终得分的计算与 C&W 模型相同。

不难看出，上述方法并未考虑不同的汉字对组合语义的影响，也没考虑组合语义和原子语义对最终词向量的影响。例如，在中文词语"出租车"中，汉字"车"的贡献最大，"出"

和"租"仅起修饰作用，贡献相对较小。可见，不同汉字不应该等同视之。另一方面，有的词是透明词，更多地依赖组合语义，而有的词是非透明的（例如"苗条"），则更多地依赖词的原子语义。基于上述问题，有人提出同时考虑上述两点因素字词混合方法，首先通过门限（gating）机制获得汉字的组合语义，控制汉字 c_k 的向量 $x(c)$ 对组合语义的贡献，在融合组合语义和原子语义时，通过最大池化（max-pooling）方式获得最终的词向量 X_i，通过池化机制，可以学习出最终词的语义更加依赖于哪一种语义（是组合语义还是原子语义）。大量的实验表明，考虑词内字贡献度后获得的词向量具有更准确的表达能力。

5.3.3　基于短语的特征表示法

短语的特征表示法与词的表示法有所不同，而且从一定程度上来说短语比词更加具有语义表现性。比如"计算机科学"就比"计算机"和"科学"这两个词更加具有表现性。短语的分布式表示学习方法分为两种：一种方法视短语为不可分割的独立语义单元，然后基于分布式假说学习短语的语义向量表示；另一种方法认为短语的语义由词组合而成，关键是学习词和词之间的语义组合方式。

与词相比，短语的出现频率更低，因此，基于分布式假说的短语向量表示在质量上无法得到保证。Mikolov 等人只是将部分英语常见短语（例如"New York Times"和"United Nations"等）视为不可分割的语义单元，与词等同对待（例如"New_York_Times"和"United_Nations"），但利用 CBow 模型或 Skip-gram 模型学习相应的分布式表示。可见这类方法无法适用于普通的短语表示学习，下面主要介绍一些做过的算法研究。

1. 基于词袋的分布式表示

基于组合语义的短语表示学习是一种更加自然合理的方法。如何将词的语义组合成短语的语义是这类表示学习方法的核心。给定一个由 i 个词组成的短语 $ph_i = w_1w_2\cdots w_i$，最简单的语义组合方法就是采用词袋模型[Collobert et al.，2011]，即对词向量平均或者对词向量的每一维取最大等方式。这种方法不考虑短语中不同词的权重，而且没有对词的顺序进行建模。针对前者，可以在对词向量平均的基础上添加词的权重信息，权重信息可以是词 w_k 对应的词频或 TF-IDF 等信息，或者可采用字词混合模型中的门限机制控制不同词对短语表示的贡献。

2. 基于自动编码器的分布式表示

正如前面所述，基于词袋模型的短语表示方法还存在另一个问题，即无法捕捉短语中的词序信息。在很多情形下，词序不同，短语的语义完全不同。例如，两个短语"猫吃鱼"和"鱼吃猫"使用相同的三个词语，语义却完全相反。因此，短语的分布式语义表示学习需要对词语的顺序进行有效建模。这里介绍短语表示学习的一种典型方法，即递归自动编码器（Recursive Auto Encoder，RAE）[Socher et al.，2011]。

顾名思义，递归自动编码器就是以递归的方式自底向上不断地合并两个子结点的向量表示，直至获得短语的向量表示。标准自动编码器的目的是学习给定输入的一个精简、抽象的向量表达。作为一种无监督方法，递归自动编码器以最小化短语的重构误差之和作为目标函数。

一般为了检验整个短语的语义向量表示的质量，可以测试语义相近的短语在语义向量空间中能否聚集在一起。假设用于训练的短语集合为 $S(ph)$，对于一个未知的短语 ph^*，利用短语向量之间的余弦距离度量任意两个短语之间的语义相似度，从 $S(ph)$ 中搜索与 ph^* 相似的短语列表 List(ph^*)，检验 List(ph^*) 与 ph^* 是否真正的语义相近。表 5.1 的第一列给出了 4 个不同长度的英文测试短语，第二列展示了无监督递归自动编码器 RAE 能够找到的向量空间中相近的候选短语列表。

表 5.1　RAE 和 BRAE 在短语语义表示方面的对比

新输入短语	RAE	BRAE
military force	core force	military power
	main force	military strength
	labor force	armed forces
at a meeting	to a meeting	at the meeting
	at a rate	during the meeting
	a meeting	at the conference
do not agree	one can accept	do not favor
	i can understand	will not compromise
	do not want	not to approve
each people in this nation	each country regards	every citizen in this country
	each country has its	all the people in the country
	each other, and	people all over the country

可以发现，RAE 能够在一定程度上捕捉短语的结构信息，例如 "military force" 和 "labor force" "do not agree" 和 "do not want" 等。但是，RAE 在编码短语的语义信息方面比较欠缺。

当然，如果存在一些短语，有正确的语义向量表示作为监督信息。就可以采用有监督的递归自动编码器学习短语的语义表示模型。但是，正确的语义表示在现实中并不存在。为了让短语的向量表示刻画足够的语义信息。Zhang 等人提出了一种双语约束的递归自动编码器框架[Zhang et al., 2014]，其基本假设是：两个互为翻译的短语具有相同的语义，那么它们应该共享相同的向最表示。基于这个前提假设，可以采用协同训练（co-training）的思想同时学习两种语言的短语向量表示。首先，利用两个递归自动编码器以无监督方式学习语言 X 和语言 Y 中短语的初始表示，然后，以最小化语言 X 和语言 Y 中互译短语（ph_x，ph_y）之间的语义距离为目标函数，优化两种语言的递归自动编码器网络。

该方法的目标函数包括两部分：一部分是递归自动编码器的重构误差，另一部分是互译短语之间的语义误差：

$$E(ph_x, ph_y; \theta) = \alpha E_{REC}(ph_x, ph_y; \theta) + (1-\alpha)E_{SEM}(ph_x, ph_y; \theta) \quad (5.9)$$

其中，$E_{REC}(ph_x, ph_y; \theta)$ 表示两个短语的重构误差，$E_{SEM}(ph_x, ph_y; \theta)$ 表示互译短语之间的语义误差，α 调节重构误差和语义误差之间的权重。$E_{REC}(ph_x, ph_y; \theta)$ 包括两个短语的重构误差，每个短语重构误差的计算方式与无监督递归自动编码器的计算方法相同。$E_{SEM}(ph_x, ph_y; \theta)$ 包含两个方向的语义误差，对于包括 N 个互译短语的短语集合（ph_x，ph_y），希望在整个数据集上互译短语的语义距离最小的同时最大化非互译短语的语义距离，通过协同训练机制，最终得到两种语言的短语表示模型。

表 5.1 中第三列展示了 BRAE 模型的效果。与无监督的 RAE 相比，BRAE 能够编码短语的语义信息。例如，输入短语"do not agree"，BRAE 能够为其找到语义相近但用词差别较大的短语："will not compromise"和"not to approve"。可见，双语约束的递归自动编码器 BRAE 能够学习较为准确的短语语义向量表示。

5.3.4 基于概念的特征表示法

基于概念的特征表示法是以"概念"构成特征值表示的基本单位，这种表示法是建立在词汇语义学的发展基础之上的，特别是当"WordNet"等一系列语义词典出现以后，许多学者开始尝试用概念对文本进行处理。WordNet 是由普林斯顿大学认知科学实验室的 Miller、Beckwith 等人于 1985 年起致力构造的词汇系统。它最具特色之处是根据词义而不是根据词形来组织词汇信息，可以说，它是一部基于心理语言学原理的语义词典，它包含 95 600 个不同的词形，70 100 种词义。中文概念研究主要是以董振东先生的"HowNet"为主的一项研究工作，"HowNet"中包含了 81 062 个中文词语数，概念总数为 24 089 项。

当然，如果能完全用"概念"的形式来对文本进行处理的话，那将会对文本信息处理带来很大的方便。但是，让我们感到遗憾的是，就目前来说，完全基于"概念"的文本分析技术并不成熟；首先，由于语言的"随意性'，使得"概念"的建立本身就是一个非常艰难的过程，像"HowNet"和"WordNet"的建立都花费了大量的人力和物力，并且还在不断地完善中；其次，"概念类"的建立必定考虑很多方面的词汇语义学方面的内容，如上下文关系、包含关系、同义关系、反义关系、从属关系等，而这关系在不同的文本处理中的作用是不一样的，像在文本分类中，反义关系的加权反而会影响特征指的代表性。

因此，人们提出了以潜在语义分析（Latent Semantic Analysis，LSA）、概率潜在语义分析（Probabilistic Latent Semantic Analysis，PLSA）和潜在狄利克雷分布（Latent Dirichlet Allocation，LDA）为代表的分布式语义表示形式，其目标是将文本表示为一组隐式的语义概念形式，这种潜在的语义概念就称之为主题。下面将重点讲述几种常用的主题模型。

1. 潜在语义分析

潜在语义分析假设语义接近的词更容易出现在相似的文本片段中，与 VSM 中的高维、稀疏文本表示方法不同，LSA 利用奇异值分解（SVD）技术将文档和词汇的高维表示影射在低维的潜在语义空间中，缩小了问题的规模，得到不再稀疏的低维表示，这种低维表示揭示出了词汇（文档）在语义上的联系。

奇异值分解定理：假设矩阵 $X \in R^{m \times n}$ 为任意的 $m \times n$ 阶矩阵，矩阵的秩为 r（$r>0$），则 X 一定可以分解为

$$X = U \Sigma V^{\mathrm{T}} \tag{5.10}$$

其中，$U \in R^{m \times m}$ 为满足 $U^{\mathrm{T}}U = I$ 的 m 阶矩阵，$V \in R^{n \times n}$ 为满足 $V^{\mathrm{T}}V = I$ 的 n 阶矩阵，Σ 为左上角为 r 阶的对角阵、其余位置全部为 0 的 $m \times n$ 阶非负矩阵。$U = [u_1 \cdots u_m]$ 的列向量 $u_i \in R^m$ 称为 X 的左奇异向量（left-singular vector）），$V = [v_1 \cdots v_n]$ 的列向量 $v_i \in R^n$ 称为 x 的右奇异向量（right-singular vector），Σ 的左上角对角元素（Σ）$_{ii} = \delta_i$ 称为 x 的非零奇异值。

矩阵 X 可以分解为以下形式：

$$X = \delta_1 \boldsymbol{u}_1 \boldsymbol{v}_1^{\mathrm{T}} + \cdots + \delta_r \boldsymbol{u}_r \boldsymbol{v}_r^{\mathrm{T}} \qquad (5.11)$$

奇异值分解可以将高维向量空间中的数据投影到低维的正交空间中，奇异值（及其对应的奇异向量）可以用于度量各正交分量的形态和信息量大小。奇异值在机器学习和数据挖掘等领域中得到了广泛应用，如主成分分析（PCA）、潜在语义分析（LSA）等。在这些应用中的主要思路是：通过截断奇异值分解（Truncated SVD）保留较大的奇异分量，去除较小的奇异分量，从而在低维正交空间中实现对高维原始数据的约减和近似。

在对 X 进行截断奇异值分解时截取前 k 个最大的奇异值，得到的近似矩阵 $X^\sim$ 可以表示为：

$$X^\sim = \delta_1 \boldsymbol{u}_1 \boldsymbol{v}_1^{\mathrm{T}} + \cdots + \delta_k \boldsymbol{u}_k \boldsymbol{v}_k^{\mathrm{T}} \qquad (5.12)$$

对于给定的文本集合，需要获取词项-文档矩阵的奇异值分解。首先基于向量空间模型构造出"词项-文档矩阵"（term-by-document matrix）：

$$X = \begin{bmatrix} x_{1,1} & \cdots & x_{1,n} \\ \vdots & & \vdots \\ x_{m,1} & \cdots & x_{m,n} \end{bmatrix}$$

其中，m 表示词项个数，n 表示文档数，X 的每一行 $[x_{i,1} \cdots x_{i,n}]$ 表示第 i 个词项在个文档中的取值，每一列 $[x_{1,j} \cdots x_{m,j}]$ 表示第 j 个文档对应的词项权重向量。

对 X 进行 SVD 分解后写成秩为 r 的矩阵之和的形式：

$$X = \sigma_1 t_1 d_1^{\mathrm{T}} + \cdots + \sigma_r t_r d_r^{\mathrm{T}} \qquad (5.13)$$

其中，t_i、d_j 和 σ_k 分别代表 $m \times r$ 阶矩阵 T 的某一列、$n \times r$ 阶矩阵 D 的某一列和 X 的非零奇异值。奇异值 $\sigma_1, \cdots, \sigma_r$ 反映了词项-文档矩阵 X 中隐含的 r 个独立概念的强度。对应第 j 个概念，t_j 表示构成此概念的 m 个词项的权重，d_j 表示 n 个文档包含此概念的权重，$t_j d_j^{\mathrm{T}}$ 则表示此概念所对应的词项-文档关联信息。

在文本表示任务中，由于特征空间维度高并且单个文档长度短，传统的词项-文档矩阵呈现高度的稀疏性。同时，高维词项之间具有较高的线性相关性。LSA 通过对词项-文档矩阵 X 进行截断奇异值分解，在式（5.13）中选择保留前 k（$k<r$）个最大的奇异值，并将这 k 个奇异值及对应的奇异向量构成的正交空间视为文本的潜在语义空间。这意味着通过选择 k 个潜在语义空间中的主题代替 m 个显式的词项表示文本，从而实现了文本表示从 m 维到 k 维的降维，并得到原始矩阵 X 的低秩近似（low-rank approximation）：

$$X^\sim = \sigma_1 t_1 d_1^{\mathrm{T}} + \cdots + \sigma_k t_k d_k^{\mathrm{T}} \qquad (5.14)$$

写成矩阵的形式，即为：

$$X^\sim = T_k \sum D_k^{\mathrm{T}} \qquad (5.15)$$

其中，$T_k = [t_1 \cdots t_k]$ 称作词项-主题矩阵，$D_k = [d_1 \cdots d_k]$ 称作文档-主题矩阵。

利用 SVD 将词项-文档矩阵分解之后，我们关心以下 5 个问题：

（1）词项之间的相似度。

$X^\sim$ 矩阵中的每一行对应一个词项在不同文档上的取值，可以用 $X^\sim$ 的两个行向量的内积度量不同词项之间的相似度。为此，构造二次对称矩阵 $X^\sim X^{\sim \mathrm{T}}$ 以包含所有词项的内积。其中

第 i 个和第 j 个此项之间的相似度，即 $\tilde{X}\tilde{X}^T$ 中第 i 行、第 j 列的元素等于 $T_k\Sigma_k$ 矩阵中相应行向量的内积。

如果采用余弦相似度计算方法，可以对 $T_k\Sigma_k$ 中相应的行向量予以正规化之后再计算向量内积。

提取式（5.15）矩阵的第 j 行，可以得到词项的概念表示：

$$[x_{j,1}\cdots x_{j,n}]=[\sigma_1 t_{j,1}\cdots\sigma_k t_{j,k}]D_K^T \qquad (5.16)$$

（2）文档间的相似度。

与上述方法同样道理，X 矩阵中两个列向量的内积可以用于度量两个文档之间的相似度，构造二次对称矩阵 $\tilde{X}^T\tilde{X}$，其中第 i 个和第 j 个文档之间的相似度即为 $\tilde{X}^T\tilde{X}$ 中第 i 行、第 j 列的元素，等于 $D_k\Sigma_k$ 矩阵相应行向量的内积。

同样地，如果采用余弦相似度计算方法，则只需要对 $D_k\Sigma_k$ 的行向量进行正规化，再计算向量的内积即可。

（3）文档的概念表示。

提取式（5.15）矩阵的第 i 列，可以得到第 i 个文档的分解形式：

$$x_i=[x_{1,i}\cdots x_{m,\ i}]^T=T_k[\sigma_1 d_{1,i}\cdots\sigma_k d_{k,i}]^T \qquad (5.17)$$

该式可以理解为文档的概念表示。下面从基底变换的角度对此进行观察。若视词项-概念矩阵 T_k 的列向量 t_1，t_2，$\cdots$，t_k 为基，文档 x_i 在新的坐标系下的坐标就是 $\Sigma_k D_k^T$ 的第 i 列；若视 $T_k\Sigma_k$ 的列向量为基，则相当于将各坐标轴按照奇异值进行了不同程度的拉伸，此时文档 x_i 在的坐标就是 D_k^T 的第 i 列 $[d_{1,i}\cdots d_{k,i}]^T$。

（4）词项与文档之间的相关性。

词项-文档近似矩阵 X 本身就体现了词项与文档的相关性，将式（5.15）进行改写：

$$\tilde{X}=T_k\Sigma_k D_k^T=T_k\Sigma_k^{1/2}\Sigma_k^{1/2}D_k \qquad (5.18)$$

以 $T_k\Sigma_k^{1/2}$ 为坐标系，第 j 个词项的概念表示为 $[\sqrt{\sigma_1}t_{j,1}\cdots\sqrt{\sigma_k}t_{j,k}]^T$；以 $D_k\Sigma_k^{1/2}$ 为坐标系，第 i 个文档的概念表示为 $[\sqrt{\sigma_1}d_{1,i}\cdots\sqrt{\sigma_k}d_{k,i}]^T$，从而导出第 j 个词项与第 i 个文档之间的相关度。

（5）新文档的概念表示。

前面介绍了语料集内部文档的概念表示和相似度计算方法。现在的问题是，如何得到语料集以外新的文档的概念表示呢？

如果记新的文档向量为 x'，以 $T_k\Sigma_k$ 的列向量为坐标系，x' 在新坐标系下的坐标记为 d'，根据式（5.17）可得

$$x'=T_k\Sigma_k d' \qquad (5.19)$$

等式两边同时左乘 $\Sigma_k^{-1}T_k^T$，求解后可得：

$$d'=\Sigma_k^{-1}T_k^T x' \qquad (5.20)$$

记 $F=\Sigma_k^{-1}T_k^T$ 为折叠矩阵（folding-in matrix），表示从词项空间"折叠"到概念空间的线性变换。

2. 概率潜在语义分析

尽管潜在语义分析（LSA）模型简单直观，但是缺乏深度的数理统计解释，同时，大规

模数据 SVD 运算的瓶颈也约束了 LSA 模型的应用。Thomas Hofmann 于 1999 年提出了概率潜在语义分析（PLSA）模型[Hofmann，1999]，将潜在语义分析从线性代数的框架发展成为概率统计的框架。

　　PLSA 是一种概率图模型，通过概率图阐述文本的生成过程。如图 5.1 所示，其中随机变量 d、w 和 z 分别表示文档、词项和主题。d、w 是可以观测到的变量，z 是无法直接观测的隐变量。M、N 和 K 分别表示词项数、文档数和主题数。PLSA 模型则将 LSA 模型中的文档-主题矩阵 $\boldsymbol{D}$ 和主题-词项矩阵 $\boldsymbol{T}$ 分别用文档-主题分布 $p(z|d)$ 和主题-词项分布 $p(w|z)$ 来刻画。$p(z_k|d_i)$ 表示给定文档 d_i 主题取值为 z_k 的概率，$p(w_j|z_k)$ 表示主题为 z_k 条件下词项取值为 w_j 的概率。

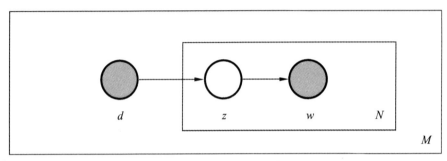

图 5.1　PLSA 模型概率图

PLSA 模型假设每个文档 d 的每个词项 w_j 是通过如下过程生成的：

① 依据概率 $p(d_i)$ 选择一个文档 d_i；

② 依据概率 $p(z_k|d_i)$ 选择一个潜在的概念，即主题 z_k；

③ 依据概率 $p(w_j|z_k)$ 生成一个词项 w_j。

由此得到观测变量（d_i，w_j）的联合分布为：

$$p(d_i, w_j) = p(d_i) \sum_{k=1}^{K} p(w_j \mid z_k) p(z_k \mid d_i)　　　　　（5.21）$$

其中，$p(w_j|z_k)$ 和 $p(z_k|d_i)$ 是模型有待确定的参数。

　　对于给定的观测数据，PLSA 模型基于最大似然估计学习参数 $p(w_j|z_k)$ 和 $p(z_k|d_i)$ 的取值。将训练语料视为多个文档的序列，每个文档由词项序列组成，那么可以得到观测变量联合分布的似然函数 L。由于隐变量的存在，似然函数 L 包含加法项的对数运算，难以直接进行最大似然估计，可以采用利用期望最大化（Expectation Maximization，EM）算法求解上述最大似然估计问题。PLSA 模型 EM 算法的具体推导过程稍微复杂，可以参阅论文[Mei and Zhai，2006]了解。

　　对于新的文档 d'，如何获得其主题分布呢？通常采用如下方法：保持原训练集上学习得到的参数 $p(w|z)$ 固定不变，然后在新文档 d' 上运行 EM 算法，迭代更新 $p(z|d')$，直至算法收敛。

3. 潜在狄利克雷分布

　　2003 年，David Blei、Andrew Ng 和 Michael Jordan 在 PLSA 模型的基础上，提出了一种更加泛化的文本主题模型，称作潜在狄利克雷分布（LDA）[Blei et al.，2003]。

　　在 PLSA 模型中，文档-主题分布 $p(z_k|d_i)$ 和主题-词项分布 $p(w_j|z_k)$ 是给定文档生成主题和

给定主题生成词项的依据，它们都服从类别分布（categorical distribution），令分布参数 $\phi_{kj} = p(w_j|z_k)$，$\Theta_{ik} = p(z_k|d_i)$，则 ϕ_{kj} 和 Θ_{ik} 都是确定型变量。而 LDA 模型将参数 ϕ_{kj} 和 Θ_{ik} 都视为随机变量，并以狄利克雷分布作为参数的先验分布。狄利克雷分布和类别分布形成一组共轭分布，并相应地将 PLSA 中的最大似然估计推广为贝叶斯估计。

LDA 是一种生成式贝叶斯概率模型，属于概率图模型中的贝叶斯网络。LDA 假设了一个文档集（语料库）中每篇文档的词的生成过程，在该过程中，每个词涉及一个称为"主题"的隐变量。在一个文档集上执行 LDA 就是"逆转"这个生成过程，通过观测变量单词推测"主题"隐变量。

LDA 模型参数符号的含义如表 5.2 所示。

LDA 假设文档的生成过程如下：

（1）对每个主题：

生成"主题-词项"分布参数 $\phi_k \sim \mathrm{Dir}(\beta)$；

（2）对每个文档：

生成"文档-主题"分布参数 $\theta_m \sim \mathrm{Dir}(\alpha)$；

（3）对当前文档的每个位置：

① 生成当前位置的所属主题：$z_{m,n} \sim \mathrm{Cat}(\theta_m)$；

② 根据当前位置的主题，以及"主题-词项"分布参数，生成当前位置对应的词项 $w_{m,n} \sim \mathrm{Cat}(\phi z_{m,n})$。

表 5.2 LDA 模型的主要参数

符 号	含 义
M	文档个数
K	主题个数
V	词项个数（词表维度）
α	θ_m 的先验分布超参数
β	ϕ_k 的先验分布超参数
θ_m	第 m 个文档的主题分布参数
ϕ_k	第 k 个主题的词项分布参数
N_m	第 m 个文档的长度
$z_{m,n}$	第 m 个文档第 n 个词对应的主题
$w_{m,n}$	第 m 个文档第 n 个词对应的词项
$z_m = \{z_{m,n}\}_{n=1}^{N_m}$	第 m 个文档对应的主题序列
$w_m = \{w_{m,n}\}_{n=1}^{N_m}$	第 m 个文档对应的词项序列
$w = \{w_m\}_{m=1}^{M}$	文档集对应的词项序列
$z = \{z_m\}_{m=1}^{M}$	文档集对应的主题序列

值得一提的是，[Blei et al., 2003]原始论文并没有为主题-词项分布参数引入 Dirichlet 先验分布，后续的 LDA 模型相关研究的文献对此进行了修正。此外，原始论文利用泊松分布刻画文档长度这一随机变量，对每个文档，首先根据泊松分布生成文档长度 $N_m \sim \mathrm{Poiss}(\varepsilon)$。但是，这个假设并不影响整个模型对于词项和主题分布的推理。在 LDA 后续的研究中，大都不再对文档的长度单独进行建模。

除了超参数 α 和 β，LDA 模型没有其他确定的参数，LDA 中的模型参数 θ_m 和 ϕ_k 是随机变量，符合 Dirichlet 先验分布。在概率图模型背景下，模型推断指的是根据特定的观测变量推断隐变量取值的过程。具体地讲，就是在给定观测数据 w 的条件下，基于贝叶斯推断方法对主题概率分布 $p(z|w)$ 进行推断，以及对 θ_m 和 ϕ_k 后验分布进行估计的过程。

LDA 模型难以进行精确地学习和推断。通常的解决方案是使用近似推断算法，如采用变分期望最大化算法（Variational Expectation Maximization）、期望传播（Expectation Propagation，EP）算法和马尔可夫链蒙特卡罗（Markov Chain Monte Carlo，MCMC）算法等。论文[Blei et al., 2003]中使用了变分 EM 算法进行模型学习，而论文[Griffiths and Steyvers, 2004]提出了基于 Gibbs 采样（Gibbs Sampling）的 LDA 近似推断算法。Gibbs 采样是马尔可夫链蒙特卡罗算法的一种代表。比较而言，Gibbs 采样算法更加简单有效，且易于工程实现，因此是主题模型中最常采用的参数估计方法。以下主要介绍这种算法。

MCMC 是一种基于马尔可夫链的分布模拟抽样方法，常常用于解决高维随机变量难以直接抽样的分布抽样问题。其基本思想是：设定一个马尔可夫链，使其平稳分布等于需要抽样的目标分布，通过在该马尔可夫链平稳分布上的采样模拟目标分布的采样。当马尔可夫链进入平稳状态之后，它的概率分布将收敛到唯一的平稳分布上，且每次转移都能生成该分布对应的样本。

Gibbs 采样是 MCMC 中一种最为简单和常见的实现方法。设目标分布是 $p(x)$，Gibbs 采样每次固定 x 的一个维度，根据其他维度的取值 $x^{(-i)}$ 推断 $x^{(i)}$ 维度上的分布来生成该维度的样本。

在最大似然估计和最大后验概率（MAP）框架中，模型参数是确定值，可以直接估计。LDA 基于贝叶斯推断框架，其模型参数服从一个分布，而非确定值，因此无法直接估计其值。但是可以计算参数的后验分布，并使用分布的统计量（如期望、方差）对参数性质进行描述。

根据 LDA 模型假设以及 Dirichelet-Multinomial 共轭分布的性质，不难得到"文档-主题"类别分布参数 θ_m 和"主题-词项"类别分布参数 ϕ_k 的后验分布，与其先验分布同样服从 Dirichelet 分布，同时可以用后验分布的期望值作为参数的估计值，根据 Dirichelet 分布期望的性质，可以得到"文档-主题"类别分布和"主题-词项"类别分布的估计。通过参数先验分布的引入弥补有限数据统计存在的缺陷，从而提高模型的泛化性能。

综上所述，Gibbs 采样算法对文本序列中的每个位置 i，通过采样 $p(z^{(i)}|z^{(-i)},w)$ 生成该位置对应的主题，从而构造出一个在各状态间转换的马尔可夫链，当马尔可夫链经过准备阶段，消除了初始参数的影响并进入平稳状态之后，该平稳分布就可以作为目标分布 $p(z|w)$ 的近似推断。

新文档 $d_{m'}$ 上的"文档-主题"分布 $\theta_{m'}$ 的推断，需要在训练集 Gibbs 采样的基础上继续在 $d_{m'}$ 上运行 Gibbs 采样。以训练集中学习得到的"主题-词项"分布 ϕ_k 作为基础，在采样器中保持其不变，仅针对 θ_m 重新采样。采样收敛后，使用期望作为对新文档主题分布的估计。

5.4 藏文文本表示方法研究

藏文文本的表示是藏文文本信息处理的基础，是将非结构化的藏文文本数据转化为结构化数据的有效手段，是实现藏文文本相似度处理、文本分类、聚类和文本信息抽取等应用的关键步骤之一。在藏文文本的表示方法上，徐涛等针对现有的文本表示模型基础上，提出将卡方统计量引入文本的特征提取和特征权值分析的而构建的藏文文本表示方法。

卡方检验是数理统计中一种常用的检验 2 个变量独立性的方法，由统计学家皮尔逊 1899年提出的用于检验实际分布与理论分布配合程度，即配合度检验（Goodness-of-FitTest），最基本思想就是通过观察实际值（f_0）与理论值（f_e）的偏差（Bias）来确定理论的正确与否。实际观察值与理论值的偏差，又称期望次数之差的平方再除以理论值所得的统计量。

该方法首先从单文本中选取一组词项 H（通过语料分析词项的 TF-IDF 值），将文本中的每个句子看成为一个主题句子，计算文档中词项 t_i（包括词项 H 中的词项）与 H 中的词项 h在每个句子中的共现分布率 $f_0(t_i, h)$。通过卡方统计量来计算 t_i 与 h 的关联程度（degree of bias），$N_i P_h$ 为期望值，N_i 为 t_i 与 H 中词项总的共现次数，P_h 为词项 h 的 TF-IDF 值，得到词项 t_i 的卡方统计量定义如下：

$$\chi^2(t_i) = \sum_{h \in H} \frac{(f_0(t_i, h) - N_i P_h)^2}{N_i P_h} \tag{5.22}$$

该方法认为文本的一组词项 H 所包含的词项，它们都具有当前文本其他词项无可比拟的高 *TF-IDF* 值，虽然它们只是从词频的角度计算而来，但是从某种角度讲，它们对全文有一定的概括性。方法中将 H 假设为文本的概括，计算每个词项 t_i 与 H 中词项之间的关联程度，以统计学中的卡方统计量来表示它们之间的关联程度，则词项 t_i 与所有 H 中的卡方统计量之和记为 $\chi^2(t_i)$[见式（5.22）]，因此，$\chi^2(t_i)$ 被看作与整个文本的关联程度。即 $\chi^2(t_i)$ 值越大，表明词项 t_i 与文本的关联程度越大，就越能表示文本而作为文本的特征词项。

该方法中还针对用来表示藏文中词、句、段、章结尾的标记符号功能的不明确性，该方法提出融合最大熵模型（Maximum Entropy Model，MEM）、语法规则及藏文显式关联词库的方法，基本思路是对藏文的标点、句末规则进行分析，形成规则，对文本进行初提取，并得出候选句子，经过以关联词为基础的藏文复句分析，将候选句子的相关分句进行合并形成二次候选句子。使用训练语料，自动获取适当的上下文特征形成多种特征模板作为候选特征模板，分别采用最大熵训练模型，选出最佳模板。以此最佳模板和模型对二次候选句子进行处理，最后输出藏文句子。

句子切分后将每个句子后边以"/w ="作为句尾标志。计算文本词项的 *TF-IDF* 值，为方便后续计算，先建立一个词项词典库和一个预定义文本特征库，词典库格式为：$Dic = \{$词项 ID，词项 t，出现文本，$df_t\}$。预定义文本特征库中，对每个文档格式化如下：$d = \{$词项 ID，词项 t，$w_t\}$，并按词项的 w_t 进行降序排列。

该方法将每一个句子作为一个主题，利用每句藏文句子词的共现次数来计算计算得到词项间的语义相似度，词项间的共现是指在某一语境中，词项对（t_i，t_j）共现的次数，视为 Freq(t_i, t_j)。但在文本中，语境的长短不一，如果某个词项 t_i 出现在一个比较长的语境中，那么它可能会和较多词项共现；反之，如果出现在一个比较短的语境中，那么它将与相对较少的词共现。因此，在式（5.22）的词项共现中考虑语境长度。即在式（5.22）中 N_i 为：

$$N_i = \sum_{v \in n} \frac{\text{Freq}_v(t_i, h)}{|s_v|} \tag{5.23}$$

其中，n 表示文本中共有 n 个句子语境单元；$v(v \leq n)$ 表示第 v 个句子语境；Freq$_v(t_i, h)$ 表示词

项 t_i 在第 v 个语境单元中与 H（为文档中 $TF\text{-}IDF$ 值前 Hp 的词项，Hp 为平衡系数）中的词项的共现率总和。$|S_v|$ 为文本中第 v 个句子语境的长度，即词汇个数。

如果某个词项 t_i 与某个特殊的词项 $h \in H$ 具有非常高的卡方统计量 χ^2，但是 t_i 很有可能是这个事 h 的修饰语，而这个修饰语与文档主题的贡献并不大，因此，该方法还通过以下公式来计算词项卡方统计量的健壮性：

$$\chi^2(t_i) = \chi^2(t_i) - \max_{h \in H} \frac{(f_0(t_i, h) - N_i P_h)^2}{N_i P_h} \qquad (5.24)$$

作者基于包含报纸、网络书籍等类型并且涵盖了军事、政治、体育、娱乐等各种方面内容的藏文文本平衡语料库对提出的方法进行了验证。通过对文本语料进行断句、卡方统计量分析文本表示方法应用到文本相似度计算中，分析结果表明当文档中的对比词项集所占文档词项比例为 35% 时，所获取相似度准确率达到 90% 以上，能很好地对文档内容进行区分，这种方法也准确地实现藏文文本的表示。

第 6 章

藏文文本分类算法研究

6.1 文本分类概述

6.1.1 文本分类定义

分类问题是非常典型的数据分析问题，在数据挖掘领域的分类，是指基于已知属性对所属类别进行判断。文本分类也经常称为文档分类，文档这个词概括了任何形式的文本内容，是分类处理的对象，可以定义为思想或事件的一些具体的表示，这些表示可以是书面、语言记录、绘画或演讲等形式。这里，使用文档这个词来表示文本数据。

文本分类也为称为文本归类，这里使用文本分类这个词有两个原因：第一个原因是我们要分类文档，文本分类和文本归类具有相同的本质；第二个原因是我们将用分类或有监督机器学习方法来分类或归类文档。文本分类具有很多方法，本书将重点关注用于分类的有监督方法。

假设有一个预定义的类集合，文本或文档分类是将文档指定到一个或多个分类或类型的过程。这里的文档就是文本文档，每个文档包含单词组成的句子或段落。一个文本分类系统基于文档的内置属性，能够按照一定的分类体系成功地将每个文档分类到正确的类别中。数学上，可以做如下定义：假设 d 是文档 D 的描述或属性，$d \in D$，具有一组预先定义的类别或分类 $C = \{c_1, c_2, \cdots, c_n\}$。真实的文档 D 可能拥有很多内在的属性，这使得 D 成为高维空间的一个实体。使用这个空间的一个子集，其是包含一组有限的描述或特征的集合，表示为 d，可以使用文本分类系统 T 成功地将原始文档 D 划分到正确的类型 C，可以表示为 $T: D \rightarrow C_x$。

文本分类具有很多划分方法，本章主要介绍两种基于文档内容类型的分类：

（1）基于内容的分类。

（2）基于请求的分类。

这两类的差异在于文本文档分类方法背后的思想或理念，而不在于具体的技术算法与过程。基于内容的分类是根据文本内容主题或题目的属性或权重来进行文档分类。举一个概念性的例子，一本书有 30% 以上的内容是关于食物准备的，这本书可以归为烹饪菜谱类。基于请求的分类受到用户需求的影响，其目标是特定的用户群和读者，这类分类受到特殊策略和思想的控制。

6.1.2　自动文本分类

根据前面对文本分类的定义和范围的描述可以得知，假设几个人通过浏览每个文档并进行分类完成文本分类任务，那么他们就是我们所讨论的文档分类系统的一部分。然而，一旦文档数量超过百万并且需要快速进行分类处理时，该方法则不能很好地扩展。为了使文本分类的过程更加高效和快速，就需要思考文本分类任务的自动化，即为当前分类问题的主要方式：自动文本分类。

为实现自动文本分类，可以充分利用一些机器学习的技术和概念。这里主要有有监督机器学习和无监督机器学习两类与解决该问题相关的技术。接下来，让我们更加深入地了解有监督机器学习和无监督机器学习算法，从机器学习方面了解如何利用这些算法进行文本文件分类。

无监督学习指的是不需要提前标注训练数据样本来建立模型的具体的机器学习技术或算法。通常，有一个数据点集合，它可以是文本或数字类型的，这取决于要解决的具体问题。我们通过名为"特征提取"的过程从每个数据中提取特征，然后将来自每个数据的特征集合输入算法。我们尽力从这些数据中提取有意义的模式，例如使用聚类或基于主题模型的文本摘要技术对相似的数据进行分组。这项技术在文本分类中非常有用的，也称为文档聚类，即仅仅依靠文档的特征、相似度和属性，而不需要使用标注数据训练任何模型进行文档分组。后续的章节将进一步讨论无监督学习的应用。

有监督学习指的是训练预标注数据样本（也称为训练数据）的具体机器学习技术或算法。使用特征提取从数据中提取特征或属性，对于每个数据点，都将拥有特征集和对应的类型/标签。算法从训练数据中学习每个分类的不同模式。学习完成后得到一个训练好的模型。后期将待测试数据样本的特征送入这个模型，模型就可以预测这些测试数据样本的分类。这样机器就学会了如何基于训练的数据样本预测未知的新数据样本的分类。

目前，有两种主要的有监督学习算法：

● 分类：当预测的输出是离散的类型时，有监督学习的过程称为分类，因此这种情况下输出变量是类别的变量。这样的例子有新闻分类或电影分类。

● 回归：当希望输出的结果是连续的数值变量时，有监督机器学习算法称为回归算法。这样的例子有房屋价格或人的体重。

本章主要关注的是文档分类问题，即为实现将文本文件划分为离散的类别或分类，后面的实现过程中继续讨论有监督学习方法中的分类问题。

首先从数学上对自动或基于机器的文本分类过程进行定义：有一个文档集合，集合中文档带有相应的类别或分类标签。这个集合可以用 TS 表示，这是一个文档和标签对的集合，$TS = \{(d_1, c_1), (d_2, c_2), \cdots, (d_n, c_n)\}$，其中 $d_1, d_2, \cdots, d_n$ 是文本列表，$c_1, c_2, \cdots, c_n$ 是这些文本对应的类型。这里 $c_x \in C = \{c_1, c_2, \cdots, c_n\}$，其中 c_n 表示文档 x 对应的类型，C 表示所有可能离散分类的集合，集合中任何元素可能是文档的一个或多个类型。假设已经收集完成训练数据集 TS，通过定义一个有监督学习算法 F，当算法在训练数据 TS 集上训练学习之后，得到训练好的分类器 γ，可以表示为 $F(TS) = \gamma$。因此，有监督学习算法 F 使用输入集（document，class）对 TS，得到训练的分类器 γ 就是最终的分类模型，上述过程称之为训练过程。

在这个模型中输入一个新的、未知的文档 ND，可以预测文档的类型 c_{ND}，使得 $c_{ND} \in C$。这一过程称为预测过程，可以表示为 $\gamma: TD \to c_{ND}$。这样我们看到有监督文本分类过程有训练和预测两个主要的过程。

这里要强调的是有监督文本分类也需要一些手工标注的训练数据，因此，自动文本分类也是有限定条件的自动，仍然需要前期以手工的类型标注工作作为基础数据来启动自动处理过程。当然，这种手工任务相对大数据来说只是很少一部分，即为利用较少的努力和人力监督工作来实现模型构建，利用模型实现新文档的预测与分类。

下面将重点讲解一些有监督的机器学习算法，并使用它们解决真实的文本分类问题。这些算法通常在训练数据集上进行训练，在一个可选的验证数据集上进行验证以避免模型在训练数据上过拟合。过拟合基本的意思是对于新的文本实例，模型不能很好地推广和准确地预测。通常可以使学习算法多次调优模型内部参数，使用性能度量（如验证集的准确率）或使用交叉验证未评估性能。交叉验证时，使用随机采样将训练数据分为训练集和验证集。这些构成了训练过程，其输出是完全训练好的模型，可以进行预测。在预测阶段，一般使用测试数据集中新的数据。在规范化处理和特征提取之后，将它们送入训练好的模型，然后通过评估预测性能来观察模型执行的好坏程度。

基于预测类型的数量和预测的本质，有多种文本分类类型，这些类型基于数据集、与数据集相关的类型或类别数量、数据点上可以预测的类型数量。具体类型包括以下几种：

（1）二元分类是当离散类型或类别的数量是 2 时，任何预测可以是二者之一。

（2）多类分类也称为多元分类，指的是当一个问题中类型的数量超过 2 时，每个预测给出这些类型中的一个类或类别。当全部类型数量超过 2 时，这是二元分类问题的一个扩展。

（3）多标签分类指的是对于任何数据，每个预测结果可以产生多个结果/预测类型。

6.1.3 文本分类的基本流程

前面已经了解了自动文本分类的基本范围，本节将介绍建立自动文本分类系统的基本流程。这包括在前面提到的训练和测试阶段必须要完成的一系列步骤。为建立文本分类系统，需要确认数据来源并获取了这些数据，可以开始将这些数据送入系统。假设已经下载了数据集，并且准备好了数据，下面给出一个文本分类系统典型工作流程的主要步骤：

（1）准备训练和测试数据。

（2）文本规范化处理。

（3）特征抽取。

（4）模型训练。

（5）模型预测与评估。

（6）模型部署。

为建立文本分类器，需要按照顺序执行这些步骤。图 6.1 显示了文本分类系统详细的工作流程，主要处理过程突出地显示在训练和预测部分。

注意，这里有训练和预测两个主要的矩形框，它们表示的是建立文本分类器的两个主要过程。通常情况下，将数据集划分为两个或三个部分，分别称为训练集、验证集（可选）和测试集。在图 6.1 中，可以看到两个过程都用到了文本规范化处理和特征提取模块，这说明无论我们想对哪个文档进行分类或预测它的类型，这个文档在训练和预测阶段都必须执行相同的转换处理。首先对每个文档进行预处理和规范化处理，然后提取与该文档有关的特征。这些过程在训练过程和预测过程总是保持一致，以确保分类模型保持预测的一致性。

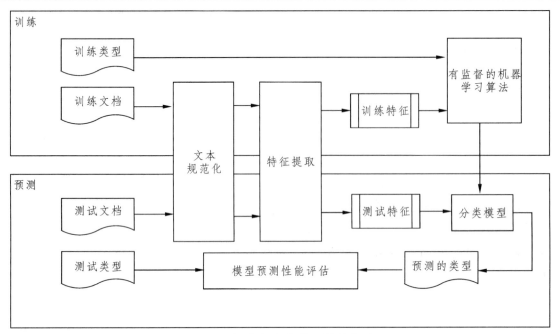

图 6.1　自动文本分类系统结构图

在训练过程中，每个文档都有对应的分类或类型，这些分类或类型是提前手工标注和组织的。这些训练文档在文本规范化模块中处理和规范化，输出整齐和标准化的文档。接着将它们送入特征提取模块，这一模块使用不同的特征提取技术从文档中提取有意义的特征。

下面的章节先介绍主流的特征提取技术。因为标准的机器学习算法处理的是数字向量，所以这些特征通常是数组或向量。一旦获得特征后，就可以选择有监督的学习方法并训练模型了。

训练模型过程需要将文档的特征向量和每个文档对应的标签送入，使得算法可以学习每个分类或类型对应的不同模式，可以重用这些学习到的知识预测未来新文档的分类。一般情况下，使用一个可选的验证数据集来评估分类算法的性能，以确保算法使用训练过程中的数据获得较好的推广能力。训练过程结束后，这些特征和机器学习算法的组合产生了分类模型。通常情况下，会使用不同的参数对这个模型进行调优以获得一个性能更好的模型，这一过程称为超参数调优。

图 6.1 中显示的预测过程包括预测新文档的类型或评估在测试数据上预测的工作原理两个部分。测试数据集文档经过同样的规范化处理和特征提取过程后，这些文档的特征被送到训练好的分类模型，这个模型根据前期训练好的模式预测每个文档可能的类标签。如果有手工标注的这些文档的真实类标签，可以通过使用不同度量标准（比如准确率）比较真实标签和预测标签，评估这个模型的性能。这将反映模型对于新文档的预测性能。

一旦获得了一个稳定的、可工作的模型，最后一步通常是部署这个模型，包括存储这个模型和相关依赖的文件，将模型部署为一个服务或者可执行程序，它批量预测新文档的类型，或以 Web 服务的形式满足用户请求。这里有很多不同的机器学习模型部署方法，通常取决于后续如何访问这些模型。

6.1.4　文本分类的应用领域

文本分类主要的应用是在信息检索领域。搜索引擎可以根据用户输入的关键词从索引库中提取特定的网页或文本对象，并将其反馈给在线用户。搜索引擎反馈的文档可以分为两类，即相关文档和不相关文档。其中，相关文档是指满足用户需求的文档对象，不相关文档是指与用户检索需求无关、不需要被用户浏览或关注的文档。

大多数搜索引擎系统的核心任务是，构造一个区分文档是否相关、是否满足用户需求的二元分类器。该分类器可以对候选集合中的文档进行分类判别，并把相关文档反馈给用户以供其浏览、分析、处理。搜索引擎的核心技术在于对文档分类器进行设计与优化。

此外，在电子商务领域，用户可以浏览到大量关于产品或者服务的在线口碑信息，这些信息可以帮助用户对在线产品做出购买决策。然而，很多产品的在线评论数量成千上万，用户难以在有限的时间内对评论内容进行浏览和综合分析，经常只能随机地抽取一些评论去感受消费群体的整体观点。人工浏览在线口碑的方法耗时耗力，且结论不够客观。因此，可以用文本分类技术将在线评论的整体观点划分为"正面"（positive）和"反面"（negative）两种基本观点。基于分类结果，用户可以根据在线信息对产品或服务产生更客观、准确的认知。

文本分类技术还可以用来识别网络环境中具有潜在危害的内容和对象。例如，文本分类技术可以对网页内文本进行分析，从而判断网页是否包含色情、暴力、犯罪等负面内容。将这些负面内容进行分类与过滤，一方面可以起到净化网络环境的作用，另一方面可以帮助管理者提前识别危机并采取相应措施。当前，文本分类技术已经被广泛地应用于舆情管理，相关部门通过对主流社交媒体的信息进行监控，可以发现潜在的危害社会的内容和对象，并采取有效的社会管理方案与措施。

6.2 文本特征提取方法

6.2.1 频率统计法

频率统计方法之一是词频统计法。词频（Term Frequency，TF）通过计算某一类文档中的词条出现的频率，当这个频率必须大于事先设定的最小频率值，才对词条给予保留，作为代表该文档信息的特征项。词频特征选择算法实现起来很简单、直观、算法复杂度很低，它通常被认为是一个提高效率的有效方法。但是词频特征选择算法的弊端也是显而易见，该算法在选择特征项时只计算特征项在文档中出现频率来决定词条是否作为特征项，而没有考虑特征项的含义及与文档类别的相关性中，这是词频特征选择算法的主要不足之处之一。

频率统计方法之二是文档频率法。文档频率（Document Frequency，DF）对所有的数据集中出现同一个词条的文本数量进行统计，然后通过统计的结果进行特征选择。其基本思路是：预先设置一个最小阈值和一个最大阈值，作为选择特征项的决定条件，对所有预处理后的文本集中每一个词计算其对应的文档数量，若该词的文档频率没有在事先设置最大和最小阈值之间，那么该词给予删除，否则作为特征项。文档频次通过在训练文档数量中计算线性近似复杂度来衡量巨大的文档集，计算复杂度较低，能够适用于任何语料，因此是特征降维的常用方法。文档频率的优点在于时间复杂度低，运用到大语料库中具有很好的效果；缺点是容易舍弃含有代表文本信息的稀有词，最终影响到文本分类的正确率。

6.2.2　互信息法

互信息（Mutual Information，MI）是基于特定的词频 t 和类别 c 定义的统计量，该指标用于描述词汇 t 对文档属于类别 c 的正确判断提供的信息价值，反映的是词汇 t 和类别 c 这两个随机变量之间的相关程度。具体来说，对于给定的语料，首先针对每个特征 t_i 和每个类别 c_j 统计表 6.1 中的数值。其中 N_{t_i,c_j} 表示特征项 t_i 在第 c_j 类文档中出现的文档频率，$N_{t_i,\bar{c}_j}$ 表示特征项 t_i 在所有非第 c_j 类文档中出现的文档频率，$N_{\bar{t}_i,c_j}$ 表示 t_i 以外的所有特征项在第 c_j 类文档中出现的文档频率，$N_{\bar{t}_i,\bar{c}_j}$ 表示 t_i 以外的所有特征项在所有非第 c_j 类文档中出现的文档频率，N 表示文档总数。

表 6.1　按特征和类别统计的文档频率

特征	类别	
	c_j	$\bar{c}_j$
t_j	t_i,c_j	$t_i,\bar{c}_j$
$\bar{t}_j$	$\bar{t}_i,c_j$	$\bar{t}_i,\bar{c}_j$

之后，根据最大似然估计原理，用频率估计 $p(c_j)$、$p(t_i)$、$p(c_j|t_i)$、$p(c_j|\bar{t}_i)$ 的概率值，为了防止出现零概率事件，$p(c_j|t_i)$ 和 $p(c_j|\bar{t}_i)$ 的估计可使用拉普拉斯平滑（Laplace Smoothing）（分母中的 M 为类别数）。那么 t_i 和 c_j 之间的互信息 $I(t_i,c_j)$ 可以计算为

$$I(t_i,c_j) = \log \frac{N_{t_i,c_j} N}{(N_{t_i,c_j} + N_{\bar{t}_i,c_j})(N_{t_i,c_j} + N_{t_i,\bar{c}_j})} \tag{6.1}$$

为了衡量特征项 t_i 对于全部类别的信息量，可以对各类按概率加权平均（也可以理解为特征项 t_i 与类别随机变量 C 的互信息）

$$I_{\text{avg}}(t_i) = \sum_j p(c_j) I(t_i,c_j) \tag{6.2}$$

或者取各类中的最大值

$$I_{\max}(t_i) = \max_j \{I(t_i,c_j)\} \tag{6.3}$$

作为该特征的互信息值。

特征选择的过程是对全部的特征项计算互信息值，按照得分进行排序，最终选择排在前面的一部分特征作为优选的特征子集。

6.2.3　信息增益法

信息增益（Information Gain，IG）是指在给定随机变量 X 的条件下，随机变量 Y 的不确定性减少的程度，这种减少的程度用 Y 的熵 $H(Y)$ 与条件熵 $H(YX)$ 之间的差值表示。在文本分类任务的特征选择中，将特征项 $T \in \{t_i, \bar{t}_i\}$ 看作一个服从伯努利分布（Bernoullidistribution，也称 0-1 分布）的二元随机变量，同时将类别 C 视为服从类别分布（categorical distribution）的随机变量，那么，信息增益定义为熵 $H(C)$ 与条件熵 $H(C|T_i)$ 的差值。

信息增益考虑了两种情形，因此可以写成互信息 $I(t_i,c_j)$ 和 $I(\bar{t}_i,c)$ 的加权平均值[Yang and

Pedersen，1997]，总的来说，IG 法进行文本分类特征选择的效果比 MI 法更好。

6.2.4 卡方检验法

卡方（χ^2）检验是以分布为基础的一种假设检验方法，其基本思想是通过计算观察值与期望值的偏差确定假设是否成立。卡方检验常用于检测两个随机变量的独立性。在特征选择中，定义特征项 $T_i \in \{t_i, \bar{t_i}\}$ 和类别 $C_j \in \{c_j, \bar{c_j}\}$ 分别为服从伯努利分布的二元随机变量，t_i 和 $\bar{t_i}$ 分别表示特征项 t_i 出现和不出现，c_j 和 $\bar{c_j}$ 可分别表示文档类别是否为 c_j。

利用 χ^2 指标对词汇特征进行筛选的思路是：首先假定词汇 t 与类别 c 的分类是无关的，其次构建 χ^2 统计量，如果该统计量大于某一个阈值，则说明独立假设失效，则对应的结论就是：词汇与分类结果是相关的，词汇特征在分类器中应予以考虑。具体方法是：首先提出原假设为 T_i 和 C_j 相互独立，即 $p(T_i, C_j) = p(T_i)p(C_j)$。对于每个特征项 T_i 和每个类别 C_j，计算如下统计量：

$$\chi^2(T_i, C_j) = \sum_{T_i \in (t_i, \bar{t_i})} \sum_{c_j \in (c_j, \bar{c_j})} \frac{(N_{T_i, c_j} - E_{T_i, c_j})^2}{E_{T_i, c_j}} \tag{6.4}$$

其中，N 是观察频率，E 是符合原假设的期望频率。例如，N_{t_i, c_j} 是基于样本集观测得到的特征项 t_i 出现在第 c_j 类文档中的文档频率，E_{t_i, c_j} 是指在原假设成立条件下特征项 t_i 出现在第 c_j 类文档中的期望频率。由于 E_{t_i, c_j} 是基于 t_i 和 c_j 的独立性假设提出的，所以有如下计算：

$$E_{t_i, c_j} = N \cdot P(t_j) \cdot P(c_j) = N \cdot \frac{N_{t_i, c_j} + N_{t_i, \bar{c_j}}}{N} \cdot \frac{N_{t_i, c_j} + N_{\bar{t_i}, c_j}}{N} \tag{6.5}$$

通过式（6.4）和（6.5）可以发现，$\chi^2(T_i, C_j)$ 值越高，说明 T 与 C 之间的独立假设越不成立，它们的相关性越高，即为对应的特征项 t_i 越适合作对类别 c_j 进行分类预测的特征。

6.2.5 其他方法

文献[Li et al.，2000]提出了一种加权对数似然概率（Weightedlog-Like Lihood Ratio，WLLR）指标用于度量特征项 t_i 和类别 c_j 的相关性：

$$\text{WLLR}(t_i, c_j) = p(t_i \mid c_j) \log \frac{p(t_i \mid c_j)}{p(t_i \mid \bar{c_j})} \tag{6.6}$$

文献[Lietal.，2009]进步分析了 MI、IG、χ^2 和 WLLR 等 6 种特征选择方法，发现频率 $p(t_i|c_j)$ 和比率 $\frac{p(t_i \mid c_j)}{p(t_i \mid \bar{c_j})}$ 是各种特征选择的两个基本度量，上述特征选择方法均可以写成两个度量的组合形式，并据此提出一种通用的加权频率和比率（Weighted Frequence and Odd，WFO）方法：

$$\text{WFO}(t_i, c_j) = p(t_i \mid c_j)^{\lambda} \left[\log \frac{p(t_i \mid c_j)}{p(t_i \mid \bar{c_j})} \right]^{1-\lambda} \tag{6.7}$$

根据上文提及的方法，在选取词汇特征时，只需要根据计算的指标进行排序，并选取指标较大（较小）的那些词汇即可。

6.3   文本分类算法

6.3.1   朴素贝叶斯模型

贝叶斯模型属于生成式模型，它对样本的观测和类别状态的联合分布 $p(x,y)$ 进行建模。在实际应用中，联合分布转换为类别的先验分布 $p(y)$ 与类条件分布 $p(x|y)$ 乘积的形式：$p(x,y) = p(y)p(x|y)$。前者可以分别使用伯努力分布和类别分布建模两类和多类分类的类别先验概率，但类条件分布 $p(x|y)$ 的估计问题是贝叶斯模型的难题。

在文本分类任务中，为了解决上述难题，需要对文本的类条件分布做进一步简化。一种通常的做法是忽略文本中的词序关系，假设各个特征词的位置是可以互换的，即前面所说的词袋模型。在数学上，这样的简化可以表示为在给定类别的条件下，词与词相互独立的假设。基于这一假设，类条件下的文本分布可以用多项分布刻画。这与判别式模型（discriminative model）中文本表示采用词频权重的向量空间模型的做法是一致的。基于以上条件的贝叶斯模型称为朴素贝叶斯模型（Naive Bayes，NB），它的本质是用混合的多项式分布刻画文本分布。虽然朴素贝叶斯模型具有很强的假设条件，但是在文本分类和情感分类任务中，仍然不失为简单高效的经典分类算法。

朴素贝叶斯模型是一种简化的贝叶斯分类器，观测向量 x 和类别 y 的联合分布为：

$$p(x,y) = p(y)p(x|y) \tag{6.8}$$

对联合分布进行建模。通常假设类别变量 y 服从伯努利分布（两类问题）或分类分布（categorical distribution）（多类问题），并根据实际任务对 $p(x|y)$ 进行合理假设。朴素贝叶斯分类器之所以称作"朴素"，是因为它有一个很强的条件独立性假设：在给定类别的条件下，各个特征项之间相互独立。在图像分类等任务中，常常假设 $p(x|y)$ 符合高斯分布，而在文本分类任务中，$p(x|y)$ 常见的分布假设有两种[McCallum and Nigam, 1998]：多项分布模型（multinomial model）和多变量伯努利分布模型（multi-variate Bernoulli model）。其中多变量伯努利分布假设只关心特征项是否出现，而不记录出现的频次，在实际应用中，其效果往往不及多项分布假设。因此，在文本分类任务中，不加特别说明的朴素贝叶斯模型往往都是指基于多项式分布假设的朴素贝叶斯模型。在多项式模型中，文档向量的维度是文档被分词后的词汇链长度 N，而不是词典的长度。因此，在该模型中，向量每个维度上的内容表示文档在对应位置上出现的特定词汇。下面以多项分布模型为例介绍朴素贝叶斯模型。

定义文档 d 的向量表示为 $[e_1, e_2, \cdots, e_N]$，向量长度为文档长度 N，e_k（$k = 1, \cdots, N$）为位置 k 上出现的词汇序号，是取值可能性大小为 $|V|$ 的分类变量，C 为所有类别的集合。根据朴素贝叶斯模型，在预测分类结果表示为：

$$c_d = \arg\max_{c \in C} P(c \mid e_1, e_2, \cdots, e_N) = \arg\max_{c \in C}[\log P(c) + \sum_{1 < k < N} \log P(e_k \mid c)] \tag{6.9}$$

模型的待估计参数有 $P(c)$ 和 $P(e_k|c)$，其中，$P(c)$ 是文档被分类为 c 的先验概率，面 $P(e_k|c)$ 是类别 c 的文档中在第 k 个词汇位置出现 e_k 的概率。对于后者，待估计的参数个数为 $|C| \times N \times V$。考虑文档的长度通常很长，其变化区间大小理论上是 $0 \sim +\infty$，则 N 趋于无穷大。那么待估计参数个数则不可穷尽，为了解决该问题，同样需要定义位置独立假设：文档中的任意词汇位

置上词汇出现的概率分布是一样的。于是，待估计的参数个数变为$|C| \times V$，采用极大似然估计可得$P(c)$的表示为：

$$P(c) = \frac{N_c}{N} \tag{6.10}$$

分类结果的先验分布与伯努利模型中的结果是一样的，但特征项出现的条件概率有所差异，有

$$P(e|c) = \frac{n_{ce}}{\sum_{e'} n_{ce'}} \tag{6.11}$$

其中，$P(e|c)$表示给定分类c时词汇e在文档任意位置上出现的概率；n_{ce}表示在类别c中词汇e出现的频率；$\sum_{e'} n_{ce'}$统计了类别c中所有词汇的出现次数。从式（6.11）可以看出，多项式模型中，不仅考虑了词汇是否在文档中出现，还考虑了词汇在文档中出现的频率。

但是在文档集合中，有些词汇可能只在文档的"正例"或"反例"中出现，或在两个类别中均未出现。在这种情况下，对分类器的参数估计或者无法判断，或者会过拟合。因此需要采用 Laplace 平滑的方法对参数估计结果进行调整，即考虑人工定义的词项在文档中的先验分布。原始的模型中，词汇项在文档中某个位置出现的概率表示为式（6.11）的形式，经过平滑后，词汇项在文档中某个位置出现的概率为：

$$P(e|c) = \frac{n_{ce} + 1}{\sum_{e'} (n_{ce'} + 1)} \tag{6.12}$$

基于平滑，可以避免出现"零概率"的模型参数，这种平滑方法是假设各个词汇的出现概率符合均匀分布（平滑值取 1，是指对于先验事件，在每个类别中每个词汇只出现 1 次）。平滑系数可以选择比 1 大或者比 1 小的数来调节训练集合中文档内容对模型参数估计的影响力。此外，平滑算法也可以采用设置广义参数的方法，即为：

$$P(e|c) = \frac{n_{ce} + \alpha_{ce}}{\sum_{e'} n_{ce'} + \sum_{e'} \alpha_{ce'}} \tag{6.13}$$

其中，α_{ce}是对应词项在特定类别中出现的先验概率，可以基于其他渠道构建有关α_{ce}的指标。

6.3.2 支持向量机算法

1. 硬间隔 SVM

支持向量机（Support Vector Machine，SVM）是统计机器学习领域负有盛名的分类算法。它的两个核心思想：① 寻找具有最大类间距离的决策面；② 通过核函数（kernel function）在低维空间计算并构建分类面，将低维不可分问题转化为高维可分问题。

SVM 用于为高维向量空间中的点确定一个超平面对其进行二元划分，也可以用于文本对象的分类。超平面两边的点属于不同的类型，确定了超平面就相当于确定了分类模型的边界。SVM 本质上就是解决决策目标为"和所有样本点距离最远"同时约束条件为"将所有样本分开"的优化问题。因此，SVM 问题可以表示为优化问题，假设所有样本和分类边界至少应该保持的距离为γ，分类标签为y_i，w和b为是需要进行优化的模型参数，则 SVM 的目的就是要让这个距

离最大；对于分类标签 y_i，"正例"对应"+1"，"负例"对应"-1"；分类超平面可以写为：

$$wx+b = 0 \tag{6.14}$$

此时，分类决策函数为：

$$f(x) = \text{sign}(wx+b) \tag{6.15}$$

其中，$\text{sign}(\cdot)$ 是判断符号方向的函数。为了规范优化问题，原始的优化问题可以进一步转化为：

$$\max_{w,b} \frac{1}{2}\|w\|^2$$
$$\text{s.t.} \quad y_i(wx_i+b)-1 \geqslant 0 \qquad i = 1,\cdots,N \tag{6.16}$$

上述问题是一个有约束的优化问题，通常直接求解比较困难。因此，一般需要采取些方程变化技巧对约束条件进行处理。此处，采用构造拉格朗日乘子的方式求解优化问题。定义拉格朗日函数为：

$$L(w,b,\alpha) = \frac{1}{2}\|w\|^2 - \sum_{i=1}^{N} \alpha_i y_i(wx_i+b) + \sum_{i=1}^{N} \alpha_i \tag{6.17}$$

其中，$\alpha_i \geqslant 0$。那么求解原优化问题等价于求解：

$$\min_{w,b} \max_{\alpha} L(w,b,a) \tag{6.18}$$

由于与约束条件相关的拉格朗日乘子 α_i 比较多，故直接求解该问题非常复杂，可以转化为求解其对偶问题，即

$$\max_{\alpha} \min_{w,b} L(w,b,a) \tag{6.19}$$

先求解里面的极小化问题，之后求解外层优化问题，获得最优解 $\alpha^* = (\alpha_1^*,\cdots,\alpha_N^*)$，基于 α^*，可以按照下式计算分类超平面的参数 (w,b)，有

$$w^* = \sum_{i=1}^{N} \alpha_i^* y_i x_i \tag{6.20}$$

$$b^* = y_j - \sum_{i=1}^{N} \alpha_i^* y_i(x_i x_j) \tag{6.21}$$

其中，y_j 是与拉格朗日乘子 α_j^* 对应的样本分类取值，有 $\alpha_j^* > 0$。可以证明，上述优化问题中至少存在一个 α_j^* 满足大于 0 的条件。从上式可看出，大部分 α_i^* 都为 0，对应的约束条件都不产生作用，对于少部分 $\alpha_i^* > 0$ 的项，其约束条件是发挥作用的。因此，实际情况中，只有 $\alpha_i^* > 0$ 的项对应的样本数据 (x_i,y) 对分割超平面的位置产生影响，并由此可以得到分类面仅由分类边界上的样本所支撑，这些样本被称为支持向量。

2. 软间隔 SVM

前面我们是假定所有的训练样本在样本空间或特征空间中是严格线性可分的，即存在一个超平面能把不同类的样本完全分开，但是很多情况下针对给定的约束条件，并不存在可行

解，即数据集合根本无法被任何超平面分割，这类 SVM 问题也叫作线性不可分问题。这种情况下，就需要适当地修正优化问题的约束条件和优化目标，从而使得求解优化问题可以有效地分类模型。

在改进的 SVM 研究问题中，找到的超平面虽然无法对所有数据点进行正确分割，但是要尽可能地让那些被误分类的点的误分类代价总和最小，这类特殊的 SVM 模型也称为软间隔 SVM，与之相对的传统的 SVM 模型称为硬间隔 SVM。

根据传统 SVM 模型的构造方法，可以写出软间隔 SVM 的凸优化问题：

$$\max_{w,b} \frac{1}{2} \| w \|^2 + c \sum_{i=1}^{N} \xi_i$$

$$\text{s.t.} \quad y_i(wx_i+b)-1 \geqslant 1-\xi_i \quad i=1,\cdots,N, \quad \xi_i \geqslant 0 \tag{6.22}$$

其中，C 表示单位样本的误分类代价，需要在求解模型时预先设定；ξ_i 是误分类距离。分类模型中，分离超平面和分类决策函数分别为：

$$w^* x + b^* = 0 \tag{6.23}$$

$$f(x) = \text{sign}(w^* x + b^*) \tag{6.24}$$

求解优化问题时，基于拉格朗日函数构建原问题的对偶问题，可以将原优化问题转化为：

$$\min_{\alpha} \frac{1}{2} \sum_{i=1}^{N} \sum_{j=1}^{N} \alpha_i \alpha_j y_i y_j (x_i x_j) - \sum_{i=2}^{N} \alpha_i$$

$$\text{s.t.} \quad \sum_{i=1}^{N} \alpha_i y_i = 0 \quad 0 \leqslant \alpha_i \leqslant c, \quad i=1,\cdots,N \tag{6.25}$$

求解方程，获得 $\alpha^* = (\alpha_1^*, \cdots, \alpha_N^*)$，可以证明，一定存在一个分量 α_j^* 满足 $0 \leqslant \alpha_j \leqslant C$。若 y_j 是与 α_j^* 对应的样本分类标签，则式（6.20）和（6.21）成立。

6.3.3 KNN 算法

K 最近邻（K-Nearest Neighbor，KNN）方法是利用样本的局部信息而不是类别的全局信息来对分类结果进行判断。在对样本进行分类时，从样本集合中提取距离目标样本最近的 k 个样本作为参考，然后以这 k 个样本的主类别作为分类结果（主类别是指数据集合中被标记次数最多的类别）。

KNN 算法的基本思想：给定一个带有类别标签的训练集样本，输入没有标签的测试集后，训练样本集中的特征与测试集中的每一个特征进行数值运算比较，输出与训练样本集中特征最接近的标签。

KNN 方法很直观，但是需要预先确定邻近参考样本 k 的个数，k-Nearest Neighbors 就是指基于 k 个最近的邻接样本的分类结果。KNN 是基于向量距离定义的，因此在算法中需要实现向量的标准化方法，以及向量距离函数的定义。

在对 k 值进行选择时，如果 k 值太小，则会导致分类结果不稳定，分类器容易受到"噪声"样本干扰；如果 k 值太大，则算法的复杂性太高。此外，为了保证主类别是唯一的，通常还要求 k 的取值为奇数，因为后续进行归类的策略是少数服从多数，设置 k 为奇数的话总会有结果。一般来说，k 通常值取为 3 或 5。

在确定 k 值时，可以不用直接计数的方法获得主类别，而考虑基于样本距离的加权值，如：设定 score(c,d) 基于文档 d 对应的类别 c 的打分，则基于所有的类别计算分值后得到分类结果为：

$$c = \arg\max_c \text{score}(c,d) \tag{6.26}$$

KNN 算法具体实现步骤如下：

（1）输入表示好的数据集；

（2）设置参数 k，计算待预测点与已知点之间的关系；

（3）将待预测点与已知点之间的距离计算的结果进行从小到大排序，取前 k 个点；

（4）将待预测点归类为多数的那一个类别，即为未知点的类别预测结果。

KNN 方法不需要提前对训练样本进行建模，而在对样本分类结果进行预测时才对训练样本进行分析，因此，KNN 一般也被称为基于记忆的学习（Memory-based Learning）或者基于实例的学习（Instance-based Learning）。KNN 算法的缺点是响应时间较长，其原因在于大量的算法工作被推迟到样本的预测阶段才开始。KNN 算法的时间复杂度是训练集合规模的线性函数。

从模型的函数结构看，朴素贝叶斯模型是线性分类器，而 KNN 属于非线性分类器。在很多情况下线性分类器表达能力不足，容易受噪声干扰，采用非线性分类器通常可以获得更高的准确率。因此，KNN 分类的方法比朴素贝叶斯模型分类效果更好。

6.3.4　神经网络算法

近年来，以深度神经网络为代表的深度学习技术自从在语音识别和图像处理领域取得了较大突破之后，以其强大的特征自学习能力在自然语言处理领域获得了广泛的应用，在包括文本分类在内的诸多任务上都取得了较大的进展，目前已发展成文本分析处理的主流方法。以下简要介绍几种用于文本分类的神经网络方法。

1. 多层前馈神经网络

多层感知器（Multi-Layer Perceptron，MLP）是一种前向结构的人工神经网络，它通过全连接的方式映射一组输入向量到一组输出向量，若干神经元被分层组织在一起便组成了神经网络。与单个神经元相比，多层感知器增加了隐藏层（hidden layer），并在隐藏层的神经元中增加了激活函数，用于进行非线性变换，从而使多层感知器能够表示所有的函数映射。设定在一个三层前馈神经网络中，$x \in R^M$，$b \in R^s$，$y \in R^c$ 分别为输入层、隐藏层和输出层的表示向量，每层节点通过全连接相关联，$V \in R^{M \times S}$ 和 $W \in R^{S \times C}$ 分别是输入层与隐藏层、隐藏层与输出层之间的连接权重矩阵。上述网络结构可以描述为如下公式：

$$b_h = \sigma(\alpha_h) = \sigma\left(\sum_{i=1}^{M} v_{ih} x_i + \gamma_h\right) \tag{6.27}$$

$$\hat{y}_j = \sigma(\beta_j) = \sigma\left(\sum_{h=1}^{S} w_{hj} b_h + \theta_j\right) \tag{6.28}$$

其中，$\sigma(\cdot)$ 为非线性激活函数（如 Sigmoid 函数）。

给定训练集 $D = \{(x_1, y_1), .., (x_N, y_N)\}$，定义以下最小二乘损失函数：

$$E = \frac{1}{2}\sum_{k=1}^{N}\sum_{j=1}^{c}(\hat{y}_{kj} - y_{kj})^2 \tag{6.29}$$

模型学习的过程就是最优化损失函数以确定模型最优参数的过程。前馈神经网络基于误差反向传播算法（Back Propagation，BP）进行参数学习，其本质是多层神经网络结构上的随机梯度下降法。

尽管深度神经网络在文本分类早期研究中还没有大规模盛行，但是已经出现了以多层前馈神经网络为代表的文本分类用神经网络模型[Yang and Liu，1999]。不过，那时的神经网络还只是被当作一个分类器模块，在传统的文本分类系统框架下，文本通过向量空间模型被表示为一个稀疏向量之后作为神经网络的输入层，整个模型并没有特征自学习的能力。同时，由于当时数据量较小，以人工神经网络为代表的非线性分类器并没有取得显著的性能，加之运算开销较大，因此并没有得到青睐。

近年来，随着数据量的增大、运算性能的提高和从特征表示到分类，以及端到端一体化学习框架的应用，以深度学习重新冠名的人工神经网络模型，包括卷积神经网络（Convolutional Neural Network，CNN）、循环神经网络（Recurrent Neural Network，RNN）、长短时记忆（Long-Short-Term Memory，LSTM）网络等，在文本挖掘领域取得了巨大的成功。

2. 卷积神经网络

卷积神经网络是一种前馈神经网络，它由一个或多个卷积层（convolution layer）与池化层（pooling layer）的连接以及最后的全连接层（fully connected layer）构成。与多层前馈神经网络相比，卷积神经在结构上具有局部连接、权重共享和空间次采样的特点，具有较少的网络参数。一个卷积神经网络由输入层、卷积层、池化层、全连接层和输出层组成。

基于 CNN 建立文本的分类模型，通常需要如下几个步骤：

Step1：对输入文本进行形态处理（分词）等预处理后得到词序列，使用词向量对词进行初始化，得到输入文本的矩阵表示形式，作为神经网络的输入。

Step2：通过卷积层对输入进行特征提取。需要说明的是，在文本处理中对输入文本的表示矩阵进行卷积操作时，通常只在一个方向上进行二维卷积（即卷积核的宽度与词向量的维度保持一致），同时设置卷积操作的步长为1，使用每个卷积核对输入文本的表示矩阵进行卷积操作，每个卷积核对应得到一个输入文本的向量表示。

step3：池化层对卷积层输出的特征向量分别进行下采样，之后拼接得到进一步抽象的文本表示。不同长度的文本经过卷积层输出的特征向量具有不同的维度，池化层将这种特征向量转化为相同的维度。如可以对每个特征向量进行最大池化，拼接后得到长度为卷积核数目的特征向量。通过全连接层将池化层获得的向量表示映射到样本的标注空间，维度与类别数一致，再通过 Softmax 函数输出每一类的预测概率，最终完成文本分类。

目前卷积神经网络主要应用在图像处理和机器视觉等领域，而自然语言处理的对象通常是一段具有循环结构的文本序列，往往更加适合利用循环神经网络对其建模。

3. 循环神经网络

递归神经网络是时间递归神经网络和结构递归神经网络的总称。通常把时间递归神经网络称为循环神经网络，把结构递归神经网络称为递归神经网络。在下文的叙述中如果不加特别说明的话，RNN 均指循环神经网络。

循环神经网络模型中，设 x_t 为模型 t 时刻的输入，O_t 为模型 t 时刻的输出，则 t 时刻的输出不仅与 t 时刻的输入有关，而且与 $t-1$ 时刻的隐层状态 s_{t-1} 有关。x_t 和 O_t 之间的关系可以用下面的公式描述：

$$s_t = f(Ux_t + Ws_{t-1}) \qquad\qquad (6.30)$$

$$O_t = Vs_t \qquad\qquad (6.31)$$

其中，$U \in R^{h \times d}$、$W \in R^{h \times h}$、$V \in R^{c \times h}$ 分别是输入层到隐层、隐层到隐层、隐层到输出层的权重矩阵；d、h、c 分别是输入层、隐层和输出层的维度；f 是非线性激活函数，通常设为 tanh。O_t 经过 Softmax 函数得到各类输出概率为：

$$p_t = \mathrm{Soft\,max}(O_t) \qquad\qquad (6.32)$$

RNN 的模型学习通常采用沿时间反向传播算法（Back-Propagation Through time，BPTT），它是前馈神经网络的反向传播算法向时序网络的推广，其本质是基于梯度下降算法进行模型参数优化。

针对 RNN 在处理长序列输入时容易出现梯度消失或梯度爆炸的问题，Hochreiter 等提出了长短时记忆模型。之后，Gers 和 Graves 等对 LSTM 进行了改良和推广。

与传统的 RNN 模型结构相比，LSTM 增加了单元状态或称细胞状态（cell state）和三个门控机制：输入门、遗忘门和输出门。其核心是单元状态，它作为整个模型的记忆空间，可以被理解为一种传送带，随着时间变化传送模型的记忆信息。传送带的记忆控制通过三个控制门实现。三个控制门将当前时刻的输入、上一时刻的隐层状态和单元状态的线性变化相加，再用 Sigmoid 函数激活，得到一个（0，1）之间的门限作为输出，将门限输出与状态或输入进行点乘，决定传送带上多少信息可以被传送过去：当控制门的输出值为 0 时不传送；当输出值为 1 时全部传送。例如，输入门与候选状态点乘，可以控制将多少当前时刻的状态信息输入传送带，而遗忘门与上一时刻的单元状态点乘，则控制需要遗忘多少过去时刻的状态信息。两者加和得到当前时刻的单元状态。最后，单元状态经 tanh 非线性激活后与输出门点乘，得到当前时刻的隐层状态。

在标准的 RNN 模型中，每个词的表示只受位置之前的词的影响，位置之后的词对其不产生影响。为了更好地利用前向和后向的上下文信息，Schuster 等提出了双向 RNN（bi-directional RNN）模型[Schuster and Paliwal，1997]。Graves 等在语音识别任务中使用了双向 LSTM（bi-LSTMD）[Graves et al.，2013]，分别从前向后和从后向前两个方向对序列单元进行编码表示，并将前向 LSTM 得到的隐层状态 $\vec{h}_t$ 与后向 LSTM 得到的隐层状态 $\overleftarrow{h}_t$ 拼接起来，作为最终的隐层状态。

当使用 RNN 对序列信息建模时，可以借鉴人脑的注意力机制，针对不同的任务，从大量输入信号中自适应地选择些关键信息进行处理，从而提高模型的性能和效率。基于 LSTM 的文本序列编码通常取序列中最后一个词的隐层状态或者取所有词的隐层状态的均值作为文档的表示。但是在许多自然语言处理任务中，语义组合应考虑到不同单元的重要性，有区分地进行信息的组合和集成。这种区分性可以通过为序列中的每个单元学习一个权重，最后通过加权平均的方式进行语义组合。

针对 LSTM 门控网络结构复杂和存在冗余的缺点，论文[Cho et al., 2014]在 LSTM 的基础上提出了一种名为门控循环单元（Gated Recurrent Unit，GRU）的 LSTM 变体。GRU 将遗忘门和输入门合并为更新门，同时将单元状态和隐藏层进行了合并，从而简化了 LSTM 模型的结构。GRU 主要包含两个门控模块：重置门（reset gate）和更新门（update gate）。重置门主要决定有多少过去的信息需要遗忘，更新门则主要决定将多少过去的信息传递到未来，模型首先基于重置门计算当前时刻的候选状态，再基于更新门对隐层状态进行更新，最后基于隐层状态得到模型输出。GRU 在结构上比 LSTM 简单，参数更少，但在实践中与 LSTM 相比性能没有明显的劣势，甚至在一些任务上效果更好，因此也成为一种较为流行的 RNN 模型。

6.4 算法性能评价

6.4.1 二元分类评价

在训练获得文本分类模型之后，需要对模型的分类性能进行评价。文本分类任务主要包括二元分类任务和多元分类任务。大多数文本分类任务都是二元分类任务，因此首先介绍两类问题文本分类算法的评估。两类问题主要是判断某个事物是真还是假。通常来说，识别真例和识别假例的意义不完全等价，即错误识别一个真例与错误识别一个假例给用户带来的错误代价是不同的。因此，在对分类模型进行评估时，需要分别对两个类别的样本分类结果进行计数。

现实中，真例通常为需要判断的某个特定的属性。如是否为诈骗短信、是否为用户感兴趣的文档、是否为垃圾邮件等。混淆矩阵是评估两类问题时非常有效的数据结构，分类结果混淆矩阵，如表 6.2 所示，其中定义了四类数值：

表 6.2 二元分类混淆矩阵

文档分类	属于该类别的文档	不属于该类别的文档
判断属于该类别的文档	TP（True Positive）真正例	FP（False Positive）假正例
判断不属于该类别的文档	FN（False Negative）假正例	TN（True Negative）真负例

（1）真正例（True Positive，TP）：模型正确预测为正例（即模型预测属于该类，真实标签属于该类）。

（2）真负例（True Negative，TN）：模型正确预测为负例（即模型预测不属该类，真实标签不属该类）。

（3）假正例（False Positive，FP）：模型错误预测为正例（即模型预测属于该类，真实标签不属该类）。

（4）假负例（False Negative，FN）：模型错误预测为负例（即模型预测不属该类，真实标签属于该类）。

对于二元分类的问题，对文档分类器的评价主要从算法的精度和效率两个方面进行。多数研究工作主要看算法的精度表现。分类算法的精度指标主要有：精确率、召回率、准确率。

（1）精确率。

精确率（Precision）是指在返回的真例中实际的真例所占的比例。在评估分类算法时，选择该指标主要是强调分类器需要尽量避免对真例的误判。例如，在搜索引擎的应用中，用户通常比较关注系统反馈网页集合中真正相关的网页的比例。因此，在评价搜索引擎的分类器时通常更加强调精确率的指标。精确率 P 的定义如下：

$$P = \frac{TP}{TP + FP} \tag{6.33}$$

（2）召回率。

召回率（Recall）是指返回的样本中识别的真例占集合中所有真例的比例。在评估分类算法时，选择该指标主要是强调分类器要避免对真例识别的疏漏。有些情况下，可以适当地允许反馈内容存在"杂质"，对真例的缺失则不能容忍。例如，采用文本分类算法对骗保案例进行识别。如果算法失灵，则无法有效识别骗保案例，从而会使保险公司造成巨大损失。因此，分类算法的召回率指标在骗保案例中尤为重要。召回率 R 的定义如下：

$$R = \frac{TP}{TP + FN} \tag{6.34}$$

（3）准确率。

准确率（Accuracy）是指被正确分类的文档占所有测试文档的比例，其不对正例或反例进行区分。在用准确率进行分类器评估时，认为正例和反例的错误分类代价对用户来说是一一样的。准确率 Acc 的定义如下：

$$Acc = \frac{TP + TN}{TP + TN + FP + FN} \tag{6.35}$$

此外，在某些应用中为综合考虑精确率和召回率两方面的内容，并同时考虑二者的相对重要性权重，如 F_β 指标可以提供相应的综合评估：

$$F_\beta = \frac{(\beta^2 + 1)PR}{\beta^2 P + R} \tag{6.36}$$

其中，F_β 是准确率 P 和召回率 R 的调和平均数；β 是控制二者权重的参数，β 越大，在评估过程中对召回率指标的重视程度越高。一般默认准确率和召回率的重要性是一样的，即设定 β 为 1。F_1 指标在分类算法中最为常用，可表示为：

$$F_1 = \frac{2PR}{P + R} \tag{6.37}$$

也有一些研究采用 G 分数对分类器的性能进行判断：

$$G = P^\alpha R^{(1-\alpha)} \tag{6.38}$$

其中，α 是加权系数，通常取 0.5。

6.4.2 多类问题评价

除了二元分类的问题，很多情况下分类算法要处理多元分类的问题，即将文档分成若干个类别的集合。在对多类问题的分类算法进行评价时，通常将多元分类问题转化为二元问题来看，这样就可通过利用每一个类别的样本被正确分类的比例信息来对算法的整体性能进行评估。

一个将样本集合分为 C 类的分类算法可以看作 C 个二元分类算法，先计算每个二元分类算法的评估指标，再取平均值，作为多元分类的评估。在取平均时，有两种方案可以选择，分别为宏平均和微平均。多类别混淆矩阵如表 6.3 所示。

表 6.3 多类别混淆矩阵

类别	类别 1		类别 2		类别 3		合计	
	实际正例	实际负例	实际正例	实际负例	实际正例	实际负例	实际正例	实际负例
模型正例	TP_1	FP_1	TP_2	FP_2	TP_3	FP_3	TP_1+TP_2+TP_3	FP_1+FP_2+FP_3
模型负例	FN_1	TN_1	FN_2	TN_2	FN_3	TN_3	FN_1+FN_2+FN_3	TN_1+TN_2+TN_3

假设文档分为 3 类：类别 1、类别 2 和类别 3。对文档进行分类的问题可以分解为对类别 1、类别 2、类别 3 是否为真例的判断。在对该分类问题的算法进行评估时，需要分别统计并获得各个类别的混淆矩阵。

在宏平均情况下，分别计算每个类别基于混淆矩阵的二元分类指标，然后根据类的个数取平均；在微平均的情况下，根据各个类别的混淆矩阵进行汇总，获得整体的混淆矩阵计数结果，然后根据矩阵每个维度上的和计算评估指标。

假设以精确率指标来对多元分类问题进行评估。以宏平均的方法来获得分类算法的评估结果时，首先按照式（6.33）分别计算三个类别的精确率 P_1、P_2 和 P_3，再对所有精确率指标取平均 P_avg 即为宏平均指标，计算公式如下：

$$P\_avg = \frac{P\_1 + P\_2 + P\_3}{3} \tag{6.39}$$

采用微平均的方法来获得分类算法的评估结果时，对 TP、FP、FN、TN 四个维度的值分别进行汇总，然后基于汇总值按照式（6.33）进行计算得到对应的计算值，微平均方法得到的 P_avg 计算公式如下：

$$P\_avg = \frac{TP\_1 + TP\_2 + TP\_3}{(TP\_1 + TP\_2 + TP\_3) + (FP\_1 + FP\_2 + FP\_3)} \tag{6.40}$$

微平均的方法比较倾向文档集合中大类别样本的精度。如果在对模型的小类别样本的分类性能要求也比较强的情况下，则需要采用宏平均的策略对分类算法进行评估。

6.5 藏文文本分类算法研究

6.5.1 基于朴素贝叶斯的藏文文本分类研究

针对藏文文本的分类算法的研究，王勇开展了基于朴素贝叶斯算法的藏文文本分类方法研究。该方法首先分析了各种特征项在藏文文本分类方法上的作用。综合考虑几种特征词选择方法来组合以期待更好的分类效果。研究认为：从本质上说，互信息法确定的是某个特征词在整个文本集中出现的概率占这个特征词在整个文本集中的贡献来确定的。在每种类别所含文本量基本一致的情况下，这种方法是符合经验也是正确的，但是若每一个类别所含文本量相差很大，互信息法的分类效果就会大幅下降。而卡方检验则考虑每一个特征在各个类别的分布情况，可以较好地弥补互信息法所造成的误差，因此，在研究实验中特征项选择互信息和卡方检验的结合方法。

　　按照这种思路，选用的初始特征词表直接来源于建好的藏文文本分类语料库，具体的特征词生成方法是：首先将建成的文本分类语料库进行分词操作；然后把分好词的文本抽出词语，放入一个文本中；最后将得到的文本做去重操作。通过上述方法，从文本分类语料库中得到了一个包含词条的词典。接下来对该词典进行精简。

　　① 分别计算这些特征词的互信息和卡方检验的数值大小。

　　② 把这些特征词分别按照互信息和卡方检验的数值的分别排序。

　　③ 按照一定比例分别选择排名前列的特征项，最后合并得到特征词集。

　　④ 测试在这一特征词集的条件下，分类性能如何。调整比例系数进行重复试验，针对当前语料库得到一个较优秀的特征词集。通过上述过程，最终拟定了一个包含词的词表。

　　利用经济、生态环境、卫生医疗、文化教育、信息科技、政治、宗教民俗 7 类语料库进行测试训练，其中朴素贝叶斯分类器采用改进的多项式模型。具体步骤如下：

　　step1：对原始语料进行规范化处理、分词、去重、去停用词等一系列预处理之后，得到规范文本。

　　step2：利用模型对藏文语料进行向量表示。

　　step3：分别使用互信息，卡方检验和合成算法所得到的特征词表在多项式模型上进行试验。其中在实验互信息和卡方检验时，特征维数由 20 项逐步递增为 1 000 项。同时在第 1 000 项时使用互信息，卡方检验和合成算法三者同时进行验证。

　　step4：进行试验的文本经过预处理之后，使用互信息，卡方检验对原始词典中的特征词进行评分，依据评分的高低选出特征词作为特征项，在使用这些特征项对朴素贝叶斯分类器进行训练。在评价这些结果时，采用平均查准率、平均查全率和平均值进行评价。其算法为各类别的查准率、查全率，值取算术平均值。

　　采用互信息进行特征选择之后，实验结果如下：

　　使用一定比例合成的特征选择算法进行实验结果，表中比例为互信息选取的特征词数量：卡方检验选取的特征词数量。

　　从表 6.4、6.5 中可以看出随着特征维数的增加，互信息和卡方检验两者所选择的特征词表的分类效果趋于相同。在表 6.6 中，发现组合特征选取时，当互信息：卡方检验为 300：700时，基于当前语料库的条件下，对藏文文本分类器可以收到最好的分类效果。此时的词表记为词表 2，采用该词表，分类器所处理的数据明显减少，此时分类器的分类用时平均为 4.7 s。

表 6.4　互信息的分类效果

特征维数	平均查准率	平均查全率	F1 值
20	0.49	0.47	0.48
50	0.52	0.54	0.53
100	0.61	0.62	0.61
200	0.64	0.63	0.63
500	0.68	0.67	0.67
1000	0.71	0.72	0.71

表 6.5   卡方检验的分类效果

特征维数	平均查准率	平均查全率	F1 值
20	0.54	0.52	0.53
50	0.59	0.60	0.59
100	0.62	0.64	0.63
200	0.65	0.67	0.66
500	0.69	0.66	0.67
1000	0.73	0.75	0.74

表 6.6   组合特征的分类效果

互信息：卡方检验	平均查准率	平均查全率	F1 值
900：100	0.73	0.74	0.73
700：300	0.73	0.74	0.73
500：500	0.74	0.75	0.74
300：700	0.79	0.76	0.77
100：900	0.78	0.76	0.77

为了更好地验证不同分类法在藏文文本语料中的应用效果，表 6.7、6.8、6.9 分别表示朴素贝叶斯算法与 K 近邻算法和支持向量机算法在藏文文本分类中的效果。其中比较选择的词表为经过特征选择产生的最优词表，即为上面组合特征时第 4 次实验使用的词表 2。朴素贝叶斯分类器选用改进的多项式模型实验。

表 6.7   朴素贝叶斯算法的分类效果

类 别	平均查准率	平均查全率	F1 值
经 济	0.77	0.73	0.75
生态环境	0.74	0.78	0.76
卫生医疗	0.75	0.62	0.68
文化教育	0.68	0.86	0.76
信息科技	0.75	0.82	0.78
政 治	0.81	0.71	0.76
宗教民俗	0.68	0.69	0.68

表 6.8   K 近邻算法的分类效果

类 别	平均查准率	平均查全率	F1 值
经 济	0.77	0.75	0.76
生态环境	0.74	0.81	0.77
卫生医疗	0.75	0.79	0.77
文化教育	0.83	0.81	0.82
信息科技	0.85	0.82	0.83
政 治	0.86	0.73	0.79
宗教民俗	0.77	0.79	0.78

表 6.9　支持向量机算法的分类效果

类　　别	平均查准率	平均查全率	F1 值
经　　济	0.73	0.71	0.72
生态环境	0.71	0.75	0.73
卫生医疗	0.74	0.68	0.71
文化教育	0.79	0.82	0.80
信息科技	0.81	0.86	0.83
政　　治	0.77	0.74	0.75
宗教民俗	0.81	0.75	0.78

表 6.10　不同分类算法的耗时比较

分类算法	分类耗时/s
朴素贝叶斯算法	4.7
K 近邻算法	743.8
支持向量机算法	9.3

从表中可以看出，KNN 算法在经济、生态环境、卫生医疗类别中，其查准率、查全率、F1 值的表现在三种算法是最好的，但是也可以看出，通过对特征词表优化，模型改进后的朴素贝叶斯算法在分类效果上并不落后于 KNN 算法和支持向量机算法，同时在分类速度上明显优于算法和支持向量机算法。

在信息检索、信息提取和数据挖掘等领域中，同义词是一个重要的概念，在信息检索、机器翻译、数据挖掘等应用中都考虑到了同义词这一作用。因此，该方法还通过手工，依据语料库情况和实验室整理的藏汉双语语料建立了一个小规模藏文同义词表。同义词处理在预处理阶段进行，主要添加以下步骤：

step1：根据同义词表，将文本中的同义词统一为同义词表中的第一个词语。

step2：正常进行其他步骤。这样在其他部分不改动的情况下，可以验证考虑到同义词后的藏文文本分类效果。

藏文训练集和测试集进行过预处理和同义词处理后，选择之前生成的词表以验证同义词因素对分类效果的影响，使用这些语料对朴素贝叶斯分类器进行训练，使用的词表为原是词表，词表。最终的分类效果如表 6.11 所示。

表 6.11　基于朴素贝叶斯算法的藏文文本分类效果（包含同义词）

类别	平均查准率	平均查全率	F1 值
经济	0.77	0.74	0.75
生态环境	0.74	0.93	0.82
卫生医疗	0.75	0.64	0.69
文化教育	0.69	0.87	0.77
信息科技	0.77	0.83	0.80
政治	0.82	0.72	0.77
宗教民俗	0.68	0.7	0.69

最终实验结果显示，在考虑了同义词因素之后，即使是只包含 40 条常用同义词对的藏文同义词表，也能够在限定范围内对分类结果产生有限的提升，通过小范围的实验可以看出，进一步的改进方法可以加大藏文同义词表的规模来实现。

经过试验发现，藏文文本分类方法中用组合评价的特征选择算法要比使用单一特征选择算法的分类效果稍好，其查准率查全率和 F1 值均有了提高。在不同分类算法的比较中，支持向量机在克服这些较为模糊的信息方面优势明显。而朴素贝叶斯算法在查准率、查全率方面并没有落后支持向量机和算法太多，而且朴素贝叶斯算法的在分类速度明显优于算法和支持向量机算法。所以朴素贝叶斯算法在快速判明文章类别方面还是有一定的应用价值。

6.5.2 基于 KNN 模型的藏文文本分类研究

贾会强等研究了 KNN 模型在藏文文本分类中的应用情况，该方法根据藏文特点和藏语语法结构，设定了藏文文本的向量空间模型、藏文文本特征选择、藏文文本权重计算、KNN 藏文文本分类算法和查全率、查准率和 F 值三种评价函数等藏文文本分类的关键技术，并进行了试验验证，以下是这种方法的具体过程。

1. 藏文文本向量表示

藏文文本向量空间模型是将任意一个藏文文本表示成空间向量的形式，并以特征项作为藏文文本表示的基本单位。向量的各维对应藏文文本中的一个特征项，而每一维本身则表示了其对应的特征项在该藏文文本中的权值。权值代表了特征项对于所在藏文文本的重要程度，也反映该特征项对藏文文本内容的反应能力。藏文文本 d 的向量空间表示可描述为如下公式：

$$v(d) = ((x_1, w_1), \cdots, (x_i, w_i), \cdots, (x_n, w_n)) \tag{6.41}$$

其中，n 表示藏文文本特征抽取时所选用的特征数目，w_i 表示第 i 个藏文文本特征 x_i 在藏文文档 d 中的权值。

首先根据特征项性质，选取了信息增益和期望交叉熵两种作为混合特征项。首先信息增益（Information Gain，IG）是从信息论的角度出发，用各特征项取值情况来划分学习样本空间，根据所获信息增益的多少，来选择相应的特征。对于特征项 x_i 和藏文文档类别 c，IG 重点考查出现和不出现 x_i 的藏文文档频率来衡量 x_i 对于 c 的信息增益，x_i 对于 c 信息增益越大，说明特征项 x_i 对于类别 c 越重要，贡献越大。

期望交叉熵（Expected Cross Entrop，ECE）反映了文本类别的概率分布和在出现了某个特定词的条件下文本类别概率分布之间的距离，特征项 x_i 的交叉熵越大，对文本类别分布的影响就越大。对于藏文文本，令 m 表示藏文文档类别数，$P(c_j|x_i)$ 表示藏文文本中出现特征项 x_i 时，藏文文本属于类别 c_j 的概率，$P(c_j)$ 表示类别 c_j 出现的概率，则期望交叉熵公式定义为

$$ECE(x_i) = P(x_i) \sum_{j=1}^{m} P(c_j \mid x_i) \lg \frac{P(c_j \mid x_i)}{P(c_j)} \tag{6.42}$$

如果特征项 x_i 和藏文文本类别 c_j 强相关，也就是 $P(c_j|x_i)$ 大，且相应的类别出现的概率又小的话，则说明词条对分类影响大，相应的函数值就大，就很可能被选出作为特征项。

在文本向量空间表示中，每个特征项都有一个权值，权值的大小反映了特征项对于文本

的重要程度，即一个特征项在多大程度上能将其所在文本与其他文本区分开来，对于藏文文本，根据藏文的本身特性和语法结构采用 tf*idf 算法。tf*idf 算法能对藏文的文档长度、藏文文本的特征项长度和藏文文本的特征项位置能很好地处理，使藏文文档有用信息能够更好表达。综合上面叙述，同时为了减少藏文文本长度的不同对藏文文本相似度计算的影响，通常要将每个向量归一化到单位向量，最后得到的藏文文本特征项的权值计算公式如下：

$$w_{x_i}(d_j) = \frac{tf_{x_i d_j} \times \log\left(\frac{N}{N_{x_i}} + 0.01\right)}{\sqrt{\sum_{k=1}^{n}\left\{ tf_{x_k d_j^2} \times \left[\log\left(\frac{N}{N_{x_k}} + 0.01\right)\right]^2 \right\}}} \qquad (6.43)$$

其中，$tf_{x_i d_j}$ 为藏文文本特征项 x_i 在藏文文本 d_j 中出现的频次，N 为藏文文档集合中总的藏文文本数，N_{x_i} 为藏文文档集合中出现藏文文本特征 x_i 的藏文文本数。

2. KNN 对藏文文本分类基本步骤

根据藏文的本身结构和藏文的语法结构，采用 KNN 分类方法对藏文文本进行分类，具体分类步骤如下：

step1：根据藏文文本的特征项集合描述训练的藏文文本向量。

step2：新藏文文本到达后，将新藏文文本表示为文本向量形式。

step3：在训练集中选出与新文本最相似的 K 个文本，相似度按照式（6.44）进行计算。这里 K 值先选取一个初值，然后根据测试结果进行调整。

step4：根据与新文本最近的 K 个邻居的类属关系，计算新文本属于每类的权重。权重计算公式如下：

$$P(x,c_j) = \sum_{k=1}^{K} sim(x,d_k) y(d_k c_j) \qquad (6.44)$$

其中，x 为新藏文文本特征向量，d_k 为新文本的第 k 个邻居，$sim(x,d_k)$ 为新藏文文本与第 k 个邻居的相似度，而 $y(d_k, c_j)$ 为类别属性函数，如果 d_k 属于 c_j 那么函数值为 1，否则为 0。

step5：比较各类权重，将藏文文本分配到权重最大的类别。

经过以上步骤，选取权重最大的类别作为当前文本的预测类别。

6.5.3　基于 SVM 的藏文文本分类研究

贾宏云等也建立了基于 SVM 的藏文文本分类模型。该模型以中国西藏新闻网（藏文版）、人民网（藏文版）、西藏日报（藏文版）等网站相关文章信息的收集的 77 000 篇经过预处理后形成的文本集作为基础语料。在特征项的选择上，认为在藏文文本中字是其属性的一个元素，字与字之间主要由音节点来分离，字可分为一个字符、多个字符，多个音节点之间又有一定的关联，因此为了统计的方便和对模型的测试，实验中选择一个音节点里包含的藏字作为特征项，并且假设每个音节点之间的藏字相互独立。特征项权值的计算方式以其在样本中出现的频度作为其特征权重，具体方法是：首先统计出上述类别文本中各个字出现频率 f_n，使藏字特征数据化成向量；然后选择相对高频字与相对低频字作为待选特征集，并利用信息增益算法对待选特征集降维，从待选特征集中选择部分信息增益相对大的特征项作为待提取特征集；最后利用欧氏距离算法对待提取特征集中的特征进行聚类，使待提取特征集中的特征形成特征簇，并加权平均特征簇内特征，最终得到文本类别分类特征项。基于 SVM 模型的藏文文本分类实现共分 7 个类别，共使用 36 个特征构成分类特征项向量 $X = ($ ཁྲིམས，ཚན，དངོས，སྐྱེ，སྲུང，སྐྱོངས，འཛིན，དམངས，ཞིབ，དཔལ，སྐྲོབ，ཡིན，དདུལ，ཞིང，ལོ，ཁང，ཐོན，ས，ཕྱགས，འཇུགས，ཆེ，གཞི，འཕེལ，བདང，ལག，དུང，པར，གནས，ཚལ，ཞིག，མང，ཁག，གིས，ནང，མང，ཚང $)$，特征向量用 $X = (x_1, \cdots, x_{36})$，类别向量集合 $C = ($ 教育类：1，人文类：2，政务类：3，时政类：4，经济类：5，法律类：6，民生类：7 $)$ 标记，任一篇文档 d_i 表示成 $V(d_i) = ((x_1, w_1), \cdots, (x_{36}, w_{36}))$，其中 $x_i \in X$ 为每一个特征项。

依据设定的条件，该方法分别利用线性函数、多项式函数、RBF 函数和 sigmoid 函数作为模型核函数进行比较，同时对比了 SVM 模型和 Logistic 回归模型两种算法的分类效果，结果验证了以下几点：

① 当核函数选择 LINEAR 和 POLY 时比选择 RBF 和 SIGMOID 的分类效果好，并且选择核函数 LINEAR 和 POLY 自身分类效果较好。

② 设定不同的惩罚参数 C 对分类效果具有一定影响，LINEAR 和 POLY 变化趋势相似。

③ 由选择的特征向量中的值比较大，使特征向量内积和差值相对很大，因此 RBF 和 SIGMOID 的分类效果不好。

④ 当 SVM 核函数选择为 LINEAR 和 POLY 并且在选定参数下，从整体参考值上看 SVM 的藏文本分类效果好于 Logistic 回归文本分类效果。

第 7 章

藏文文本聚类算法研究

7.1 文本聚类概述

7.1.1 文本聚类的概念

俗话说"物以类聚，人以群分"，人类往往通过对事物进行聚类和分类来认识客观世界并形成知识体系。数据挖掘中的聚类分析是根据数据的特征探索数据中的内在规律和分布特征，将数据划分成不同子集的过程。每个子集即是一个"簇"（clustering），聚类使得同簇内的对象彼此相似，不同簇间的对象彼此相异。聚类作为一种无监督的机器学习方法，与分类方法不同，它无须已标注类别信息的数据作为学习的指导，而主要以数据间的相似性作为聚类划分的依据，具有较高的灵活性和自动性。分类通常已知类别数目，分类过程是将不同的数据归属到某个已知的类别，而聚类的类别是事先未知的，系统将根据聚类准则确定数据的归属和类别数目。聚类是模式识别研究的一个基础性问题，对于这项技术的研究由来已久，它被广泛地应用于图像分析、文本挖掘和生物信息分析等领域。

7.1.2 文本聚类的任务

文本聚类工作可以将给定文档分成若干个子集，每个子集彼此相像，聚类任务本质上可以帮助用户更好地了解文档对象的分布，增加对所处理文档集合的认识。被聚类的结果中，每个子集都有其特性，分别对各个子集进行分析，往往比将所有文档子集混在一起解析更有助于挖掘文本数据的内在规律。文本聚类与文本分类任务的工作范畴都是将文本划分到各个类别中，容易混淆，当不清楚一个文本分析工作到底属于分类任务还是聚类任务时，可以通过是否已经知道分析文档类别来判断。

在对文档进行划分时，知道都有哪些类别，以及每个类别中的文档分布大致是什么样子这种问题就是文本分类问题；在对文档进行划分时，事先不知道都有哪些类别也不知道每个类别中的文档分布形态，这种问题就是文本聚类问题。文本分类问题对应于有监督的机器学习方法，其基本任务是对数据的预测；文本聚类问题则对应于无监督的机器学习方法，其基本任务是对数据的描述。

根据聚类任务的基本目的可以将其分为硬聚类和软聚类两种形式。在硬聚类中每个文档对象只属于一个类别，软聚类中不具体地指定每个文档归属于某一个类别，而为文档对每一个类别定义一个隶属度指标，表示文档属于某个类别的可能性（概率）或合理程度。需要强调的是，文档的软聚类也可以理解为对文档进行降维的工作，当得到文档的软聚类结果时，可以用文档隶属于各个类别的可能性的分布向量来代替原始的特征向量。这样，当聚类的类别个数比文档原始的特征向量维度小时，就达到了对原文档进行降维的效果。

聚类任务不仅是对文档进行分析的专利，也是对其他类型数据进行分析的重要方法。因此，聚类算法实际上是非常成熟的数据分析方法。

7.1.3 文本分类的应用领域

聚类可以看作对实际问题的探索性分析，通过聚类分析可以帮助用户初步了解数据的基本结构，从而更好地对数据进行进一步分析。

首先，被分析的数据可能具有多模态结构，即无法用单一的分布来描述已知数据集合。这种情况下，数据集合的样本的内在规律可能并不是一致的，因此，不适合用单一的模型对数据集合进行建模分析。聚类可以作为一种非常有效的辅助手段解决相应的文本分析问题：先将文档按照主题内容聚成若干子集，然后在每个子集上分别进行处理。

其次，聚类还可以帮助用户探索文本中主要内容的分布，挖掘其中有价值的信息。例如，用户可以对产品或服务的在线口碑进行分析，对用户所讨论的产品属性进行聚类归纳，了解用户比较关注的若干个产品的特性。此外，用户可以对社交媒体、社交网络上用户发表或分享的内容进行聚类分析，从而挖掘媒体上主流的新闻主题及用户观点。同时，通过聚类也可以间接地对用户对象进行聚类。

从探索性工作的角度，聚类可以看作分类工作前一阶段的任务。通过聚类分析，可以知道文档应当分为几类及每类中的文档分布。对聚类生成的每个子集，用户还可以通过分析获得对应的标签，理解每个子集具体的意义。之后，聚类结果可以看作人工标注过的分类测试集，基于此，可以构造文本分类模型并实现对新文档的分类预测。

文本聚类还可以实现对文档的降维。除了从文档包含的词汇特征的角度对文档内容进行描述与表示，基于文档所属类别也可以对文档内容进行描述与表示。上文提到，文本聚类包括硬聚类和软聚类。对软聚类来说文本可以映射到多个类别上，每个类别对应一个隶属度指标。这样就可以用对应各个类别的一组隶属度指标来表示某个特定的文档。隶属度指标可以从概率的角度去理解，即当前文档分布的结构文档被划分到各个子集中的概率，因此，软聚类算法通常从概率的形式出发来定义隶属度指标。文档被聚类的子集个数通常不会多于文档的特征个数，文档基于聚类的表示会比其原始基于词汇项的表示更加简洁。

此外，文档聚类还能有效地提高用户对信息进行处理的效率。其基本原理是：当相似的文档组织在一起时，用户可以更高效地对其内容进行浏览、比较与分析。因此，聚类算法经常被应用于搜索引擎，将反馈给用户的网页按包含文本内容的相似性进行聚类组织并展示。还可以将整个聚类工作融入搜索过程用户通过获得一系列经过聚类的内容不断地对感兴趣的网页进行探索。基于聚类的搜索过程如下：① 将文档集合按照内容进行聚类，获得若干个类别和对应的标签；② 用户浏览各标签选择若干个标签作为感兴趣内容的要素进行标记，然后被选定的标签对应的文档集合自动进行合并，组成新的文档集合；③ 基于新的文档集合，进一步聚类，用户进一步地选择标签，构造下一阶段的文档集合。依此类推，直到用户获得感兴趣的目标文档集合为止。

7.2　文本聚类分析的常用特征表示

文本聚类是将相似的文档聚在一起，而文本分类是依据文档的内容将文档归到相应的类别中，二者都需要文档特征的表示。目前许多文本聚类的特征表示方法与文本分类相同，常采用 6.2 节中所述的文档术语构成文档向量，其中不考虑术语的出现顺序，属于一种词袋方法。通过将文本利用术语表示为向量后，文本就处于向量空间中，对文本内容的聚类处理就转化为向量空间中的向量运算，并且以空间上的相似度表达语义的相似度。

文档的向量形式常用两种：第一种，基于术语构造的文档向量形式；第二种，布尔向量、词频向量、TF-IDF 特征向量以及其他改进的利用权重描述的特征向量表示形式。在第一种形式中，一个文档 d_i 就使用其出现的关键词形成向量，不考虑关键词顺序，即：

$$d_i = (w_{i1}, \cdots, w_{ig(i)}) \tag{7.1}$$

第一种描述形式只用其中关键词描述。对于朴素贝叶斯分类器等直接使用其中关键词特征的模型，采用这种描述较为方便。式（7.1）中每个文档中关键词出现的个数可能不同，所以其中的 $g(i)$ 代表当前文档 d_i 中出现的术语个数。第二种描述形式则是将所有可能的关键词列举出来构成向量空间的特征轴，如式（7.2）所示。文档相当于在该向量空间中的一个向量，向量的各个分量（特征轴上的取值）对应着各个关键词特征上的权重，此时文档 d_i 表示形式为式（7.3）。

$$T = (T_1, \cdots, T_n) \tag{7.2}$$

$$d_i = (t_{i1}, \cdots, t_{in}) \tag{7.3}$$

式（7.2）描述了向量空间的各特征轴，也是所有用于描述文档的关键词。在用词袋形式描述时，不考虑关键词在文档中的出现顺序。系统实现上常将各关键词按字符串排序，便于关键词查找和文档向量的生成。n 代表所有候选关键词的个数，也是向量空间的维数。式（7.3）描述了文档 d_i 在各特征轴上的权重。可见，d_i 分量的取值代表相应术语的权重，分量的总数为 n。

当采用布尔向量描述时，式（7.3）中每个分量为 1 或 0 代表术语是否出现。当采用词频向量描述时，式（7.3）中每个分量为术语在当前文档 d_i 中的出现频次。当采用 TF-IDF 权重描述向量时，式（7.3）中每个分量为术语在当前文档 d_i 中计算的 TF-IDF 权重。当基于 TF-IDF 度量做改进向量度量表示时，可以调整式（7.3）的权重，如果做特征选择，则修改式（7.2）的向量。

TF-IDF 是一种用于信息检索与文本挖掘的常用权重度量技术，能够计算出术语的权重构造的文档向量，是一种典型的文档特征表示方式，目前一些关于特征表示的研究也是基于 TF-IDF 算法。在术语选择阶段，需要由术语评估算法来选择哪些重要词（有时也可能包括一些重要的短语）可作为关键词，形成用于文本特征描述的关键词集合。该关键词集合用来筛选文档中哪些词（有时也可能包括一些重要的短语）属于关键词可以描述该文档。

在 TF-IDF 进行权重计算阶段，主要考虑了两个要素：一是关键词的出现频次，二是关键词自身的特征表示能力。关键词的出现频次是指在该文档中该关键词出现的次数，一种隐含的假设是关键词在文档中出现的频次（TF）越高，描述文档的能力越强，因此，关键词的频次高时应该加大该关键词对应的权重，可见，频次与表示文档的能力呈正向关系。关键词自身的特征表示能力常用反文档频率（IDF）描述，它是术语自身的描述能力度量，一般来说有两种计算关键词描述能力的方法：①利用不同文档进行区分，如果一个关键词在许多文档中都出现，则描述能力比较弱，而如果关键词只在少量的文档中出现，则描述能力较强，可见，关键词所出现的文档的数量与文档描述能力呈反向关系；②利用不同文档类进行区分，对于文本分类问题，因为各文档都存在类别标记，所以当在较多类别中出现时区分能力较弱，当在较少类别中出现时区分能力较强，可见，关键词所出现的文档类别的数量与文档描述能力呈反向关系。如果存在类别标记，那么实质上这两种方法可以结合，例如，基于加权方法计算综合术语的权重值，可以更好地度量术语的表示能力。

本章是文档聚类方法，不要求文档预先标有类别。有些聚类特征的选择和 TF-IDF 的计算都是基于大量无标记文档的统计。词频描述某个词在一篇文档中出现的频繁程度，并通常做出假设，重要的词出现频次更高，考虑到文档长度不一致的情况，为阻止较长的文档中的特征会有更高的向量权值，必须进行文档长度的归一化，一般常用的方式即为将文档中词的出现次数除以所有词汇出现的总词数，如式（7.4）所示。IDF 用于描述关键词的区分能力，通常指在文档分类、文档聚类或文档检索中的区分能力，此处主要用于计算文本聚类，此时的 IDF 计算则采用前述第一种形式，即利用所出现的文本文档数量来计算 IDF 值，如式（7.5）所示：

$$\mathrm{TF}(T_i, d) = \frac{freq(T_i, d)}{\sum_j freq(T_j, d)} \tag{7.4}$$

$$\mathrm{IDF}(T_i) = \log \frac{N}{n(T_i) + 1} \tag{7.5}$$

式（7.4）代表文档 d 中术语 T_i 的 TF 值为该关键词在 d 中出现的次数除以整个文档的总词数。例如，一篇文本中总词语个数为 100，关键词"计算机"出现了 3 次，则"计算机"一词在该文本中的 TF 值就是 3/100 = 0.03。IDF 值采用式（7.5）进行计算，其中 N 为所有文档的数量，$n(i)$ 为 N 中出现关键词 T_i 的文档的数量。例如，"计算机"出现在 1 000 份文本中，而文本总数为 100 000，则其 IDF 值为 log（100 000/1 000）= log100。如果式（7.5）采用自然对数计算，则 IDF = in100 = 4.605 170 186。

TF-IDF 取值为 TF 值与 IDF 值的乘积，即为

$$\mathrm{TF\text{-}IDF}(T_i, d) = \mathrm{TF}(T_i, d) \times \mathrm{IDF}(T_i) \tag{7.6}$$

在前例的文本向量中，"计算机"的 TF-IDF 值采用式（7.6）进行计算，为 TF × IDF = 0.03 × 4.605 170 186 = 0.138 155 105 58。

当文档在向量空间模型中时，文本数据就转换成了计算机可以处理的结构化数据，两个文档之间的相似度问题就转变成了两个向量之间的相似度问题，两个向量之间的相似度可以利用向量之间的距离、向量夹角、向量夹角余弦值来度量，在实际使用中，通常采用向量夹角余弦值度量余弦相似度，计算文档之间的相似度。

7.3 文本相似性度量

前面已经说过，聚类算法是文本聚类的核心，但是各种聚类算法均以相似性作为基础，

因此，文本聚类的关键问题是文本相似性度量。下面先介绍文本相似性度量相关内容。在文本聚类中，有三种常见的文本相似性度量指标：

（1）两个文本对象之间的相似度：

（2）两个文本集合之间的相似度；

（3）文本对象与文本集合的相似性。

在文本聚类中，每个聚类算法都会用到上述一种或多种相似性度量指标。以下从样本间的相似性、簇间的相似性和样本与簇之间的相似性三个方面分别介绍相应的文本相似性度量方法。

7.3.1　样本间的相似性

在向量空间模型中，每个文本被表示为向量空间中的一个向量。那么，如何度量两个文本之间的相似度呢？

1．基于距离的度量

最简单的文本相似度测量方法是基于距离的相似度测量。该方法以向量空间中两个向量之间的距离作为其相似度的度量指标，距离越小，相似度越大。常用的距离度量包括欧氏距离（Euclidean Distance）、曼哈顿距离（Manhattan Distance）、切比雪夫距离（Chebyshev Distance）、闵可夫斯基距离（Minkowski Distance）、马氏距离（Mahalanobis Distance）和杰卡德距离（Jaccard Distance）等。

令 a，b 分别为两个待比较文本的向量表示，则上述距离度量分别可以表示如下：

欧氏距离是一个通常采用的距离定义，指在 m 维空间中两个点之间的真实距离，或者向量的自然长度（即该点到原点的距离），公式定义为：

$$d(a,b)=\left[\sum_{k=1}^{M}(a_k-b_k)^2\right]^{1/2} \tag{7.7}$$

曼哈顿距离是指在欧几里得空间的固定直角坐标系上两点所形成的线段对轴产生的投影的距离总和，用以标明两个点在标准坐标系上的绝对轴距总和。公式定义为：

$$d(a,b)=\sum_{k=1}^{M}|a_k-b_k| \tag{7.8}$$

切比雪夫距离是向量空间中的一种度量，两个点之间的距离定义为其各坐标数值差绝对值的最大值。公式定义为：

$$d(a,b)=\max_k|a_k-b_k| \tag{7.9}$$

闵可夫斯基距离不是一种距离，而是一组距离的定义，是对多个距离度量公式的概括性的表述。公式定义为：

$$d(a,b)=\left[\sum_{k=1}^{M}(a_k-b_k)^p\right]^{1/p} \tag{7.10}$$

马氏距离表示数据的协方差距离，可以定义为两个服从同一分布并且其协方差矩阵为 Σ

的随机变量之间的差异程度。公式定义为：

$$d(\vec{a},\vec{b}) = \sqrt{(\vec{a}-\vec{b})^{\mathrm{T}} \Sigma^{-1} (\vec{a}-\vec{b})} \qquad (7.11)$$

杰卡德距离是用来衡量两个集合差异性的一种指标，它是杰卡德相似系数的补集，被定义为 1 减去杰卡德相似系数。而杰卡德相似系数也称杰卡德指数（Jaccard Index），是用来衡量两个集合相似度的一种指标。杰卡德距离的公式定义为

$$d_J(a,b) = 1 - J(a,b) = \frac{|a \bigcup b| - |a \bigcap b|}{|a \bigcup b|} \qquad (7.12)$$

2. 基于夹角余弦的度量

在文本挖掘中，余弦相似度（cosine similarity）通过测量两个向量之间夹角的余弦值度量它们之间的相似性。其计算公式如下：

$$\cos(a,b) = \frac{a^{\mathrm{T}}b}{\|a\|\|b\|} \qquad (7.13)$$

余弦相似度通常用于正空间，因此其取值范围通常为[-1, 1]。向量的内积与它们夹角的余弦成正比。0 度角的余弦值是 1，而其他任何角度的余弦值都不大于 1，并且其最小值为 -1，从而两个向量之间角度的余弦值可以确定两个向量是否大致指向相同的方向。两个向量有相同的指向时，余弦相似度的值为 1；两个向量夹角为 90°时，余弦相似度的值为 0；两个向量指向完全相反的方向时，余弦相似度的值为 -1。

余弦相似度的计算自动涵盖了文本的 2-范数归一化。当向量已经进行 2-范数归一化之后，余弦相似度与内积相似度是等价的，即 $a \cdot b = a^{\mathrm{T}}b$。

距离度量衡量的是空间各点之间的绝对距离，与各个点所在的位置坐标（即个体特征维度的数值）直接相关，而余弦相似度衡量的是空间向量的夹角，更多地体现了方向上的差异，而不是位置（距离或长度）。如果保持 A 点的位置不变，B 点朝原方向远离坐标轴原点，那么这个时候余弦的相似度保持不变，因为夹角不变，而 A、B 两点之间的距离显然在发生改变，这就是欧氏距离和余弦相似度的不同之处。欧氏距离和余弦相似度因为计算方式的不同，适用的数据分析任务也不同。欧氏距离能够体现数据各个维度数值大小的差异，而余弦相似度更多的是从方向上区分样本间的差异，而对绝对的数值不敏感。余弦相似度是文本相似度度量使用最为广泛的相似度计算方法。

3. 基于分布的度量

前面介绍的两种文本相似性度量方法主要针对定义在向量空间模型中的样本。而有时候，文本通过概率分布进行表示，如词项分布、基于 PLSA 和 LDA 模型的主题分布等，在这种情况下，可以用统计距离（statistical distance）度量两个文本之间的相似度。

统计距离计算的是两个概率分布之间的差异性，常见的准则包括 Kullback-Leibler（K-L）距离（也称 K-L 散度，K-Ldivergence），在多项分布假设下，从分布 Q 到分布 P 的 K-L 距离定义为

$$D_{KL}(P \| Q) = \sum_i P(i) \log \frac{P(i)}{Q(i)} \qquad (7.14)$$

K-L 距离不具有对称性，即 $D_{KL}(P\|Q) \neq D_{KL}(Q\|P)$，因此也常常使用对称的 K-L 距离：

$$D_{SKL}(P,Q) = D_{KL}(P\|Q) + D_{KL}(Q\|P) \tag{7.15}$$

需要注意的是，当文本长度较短的时候，数据稀疏问题容易让分布刻画失去意义，因此，基于分布的度量更多地用于刻画文本集合而非单个文本，K-L 距离往往用于度量两个文本集合之间的相似度。

4. 其他度量方法

除了上述方法以外，还有其他一些相似性度量方法。例如，杰卡德相似系数（Jaccard Similarity Coefficient）也是常用的文本相似性度量指标。该指标以两个文本特征项交集与并集的比例作为文本之间的相似度：

$$J(x_i, x_j) = \frac{|x_i \bigcap x_j|}{|x_i \bigcup x_j|} \tag{7.16}$$

上述相似性度量方法不仅用于文本聚类任务，还广泛地应用于其他文本挖掘任务。

7.3.2　簇间的相似性

一个簇通常由多个相似的样本组成。簇间的相似性度量是以各簇内样本之间的相似性为基础的。假设 $d(C_m, C_n)$ 表示簇 C_m 和簇 C_n 之间的距离，$d(x_i, x_j)$ 表示样本 x_i 和 x_j 之间的距离。常见的簇间相似性度量方法有如下几种。

最短距离法（single linkage）：取分别来自两个簇的两个样本之间的最短距离作为两个簇的距离：

$$d(C_m, C_n) = \min_{x_i \in C_m, x_j \in C_n} d(x_i, x_j) \tag{7.17}$$

最长距离法（complete linkage）：取分别来自两个簇的两个样本之间的最长距离作为两个簇的距离：

$$d(C_m, C_n) = \max_{x_i \in C_m, x_j \in C_n} d(x_i, x_j) \tag{7.18}$$

簇平均法（average linkage）：取分别来自两个簇的两个样本之间距离的平均值作为两个簇间的距离：

$$d(C_m, C_n) = \frac{1}{|c_m| \cdot |c_n|} \sum_{x_i \in C_m} \sum_{x_j \in C_n} d(x_i, x_j) \tag{7.19}$$

重心法：取两个簇的重心之间的距离作为两个簇间的距离：

$$d(C_m, C_n) = d[\bar{x}(C_m), \bar{x}(C_n)] \tag{7.20}$$

其中，$\bar{x}(C_m)$ 和 $\bar{x}(C_n)$ 分别表示簇 C_m 和 C_n 的重心。

离差平方和法（Ward's Method）：两个簇中各样本到两个簇合并后的簇中心之间距离的平方和，相比于合并前各样本到各自簇中心之间距离平方和的增量：

$$d(C_m, C_n) = \sum_{x_k \in C_m \bigcup C_n} d[x_k, \bar{x}(C_m \bigcup C_n)] - \sum_{x_i \in C_m} d[x_i, \bar{x}(C_m)] - \sum_{x_j \in C_n} d[x_j, \bar{x}(C_n)] \qquad （7.21）$$

其中，$d(a，b) = ||a - b||^2$。

除此之外，还可以使用 K-L 距离等指标度量两个文本集合之间的相似性，计算方法如式（7.15）所示。

7.3.3　样本与簇间的相似性

样本与簇之间的相似性通常转化为样本间的相似度或簇间的相似度进行计算。如果用均值向量来表示一个簇，那么样本与簇之间的相似性可以转化为样本与均值向量的样本相似性。如果将一个样本视为一个簇，那么就可以采用前面介绍的簇间的相似性度量方法进行计算。

7.4　文本聚类方法

文本聚类首先需要将文本表示为机器可计算的形式。因此，文本表示是文本聚类的前提。本书第 5 章已经对文本表示方法进行了详细介绍，本章不再赘述。文本聚类的核心是聚类算法。常见的聚类算法包括基于划分的方法、基于层次的方法、基于密度的方法、基于模型的聚类方法、竞争聚类方法等，不同的聚类算法从不同的角度出发，产生不同的结果。其中每一类方法都具有一些代表性的算法，后面将介绍几种常用文本聚类算法。

7.4.1　划分聚类方法

1. 基于 k–均值的文本聚类分析

k-均值（k-means）聚类算法由 Mac Queen 于 1967 年提出，是一种使用广泛的基于划分的聚类算法。该算法通过样本间的相似度计算尽可能地将原样本划分为 k 个聚类，使得聚类满足：同一类中的对象相似度较大，不同聚类中的对象相似度较小。k-均值聚类中，对同一个类中的所有类对象求均值作为该类的类中心对象，因此 k-均值聚类中有 k 个类，每个类有一个类中心对象，共有 k 个类中心对象。因为类中心对象是通过对一个类的所有对象求均值获得的，所以类中心对象并不一定是聚类中的真实对象，可看作一个虚拟对象。

当用类中心对象作为衡量，聚类的结果为：每一个对象到所在类中心对象的距离相比到其他类中心对象的距离都小；或者说，每一个对象与所在类中心对象的相似度相比于其他类中心对象的相似度都大。类中心对象可以想象成一个具有引力的虚拟核心吸引着该类中的所有对象。

k-均值算法的工作过程如下：① 初始划分，从 n 个数据对象任意选择（或按照某种策略选择）k 个对象作为初始聚类中心。② 对象划分到类，计算各个对象与这些聚类中心的相似度（或距离），然后将它们分别归到最相似的中心所在的类中，如果与超过 1 个聚类中心相似，则随机分配。③ 计算各个类的中心，计算各个聚类中所有对象的均值，并将其作为新的各个聚类的中心，同时计算均方差测度值。④ 终止条件，如果新的聚类中心与上一次聚类中心没有变化，则聚类完成；如果达到预先设定的最大迭代次数，则聚类完成；如果本次每一个中心点到最相似的上一轮中心点的变化（可用距离或者相似度衡量）小于指定阈值，则聚类完成；否则，跳到②进行下一次迭代计算。⑤ 判别均方差测度值，判别收敛情况，如果是多轮迭代，当算法结束时，均方差测度收敛，则判定求解成功，否则可能需要重新启动 k-均值算法，并随机初始化另外的对象作为初始中心。

下面举例解释聚类的主要过程，假设有 8 个样本，每个样本有 2 个分量：①<1，1>；②<2，1>；③<1，2>；④<2，2>；⑤<4，3>；⑥<5，3>；⑦<4，4>；⑧<5，4>。现在假设对这 8 个样本按照 $k = 2$ 进行 k-均值聚类，主要执行步骤如下。

step1：假定随机选择两个对象，如将序号 1 和序号 3 当作初始点，分别找到离两点最近的对象，并产生两个组{1，2}和{3，4，5，6，7，8}。对于产生的组分别计算平均值，得到平均值点。对于{1，2}，平均值点为（1.5，1）；对{3，4，5，6，7，8}，平均值点为（3.5，3）。

step2：通过平均值调整对象所在的组，重新聚类，也就是将所有点按距离各组的平均值点（1.5，1）和（3.5，3）最近的原则重新分配。得到两个新的组：{1，2，3，4}和{5，6，7，8}。重新计算组平均值点，得到新的平均值点为（1.5，1.5）和（4.5，3.5）。

step3：将所有点按距离平均值点（1.5，1.5）和（4.5，3.5）最近的原则重新分配，调整对象，组仍然为{1，2，3，4}和{5，6，7，8}，发现没有出现重新分配，而且准则函数收敛，程序结束。

文本聚类的过程与上例处理过程类似，下面分文本聚类的准备过程和文本聚类的过程两个部分来说明。文本聚类的准备过程如下：

① 对给定数据集合的文本进行分词，如果存在大量英文，也需要进行词干还原，以处理英文特征。

② 进行用于文本聚类的术语选择，构造所有用于聚类的术语特征集合。

③ 对于术语特征集合中的每个术语计算其 IDF 值，计算公式按照式（7.5）进行计算，并将结果存储，用于文本聚类的过程。

用于文本聚类的术语特征集合制作是一项重要工作，有时还可能会参考文本分类中的术语特征选择结果。对于术语特征的保留数量也需要深入实验评价，一般来说，特征数量太少可能造成文本中的可用术语太少，影响文本准确表示；特征数量太多可能会因大量作用不大的特征，而淹没作用较大的特征，导致聚类效果不佳。文本聚类的过程如下：

step1：对给定数据集合的文本进行分词，如果存在大量英文，进行词干还原，以处理英文特征。

step2：统计文本的 TF 值，并根据 IDF 值计算 TF-IDF，构建文本特征向量，这里需要根据所采用的特征集合来构造特征向量。如果采用除了仿词的词特征，则对文本的分词内容逐一判别，非仿词都作为术语特征，并统计 TF 值。如果预先已构造出术语特征集合，则利用术语特征集合对文本的内容进行筛选，挑选出相应的术语，并统计 TF 值。将 TF 值和 IDF 值相乘计算 TF-IDF 值，并构造文本的特征向量。

step3：将每个文本向量视作一个对象，按照 k-均值算法进行聚类。

k-均值算法有优缺点，一般来说，k-均值算法可以直接按照指定的 k 值聚到 k 个类别中，现在属于一种典型的聚类算法。k-均值算法的时间复杂度表示为 $O(tkn)$，其中 n 是对象数目，k 是簇数目，t 是迭代次数。一般相比 n 来说，k 取值比较小，t 取值也比较小。k-均值算法也有一些值得深入讨论的问题，主要包括以下内容：

① k 值需要预先指定，而若对于聚类数据事先不甚了解，则准确估计 k 值就不是一件容易的事。现有一些研究大致可分为如下三种策略：一是尝试方法，通过设定不同 k 值来观察聚类效果；二是通过层次聚类的结果来分析 k 的合理取值；三是通过评估算法来估计合理的 k 值，如用研究模糊划分熵、协方差估计等技术来估计 k 的合理取值。从目前效果来看，关于 k 的合理取值仍需进一步研究。

② 初始聚类中心的选择对聚类结果有较大的影响。受初始值选取影响较大，说明 k-均值算法不是一个健壮性足够强的算法，k-均值算法属于局部最优求解，并非全局最优求解。针对该问题一般采用三种策略：一是利用人工观测聚类结果进行判别；二是随机初始化聚类中心的多次聚类，利用多次聚类获得的聚类中心重新估计一个合理的中心（如对多次聚类中心再进行 k-均值聚类获得 k 个中心）；三是应用遗传算法（Genetic Algorithm，GA）进行初始化，以内部聚类准则作为评价指标进行聚类。

③ k-均值算法通过相似度（或者距离）衡量到聚类中心的接近程度，各个类属于球形聚类空间（若数据在平面上就是圆形）。k-均值算法不能解决非球形聚类，也不能解决非凸（non-convex）数据聚类问题。

④ k-均值算法对于噪声和离群值非常敏感。倘若存在一个偏离大多数据较远的离群值，那么它就会对聚类中心的均值计算带来较大影响，引起聚类中心的较大偏移，严重影响聚类结果。稍后的 k-中心点算法对于离群点的敏感性下降。

目前以下几方面工作对于聚类性能影响较大，包括文本聚类中有效特征集合的评价和选择，以及特征向量中的权重计算。在特征选择上，除了使用 χ^2 方法、交叉熵、互信息等方法度量，也有必要寻找多种要素衡量的特征选择方法。在权重计算方面，除了 TF-IDF 方法，有必要探索改进的崭新的权重计算方法。相似度计算一般可采用预先相似度。除了相似度也可以尝试一些距离的方法，如欧氏距离。

2. 基于 k–中心点的文本聚类分析

k-中心点算法不将簇中对象的平均值作为中心点，而是将簇中的中心点对象作为参照点。中心点对象是数据集中的一个实际对象，而 k-均值算法中的类中心对象是通过求簇中各对象均值而获得的虚拟对象。

使用 k-中心点算法进行文本聚类时类似基于 k-均值算法的文本聚类，也包括两个过程，即聚类的准备过程和聚类的过程。k-中心点算法聚类的准备过程与 k-均值算法聚类的准备过程相同，聚类的过程也需要进行文本分词、文本的向量表示以及用 TF-IDF 等算法计算文本向量中的权重。聚类的过程使用 k-中心点算法。k-中心点算法的工作原理是：首先为每个簇随机选择一个初始代表对象（代表对象就相当于所在簇的中心），剩余的对象根据其与代表对象的距离分配给最近的一个簇，之后，反复地用非代表对象来替代代表对象，以改进聚类的质量。聚类的质量用一个代价函数来估算，该函数评估了对象与其代表对象之间的平均距离。在该迭代计算过程中，每个簇中的临时代表对象可能不断替换，直到算法最终结束，最终聚类结果中的各个簇的代表对象就是各个簇的中心点，有时也称作中心对象。

k-中心点算法围绕各个中心点形成聚类，且属于划分聚类类型。要想求解最优的若干中心点，需要穷举所有可能的划分，显然这个计算量较大，然而这却是一种全局最优求解算法。

取而代之的是近似求解算法，k-中心点算法是通过设置初始代表对象，然后尝试用其他非代表对象替换代表对象的代价，寻找代价降低的替换方案，依次逐步迭代，最终获得满意解，该算法属于局部寻优算法。k-中心点算法的工作过程如下。

step1：确定聚类的个数 k。

step2：在所有数据集合中选择 k 个点作为各个聚簇的中心点。

step3：计算其余所有点到 k 个中心点的距离，并把每个点到 k 个中心点最短的聚簇作为自己所属的聚簇。

step4：在每个聚簇中按照顺序依次选取点，计算该点到当前聚簇中所有点距离之和，最终距离之后最小的点，则视为新的中心点。

step5：重复 step2、step3 步骤，直到各个聚簇的中心点不再改变。

对于基于划分方法的聚类质量要求是：类内具有更大的相似度，而类间具有更小的相似度。如果以每个对象到所在簇中心的距离来度量，通常可表述为：所有对象到其所在簇中心的距离和最小。当然也可以使用所有对象到其所在簇中心的距离平方和最小等变化的度量方式，但核心思想仍然是由距离来度量，聚类评价原则是类内相似性更大、类间差异性更大。这里以所有对象到其所在簇中心的距离和最小作为 k-中心点算法的评价准则。依照这种准则，k-中心点算法寻优策略就是不断地尝试用其他非代表对象去替代现有代表对象，以降低所有对象到其所在簇中心的距离和，这种方法可以减少某些孤立数据对聚类过程的影响。从而使得最终效果更接近真实划分，但是由于上述过程的计算量会相对多于 k-means，大约增加 $O(n)$ 的计算量，因此，一般情况下 k-中心算法更加适合中小型数据集的聚类，而不宜用于大型数据集的聚类。

7.4.2　层次聚类方法

层次聚类（hierarchical clustering）方法依据种层次架构将数据逐层进行聚合或分裂，最终将数据对象组织成一棵聚类树状的结构。层次聚类的结果是分层次的，每层的聚类个数不同，粒度不同。层次聚类方法可分为两种：凝聚型层次聚类（自底向上的聚类）和分裂型层次聚类（自顶向下的聚类）。

凝聚型层次聚类首先将每一个对象视作一个簇，其次寻找最近的两个簇合并为一个簇，再计算两个簇之间的距离，然后合并两个最近的簇，依此方式分层逐步合并，直到合并到最后一个簇。分裂型层次聚类首先将全部对象视作一个簇，然后划分为两个簇，并尽可能使得这两个簇距离最远，再针对每一个新生成的簇，若簇中对象个数大于 1 则继续分裂为两个簇。并尽可能使新生成的两个簇距离最远，依此方式逐步分裂，直到最终每一个簇都只含有 1 个对象。

在层次聚类中，距离计算至关重要，两个对象之间的距离可以使用向量间的距离计算，如欧氏距离、利用 1－余弦相似度转换的距离等，其中 1－余弦相似度转换的距离较为常用。在两个对象之间的距离计算基础上，需要制定两个簇之间的距离计算方法。有四种广泛使用的簇间距离计算方法。

（1）最小距离（minimum distance）：在各簇中任取一个对象，可计算这两个对象间的距离，取分别来自不同簇中最近的两个对象之间的距离作为簇间距离。

（2）最大距离（maximum distance）：在各簇中任取一个对象，可计算这两个对象间的距离，取分别来自不同簇中最远的两个对象之间的距离作为簇间距离。

（3）算术平均距离（average distance）：利用算术平均计算每个簇的中心，然后计算这两个中心的距离。

（4）中位数距离（median distance）：计算每个簇的中位数中心，然后计算这两个中心的距离。

上述四种距离计算方式可以直接使用，有时可以通过加权方式组合几种使用。实践中也允许构建特有的簇间距离度量公式。

凝聚型层次聚类的主要工作过程如下：

Step1：将每一个对象视作一个簇，视作层次聚类树的底层，准备向顶层逐步聚类。

Step2：对于所有待聚类的簇计算任意两个簇之间的距离。

Step3：合并具有最小距离的两个簇。如果存在几组具有相同距离的两个簇，且簇之间不存在交叉（例如，a 与 b 的距离和 c 与 d 的距离相同，则不交叉；而 a 与 b 的距离和 a 与 c 的距离相同，则存在交叉，因为 a 是同一个），则可以同时合并。当存在交叉时随机选择一个进行合并。

Step4：如果全部对象合并为一个簇，或者满足停止合并的条件（如限定最大合并次数）则停止凝聚，否则跳到 Step2。

在凝聚型层次聚类方法中每一次合并之后，不允许撤销，这种方法不一定合理，面临着局部寻优的问题。实际使用中可以调整为允许有限步内进行回撤，当然这就需要增加聚类评价，以决定是否需要回撤。上述算法的聚类过程中簇之间不能交换对象，也不一定合理，实际使用中也可以适当改进。

分裂型层次聚类的主要工作过程如下：

Step1：将所有对象视作一个簇，视作层次聚类树的顶层，准备向底层逐步聚类。

Step2：利用某种算法计算待分裂的簇，划分为两个簇的分裂点，准备进行分裂。注意：如果簇中只有一个对象则不再分裂。

Step3：评价所有待分裂簇的分裂点，选择一个可使分裂后簇间距离增大最大的分裂点，分裂对应的簇为两个新簇。

Step4：如果全部簇都仅有 1 个对象，或者满足停止分裂的条件（如限定最大分裂次数）则停止分裂，否则跳到 Step2。

对于一个簇如何寻找最佳的分裂点，并期望按此分裂为两个簇，正是 step2 和 step3 中所关心的问题。枚举法是一种很好的、可以做到全局最优的分裂点寻找方法，然而计算量太大，因此实际上可能使用一些启发式方法，例如，使用 k-均值聚类或 k-中心点聚类算法，将当前簇聚为 2 类，以获得分裂点。

因为分裂型层次聚类中分裂评价至关重要，会严重影响层次聚类的效果，所以在层次聚类中较广泛地使用凝聚型层次聚类方法。基于层次聚类的文本分类过程与 k-均值聚类过程类似，也需要进行文本分词和词干还原，然后表示为 TF-IDF 文本向量，再利用层次聚类算法进行聚类。

7.4.3 密度聚类方法

基于密度的聚类算法是寻找被低密度区域分离的高密度区域。k-均值聚类使用距离衡量簇内样本到聚类中心的远近，这类方法使得聚类结果是球状的簇。它是一种凸型簇，而基于密度的聚类算法可以发现任意形状的聚类（包括凹型簇），并且通常具有较强的噪声数据容忍性。噪声耐受的聚类密度（Density-Based Spatial Clustering of Application with Noise，DBSCAN）是一种典型的基于密度的聚类算法，它根据集中样本分布的紧密程度（密度）进行聚类，能够除去噪声点，并且聚类的结果是划分为多个簇，簇的形状是任意的。

DBSCAN 聚类的主要参数包括两个：$(\varepsilon, minPts)$，它们用于描述领域的样本分布紧密程度，其中 ε 是一个距离阈值，$minPts$ 代表样本数量的阈值。令样本集 $T = \{x_1, \cdots, x_n\}$ 代表 n 个样本，如 n 个待聚类的文本。按照 DBSCAN 算法，需描述几个概念。

（1）ε 邻域：对于 $x \in T$，则 x_a 的邻域 $N(x_a, \varepsilon) = \{x_i \in T | Dis(x_i, x_a) \leq \varepsilon\}$，即 T 集合内所有距离 x_a 不超过 ε 的样本构成的子集，$Dis(x_i, x_a)$ 代表两个样本 x_i 与 x_a 之间的距离，$|N(x_a, \varepsilon)|$ 表示 X_a 的 ε 邻域。

（2）核心对象：对于 $x_a \in T$，如果 $|N(x_a, \varepsilon)| \geq minPts$，则 x_a 就是核心对象。

（3）密度直达：如果 $x_a \in T$ 是核心对象，那么若 $x_i \in N(x_a, \varepsilon)$，则 x_i 由 x_a 密度直达。注意，密度直达不具有对称性。只有当两个都是核心对象时，才具有对称性。

（4）密度可达：对于一个子样本序列 $p_1, ..., p_m$，如果 P_{i+1} 由 p_i 密度直达，那么该序列中的任意一个样本 p_i 都由 P_1 关于（$\varepsilon, minPts$）密度可达。同理对于任意一个样本 p_b，$p_k \in (p_{b+1}, ..., p_m)$，则 p_k 由 p_b 关于（$\varepsilon, minPts$）密度可达。密度可达具有传递性，但密度可达不具有对称性。密度可达不具有对称性是因为密度直达不具有对称性。

（5）密度相连：对于 $x_i \in T$，$x_k \in T$，如果存在一个核心对象 x_a，使得在参数（$\varepsilon, minPts$）下，x_i 由 x_a 密度可达，x_k 由 x_a 密度可达，则 x_i 和 x_k 密度相连。密度相连满足自反性、对称性和传递性，故属于等价关系。

由上面的概念可知，密度直达仍然描述一个球状空间，但密度可达却描述一个通过移动球状空间形成的不规则空间，甚至是凹域。基于这几个概念，DBSCAN 聚类可以描述为：由密度可达关系导出的最大密度相连的样本集构成一个簇，所有的这些簇则组成 DBSCAN 的聚类结果。

DBSCAN 算法的工作过程描述如下：① 任意选择一个没有聚类的样本，寻找其邻域，并计算邻域内样本数量是否满足最小阈值，如果满足则作为核心对象，如果不满足再测试下一个没有聚类的样本，当所有的未聚类样本都被测试仍没找到核心对象，则聚类结束并返回聚类结果 C，否则将当前的样本作为核心对象 x_a；② 将核心对象 x_a 作为种子，寻找与 x_a 密度可达的全部对象作为一个新的聚类簇 C_i；③ 将 C_i 加入已经聚类的集合 C 中，即将 $C \cup C_i$ 作为新的 C，然后跳到步骤①重复上述过程。

关于 DBSCAN 算法有几个问题值得注意：

① 样本之间的距离计算。令函数 $Dis(x_i, x_a)$ 代表两个样本 x_i 与 x_a 之间的距离。如果 x_i 采用向量来描述，则距离可以采用样本之间的欧氏距离或者 $1 - sim(x_i, x_a)$ 的方法来度量，这里的相似度 $sim(x_i, x_a)$ 常用余弦相似度。k-均值算法中，两个文本的相似度也常使用余弦相似度。

② 离群点通常偏离正常样本较多，并且离群点的周围样本通常较为稀疏，因此基于密度的聚类往往不会将离群点作为核心对象，也不会将离群点聚到类中。虽然离群点可能是正常数据，但也可能是噪声数据，这需要依据实际问题以及数据的可靠性来分析。通常将离群

点视作噪声，这种情况下，基于密度的聚类具有一定的噪声容忍性。

③ 如果一个对象 x_i 到核心对象 x_a 是密度直达，对象 x_i 到核心对象 x_b 也是密度直达，那么 x_i 应归在 x_a 内还是 x_b 内就是值得思考的问题。这个问题分情况分析还比较复杂，一般来说，DBSCAN 算法只采用简单的方法来解决，就是按照核心对象 x_a 和 x_b 哪个先出现，就归到哪个类中，虽然可能不足够合理，但是算法执行速度很快。

④ 对于一个聚类簇来说，其中可能包括很多个核心对象，而该簇可以有任意一个核心对象来确定。换句话说，该簇中的任意一个核心对象经过密度可达来扩展的对象集合都能形成该簇。

7.4.4 基于模型的聚类

与 k-means 算法相比，基于模型的聚类是更为一般化的聚类模型。k-means 算法假设数据的分布满足球状结构，然而，在基于模型的聚类方法中，用户可以定义任意的数据分布形式。基于模型的聚类方法比较适合软聚类的应用场景。

基于模型的聚类假定每一个聚类的簇实际上是一个概率分布，观察到的数据样本可以看作由若干个概率分布中的其一个分布随机抽取出来的。通常假定每个概率分布的形式是一样的，但是各自的具体参数赋值存在差异。对文档进行聚类时，一方面要恢复各簇的模型，另一方面要将每个样本从各簇中抽取出来的可能性。后者对应软聚类的隶属度指标。

基于模型的聚类方法中的"模型"是指产生式模型。在产生具体的文档样本时，先按一定概率抽取一个概率分布，然后从特定的概率分布中产生某个特定样本。如果知道每个样本是从哪个分布中抽取出来的，就可以很容易地构造似然函数对各模型参数的估计：

$$\theta = \arg\max_\theta L(D \mid \theta) = \arg\max_\theta \sum_{n=1}^{N} \log p(d_n \mid \theta_{c_n}) \quad \theta \in \{\theta_1, \cdots, \theta_k\} \quad (7.22)$$

实际应用中由于不知道每个文档 d_n 所属的类别对应的参数 θ_{c_n} 无法直接采用极大似然估计求模型参数。在样本数据中存在不可观测变量 c_n 的情况下，通常需要采用 E-M 算法估计模型参数。

E-M 算法是非常经典的解决包含不可观测变量的模型参数估计问题的方法。首先去掉文本分析的背景提出一个更泛化的参数估计场景；观测数据 X 是从若干个模型中随机抽取出的，所有模型的参数记为 Θ，是需要估计的结果。数据与模型的对应关系由变量 Z 表示，Z 是不可观察的隐变量。

输入：

观测变量 X，隐变量 Z，联合分布 $P(X, Z \mid \Theta)$，条件分布 $P(Z \mid X, \Theta)$。

输出：

模型参数 Θ。

Step1：初始化，选择参数的初始值 $\Theta^{(0)}$。

Step2：E-Step，记 $\Theta^{(i)}$ 为第 i 次迭代的参数估计值，第 $i+1$ 次迭代的 E-Step 可以根据 X 和 $\Theta^{(i)}$ 估计隐变量 Z 的条件概率分布，有

$$P(Z \mid X, \Theta^{(i)}) = \frac{P(X \mid Z, \Theta^{(i)}) P(Z \mid \Theta^{(i)})}{\sum_Z P(X \mid Z, \Theta^{(i)}) P(Z \mid \Theta^{(i)})} \qquad (7.23)$$

基于 $P(Z \mid X, \Theta^{(i)})$，可以构造似然函数：

$$Q(\Theta, \Theta^{(i)}) = E_Z \log P(X, Z \mid \Theta) P(Z \mid X, \Theta^{(i)}) \qquad (7.24)$$

Step3：M-Step，求使得 $Q(\Theta, \Theta^{(i)})$ 极大化的 Θ，从而确定第 $i+1$ 步的估计值 $\Theta^{(i+1)}$。

Step4：终止。重复 E-Step 和 M-Step 直到算法收敛，停止条件为 $\| \Theta^{(i+1)} - \Theta^{(i)} \| < \varepsilon$ 或 $\| Q(\Theta^{(i+1)}, \Theta^{(i)}) - Q(\Theta^{(i)}, \Theta^{(i)}) \| < \varepsilon$。

说明：直接理解 E-M 算法是比较困难的。E-M 算法的本质是基于极大似然估计的思想，但是极大似然估计有效的前提是所有变量都是可观测的。因此，要估计参数 Θ，就需要知道隐变量 Z，而隐变量 Z 又只能通过参数来判断。这就陷入了一个类似于"先有鸡还是先有蛋"的死循环问题。在这种情况下，不妨先假设已经知道参数 Θ 的值，然后估计隐变量 Z，然后在隐变量 Z 的估计值基础上重新估计 Θ，将这过程往复迭代下去，最终找到最优解。

E-M 算法包含 E-Step，即 Exceptation，是指基于 Θ 和观测变量 X 估计隐变量的后验概率分布 $P(Z \mid X, \Theta^{(i)})$，采用的公式是贝叶斯公式。M- Step，即 Maximization，是指基于 $P(Z \mid X, \Theta^{(i)})$ 构造的似然函数 $Q(\Theta, \Theta^{(i)})$ 更新对 Θ 的最大化优化结果。

E-M 过程与 k-means 过程在迭代思想上有相通的逻辑，即 k-means 可以理解为 E-M 的一种特殊形式。在数学上可以证明 E-M 是有效的，可以获得局部极大值。为了使得 E-M 的解是全局最大的，需要合理地对参数的初值进行选择。

下文将在文本分类的场景下说明 E-M 算法的具体技术实现。假设文档的概率分布是一个混合的多元贝努利分布，共存在 K 个类别（模型），聚类的任务是针对给定文档集合中的元素计算其属于各个模型的可能性（隶属度）。模型参数可表示为 $\Theta = \{\Theta_1, \cdots, \Theta_k\}$ 和 $\Theta_k = \{\alpha_k, q_{1k}, \cdots, q_{Mk}\}$ 的形式，其中，$\alpha_{k'}$ 表示任意文档从模型 K 中抽取的概率；$q_{mk}(m = 1, \cdots, M)$ 是在确定文档类别时文档中出现词汇项 t_i 的可能性。在给定类别 k 的情况下，M-Step 可以表示为

$$q_{mk} = \frac{\sum_{i=1}^{N} r_{ik} I(t_m \in d_i)}{\sum_{i=1}^{N} r_{ik}}, \quad \alpha_k = \frac{\sum_{i=1}^{N} r_{ik}}{N} \quad k = 1, \cdots, K; \ m = 1, \cdots, M \qquad (7.25)$$

E-Step 可以表示为

$$r_{ik} = \frac{\alpha_k (\prod_{t_m \in d_i} q_{mk})(\prod_{t_m \in d_i} (1 - q_{mk}))}{\sum_{k=1}^{K} \alpha_k (\prod_{t_m \in d_i} q_{mk})(\prod_{t_m \in d_i} (1 - q_{mk}))} \quad k = 1, \cdots, K; \ i = 1, \cdots, N \qquad (7.26)$$

尽管基于模型的方法主要适用于软聚类，但基于 E-M 算法获得的文档对各模型簇的隶属度指标也可以指导硬聚类算法：

$$c_i = \arg \max_k r_{ik} \qquad (7.27)$$

基于模型的方法和 k-means 算法一样，对初始点的选取依赖性很高。解决该问题的有效方案是：先通过 k-means 算法获得数据的聚类中心，之后将该聚类中心作为基于模型的算法的初始聚类参数。

7.4.5 竞争聚类类型

竞争聚类类型自动寻找样本数据的内在规律和本质属性，通过竞争机制逐步抽取主要特征实现聚类过程。自组织神经网络是一种典型的竞争聚类类型。自组织神经网络是无监督学习网络，一个神经网络接收外界输入模式时，自动将其划分到不同的对应区域，各区域对输入模式有不同的响应特征。自组织神经网络的目标是用低维（通常是二维或三维）目标空间的点来表示高维空间中的所有点，尽可能地保持点间的距离和邻近关系（拓扑关系）。

自组织神经网络（self-organizing maps）可用于聚类技术。一个神经网络接受外界输入模式时，将会分为不同的对应区域，各区域对输入模式具有不同的响应特征，而且这个过程是自动完成的。自组织神经网络正是根据这一思想提出来的，其特点与人脑的自组织特性类似。

自组织神经网络具有以下特点：①可以将高维空间的数据转化到二维空间表示，并且其优势在于源空间的输入数据彼此之间的相似度在二维离散空间能得到很好的保持，因此在高维空间数据之间的相似度可以转化为表示空间（representation space）的位置临近程度，即可以保持拓扑有序性；② 抗噪声能力较强；③ 可视化效果较好；④ 可并行化处理。文本聚类具有高维和与语义密切相关的特点，自组织神经网络方法的上述特点使其非常适合文本聚类这样的应用。目前自组织神经网络聚类方法在数字图书馆等领域得到了较好的应用，自组织神经网络对数据对象的阐述较为形象化，可视化的效果较好。

自组织神经网络的运行分为训练和工作两个阶段。在训练阶段，对网络随机输入训练集中的样本。对某个特定的输入模式，输出层会因某个节点产生最大响应而获胜，而在训练开始阶段，输出层哪个位置的节点将对哪类输入模式产生最大响应是不确定的。当输入模式的类别改变时，二维平面的获胜节点也会改变。获胜节点周围的节点因侧向相互兴奋作用也产生较大的响应，于是对获胜节点及其邻域内的所有节点的权值向量都做程度不同的调整。网络通过自组织方式用大量训练样本调整网络的权值，最后使输出层各节点成为对特定模式类敏感的神经细胞。当两个模式类的特征接近时，代表这两类的节点在位置上也接近。

文本数据具有高维和与语义密切相关的特点，而自组织神经网络可以将高维空间的数据转化为低维空间,并且源空间的输入数据彼此之间的相似度在低维高散空间得到较好的保持，即具有较好的拓扑有序性。该方法还具有对噪声不敏感的特点。使用自组织神经网络方法进行文本聚类的基本步骤可以概括如下：

Step1：初始化。对输出层各个神经元所代表的权值向量赋予小的随机数，并做归一化处理。神经元的向量维数与输入文档向量的维数相同。

Step2：接收输入。从训练集中随机选取文档向量，作为自组织神经网络的输入。

Step3：寻找获胜节点。计算输入文档向量与各神经元向量的相似度，相似度最大的节点将获胜。

Step4：获胜节点及其邻域内的节点调整权值。权值调整的幅度一般采用随时间单调下降的退火函数。

通过调整权值，获胜者及其邻域内的神经元和输入文档模式更加接近，因此使这些神经元以后对相似输入模式的响应得以增强。通过充分训练，输出层各节点成为对特定模式类敏感的神经细胞，对应的向量成为各个输入模式类的中心向量。

自组织神经网络中输出节点的个数与输入文档集合的类别个数有关。如果节点数少于类别数，则不足以区分全部模式类，结果将使相近的模式类合并为一类。如果节点数多于类别数，则类别划分过细，从而对聚类质量和网络的收敛效率产生影响。

自组织神经网络训练结束后，输出层各节点与各输入模式类的特定关系就完全确定了，此时自组织神经网络有如下主要性能：① 各聚类中心是类中各个样本的数学期望值，即质心；② 对输入数据有"聚类"作用，而且保持拓扑有序性。经过充分训练的自组织神经网络可以视为一个"模式分类器"。当输入一个模式时，网络输出层代表该模式类的特定神经元将产生最大响应，从而将该输入自动归类。

自组织神经网络方法通常需要预先定义网络的规模和结构，目前已有学者找到一些方法，尝试在训练过程中自适应调节网络的大小和结构。其基本思想是允许更多的行或者列动态地加入网络中，使网络更加适合模拟真实的输入空间。一般说来，自组织神经网络倾向于使用较多的节点表示输入分布中稀疏的区域，而对于密集的区域，表示的节点较少。对此，还有学者研究了输入数据的密度分布和网络节点的有效使用问题。

自组织神经网络方法需要定义邻域函数和学习速率函数。关于邻域函数和学习速率函数的选择并没有固定的模式，有学者对此做了专门的研究和讨论，实验结果表明常用的学习速率函数可能会导致神经元的位置被最后输入的数据影响，而一些改进的学习速率函数和邻域函数使输入的训练数据对于神经元位置的影响更加均匀。直接对由随机趋近理论给出的经典学习速率进行范围化是比较难的，他们采用了一种统计核函数的解释。对于任何一个给定的经验学习速率，可以分析一个给定的数据点对训练图上的神经元位置的贡献。

7.5　聚类算法性能评估

聚类性能评估也称作聚类有效性（cluster validity）分析。常用的聚类性能评估方法有两种：一种是根据外部标准（external criteria），通过测量聚类结果与参考标准的一致性评价聚类结果的优劣；另一种是根据内部标准（internal criteria），仅从聚类本身的分布和形态评估聚类结果的优劣。

1. 外部标准

基于外部标准的评估方法是指在参考标准已知的前提下，将聚类结果与参考标准进行比对，从而对聚类结果做出评估。参考标准通常由专家构建或人工标注获得。

对于数据集 $D = \{d_1, \cdots, d_n\}$，假设聚类标准为 $P = \{P_1, \cdots, P_m\}$，其中 P 表示一个聚类簇。当前的聚类结果是 $C = \{C_1, \cdots, C_k\}$，其中 C_i 是一个簇。对于 D 中任意两个不同的样本 d_i 和 d_j，根据它们隶属于 C 和 P 的情况，可以定义四种关系：

（1）SS：d_i 和 d_j 在 C 中属于相同簇，在 P 中也属于相同簇；

（2）SD：d_i 和 d_j 在 C 中属于相同簇，在 P 中属于不同簇；

（3）DS：d_i 和 d_j 在 C 中属于不同族，在 P 中属于相同族；

（4）DD：d_i 和 d_j 在 C 中属于不同族，在 P 中属于不同簇。

记 a，b，c，d 分别表示 SS，SD，DS，DD 四种关系的数目，可导出以下评价指标：

● Rand 统计量（Rand Index）：

$$RS = \frac{a+d}{a+b+c+d} \tag{7.28}$$

- Jaccard 系数（Jaccard Index）：

$$JC = \frac{a}{a+b+c} \tag{7.29}$$

- FM 指数（Fowlkes and Mallows Index）：

$$FM = \sqrt{\frac{a}{a+b} \cdot \frac{a}{a+c}} \tag{7.30}$$

上述三个评价指标的取值范围均为[0，1]，值越大表明 C 和 P 吻合的程度越高，C 的聚类效果越好，这些指标主要考查聚类的宏观性能，在传统的聚类有效性分析中被较多地使用，但在文本聚类研究中并不多见。

为了对聚类结果进行更加微观的评估，通常针对聚类标准中的每一簇 P_j 和聚类结果中的每一簇 C_i，定义以下微观指标：

- 精确率（precision）：

$$P(P_j,C_i) = \frac{|P_j \bigcap C_i|}{|C_i|} \tag{7.31}$$

- 召回率（recall）：

$$R(P_j,C_i) = \frac{|P_j \bigcap C_i|}{|P_j|} \tag{7.32}$$

- F_1 值：

$$F_1(P_j,C_i) = \frac{2 \cdot P(P_j,C_i) \cdot R(P_j,C_i)}{P(P_j,C_i) + R(P_j + C_i)} \tag{7.33}$$

对于聚类参考标准中的每个簇 P_j，定义 $F_1(P_j) = \max_i\{F_1(P_j,C_i)\}$，并基于此，导出反映聚类整体性能的宏观 F_1 值指标：

$$F_1(P_j,C_i) = \frac{\sum_j |P_j| \cdot F_1(P_j)}{\sum_j |P_j|} \tag{7.34}$$

式（7.32）和式（7.33）能更加丰富地刻画了各簇聚类结果与聚类参考标准之间的吻合度，是基于外部标准评估文本聚类性能时使用较多的一种方法。

2. 内部标准

基于内部标准的聚类性能评价方法不依赖于外部标注，而仅靠考查聚类本身的分布结构评估聚类的性能。其主要思路是：族间越分离（相似度越低）越好，簇内越凝聚（相似度越高）越好。

常用的内部评价指标有：轮廓系数（silhouette coefficient）、I 指数、Davies-Bouldin 指数、Dunn 指数、Calinski-Harabasz 指数、Hubert's Γ 统计量和 Cophenetic 相关系数等。这些指标大多同时包含凝聚度（cohesion）和分离度（separation）两种因素，以下仅以轮廓系数为例进行介绍，其他方法及其比较可参考论文[Lin et al.，2011]。

轮廓系数（silhouette coefficient）最早由 PeterJ.Rousseeuw 于 1986 年提出，是一种常用的聚类评估内部标准。对于数据集中的样本 d，假设 d 所在的簇为 C_m，计算 d 与 C_m 中其他样本的平均距离：

$$a(d) = \frac{\sum_{d' \in C_m, d' \neq d} dist(d, d')}{|C_m| - 1}$$ （7.35）

再计算 d 与其他簇中样本的最小平均距离：

$$b(d) = \min_{C_j : 1 \leqslant j \leqslant k, j \neq m} \left\{ \frac{\sum_{d' \in C_j} dist(d, d')}{|C_j|} \right\}$$ （7.36）

其中，$a(d)$ 反映的是 d 所属簇的凝聚度，值越小表示 d 与其所在的簇越凝聚；$b(d)$ 反映的是样本 d 与其他簇的分离度，值越大表示 d 与其他簇越分离。

在此基础上定义样本 d 的轮廓系数为：

$$SC(d) = \frac{b(d) - a(d)}{\max\{a(d), b(d)\}}$$ （7.37）

对所有样本的轮廓系数求平均值，即为聚类总的轮廓系数：

$$SC = \frac{1}{N} \sum_{i=1}^{N} SC(d_i)$$ （7.38）

轮廓系数值域为 [－1，1]，值越大说明聚类效果越好。

7.6　藏文文本聚类方法

目前藏文文本聚类的研究主要集中在应用方面，而不是聚类算法本身。藏文聚类能用于迅速归类文档的重要信息，同时为藏族地区的网络舆情状况监控提供技术支持。藏文文本聚类的应用主要集中在两个方面：新闻热点和网络舆情监测。

江涛首次将聚类方法用于藏文网络舆情分析[江涛，2010]，采用层次式聚类与 KNN 聚类相结合的方式实现网络文本的聚类。其基本思想是：按照数据的时间顺序，对数据进行分组，通过组内聚类得到小类，然后对所有的小类再次进行组间聚类，最终得到事件类簇。具体流程是：

首先，利用层次式聚类获取第一阶段的聚类结果，由于数据量与时效性等因素，将按文本日期属性对所有数据进行分组。每组内部的语料特点是：包含的文档数量少，且每个文档包含的信息量较少，因此可结合凝聚的层次式聚类，对小样本数据进行第一步处理。其次，由于语料整体数据量大，而 Single-pass 聚类属于非层次式聚类，其聚类过程是一个迭代过程，算法效率较高，非常适应处理语料规模较大的数据。所以针对第一阶段的聚类结果，采用 KNN 算法再次聚类，最终形成聚类事件。

邓竞伟等结合网络舆情的复杂网络传播特征对藏文热点话题展开挖掘[邓竞伟，2013]，实现热点文本的聚类。聚类方式主要根据网页文本之间的内容相关的程度，用它们之间的相似度来度量两个网页文本相关的程度，并基于此实现了相似内容网页文本的聚类。

曹晖等引入子话题的概念，实现藏文新闻文本话题检测的聚类算法研究[曹晖，2014]。该方法在简易聚类算法的基础上进行了改进，首先改善了语料集合中的文本顺序对聚类结果的影响；其次是在类别确定时，引入了种子话题概念，种子话题即为程序按照的语料集合中默认文本顺序，先找到的第一个报道某个话题的新闻文本。将种子话题作为一个类别的核心进行标记，并将每个种子话题看作一个类别，通过计算出种子话题数就可以确定出类别的个数；最后针对剩下的非种子话题文本，查找到与其相似度最高的种子话题，并与该种子话题归为一个类别。在文本语料的相似度比较模式下，语料集合中文本在默认情况下有一个顺序，首先将默认顺序中第一个文本与其后的所有文本依次进行相似度比较，其次将默认顺序中第二个文本与其后的所有文本依次进行相似度比较，依此类推，最后是将默认顺序中倒数第二个文本与倒数第一个文本进行相似度比较。最后对该方法进行了验证，验证发现该算法在语料库中各个类别训练语料分布均匀的情况下，得出的结果良好，但是在各类别中训练语料分布不均匀的情况下，文本的聚类结果有一定的影响。

康健引入蚁群算法和群体智能在藏文文本聚类算法中[康健，2012]，该算法的基本思想是：首先，构建藏文文本的向量空间模型；然后，通过去停用词和特征词的加权重的方法得到文本的特征向量集合，将藏文文本的特征向量随机分布在二维的平面上，每一个藏文文本信息分配一个随机的初始位置，每一只蚂蚁都能够随机地在网格上移动，计算个体在局部环境中的群体相似度，然后通过概率转换函数将文本相似度转换成蚂蚁拾起或者放下文本的概率。这种聚类行为，通过多次迭代会将属于同一类别的藏文文本信息聚集在同一区域。同时针对算法面对实时大规模文本数据的聚类对计算要求能力表现不足的问题，并结合分布式 multi-agent 技术改进了基于蚁群优化的藏文文本聚类算法，主要将聚类算法中文本解析、蚂蚁感知信息素的移动和相似度计算等耗费计算能力的部分，利用基于蚁群藏文文本聚类的分布式实现将这些计算任务分成不同的小部分，同时在多个处理器上执行。在环境中，每一个蚂蚁 agent 独立地实现执行文档解析处理,计算相似度和根据信息素移动计算,由不同的 agent 运行在不同的机器上，实现负载平衡，最后进行了实验验证，取得了较好的聚类效果。

藏文文本聚类的发展还处于初级阶段，在未来信息化更加普及的情况下，会有越来越多的藏文文本数据急速增长，将有越来越多的地方需要用到藏文文本聚类分析。具体的应用需求和侧重点不同，根据算法优缺点所选取的聚类方法也会有所不同，因此并不存在一个适用于所有藏文文本的聚类算法。

第 8 章

藏文 web 文本挖掘方法研究

8.1　web 文本挖掘概述

8.1.1　web 文本数据应用及特点

web 是一个异质、分布、动态的信息源，基于 web 信息源产生的数据构成了 web 大数据，它是网络大数据的主要组成部分。web 大数据中蕴含了很多有价值的信息，涉及的应用领域非常广泛，如新闻报道、商品信息、网民评论、科研信息等，各个领域的 web 应用产生了不同的数据，根据业务不同，数据的主题不同，数据的描述方式和结构也不同，如新闻网站的数据，以当前新闻、话题为主，数据结构是文本、图像及链接，特点是单向数据；社交数据，以用户间的互动数据为主，数据描述为用户产生的文字、图片和视频内容，核心结构为链接及关系链数据；游戏数据主要包括大型网游数据、网页游戏数据和手机游戏数据，产生的数据是游戏的活跃行为数据和付费行为数据；电商数据，主要是商品浏览、搜索、点击、收藏和购买等数据，其数据最大特点是从浏览到支付形成的用户漏斗式转化数据。搜索引擎的数据以用户搜索的关键词、爬虫抓取的网页、图片和视频数据为主，数据特点是通过搜索关键词更直接反映用户兴趣和需求，以非结构化数据居多；web 大数据绝大部分是实时在线的，为了分析，相关人员也可能会抽取出所需信息，离线存储，某一个主题数据会存储为批量数据。Web 数据归纳起来，主要有四类数据：web 页面文档、web 页面地址链接数据、用户访问信息与服务器 webLog 数据和自媒体数据，前三者主要为新闻类网站的数据，其中 web 页面文档主要是网站页面内容，由非结构化文本、半结构化文档、文档标记和多媒体数据（如图片、图像、视频、语音等）组成，一般称为 web 内容数据；web 页面地址链接数据，描述 web 页面关系，提供 web 页面访问地址，是带有一定格式的超链接字符串，一般称为 web 结构数据；用户访问信息与服务器 webLog 数据，主要是用户访问数据、电子商务信息等，一般是结构化的关系数据居多，称为 web 使用数据；自媒体数据主要来源是贴吧、微信、微博、博客、QQ、Facebook、短信等社交媒体上大量的文字互动信息。这些数据质量参差不齐，网站结构丰富多样，加工整合困难。例如，针对同一个商品，在不同的电子商务数据源中，页面的表示形式、属性参数的类型和描述方法都不尽相同，在缺乏统一的理论模型的情况下，跨源数据在不同的数据模式下的比较分析具有很大的困难。

web 文本以互联网为载体，因此它带有互联网的特点，数据具有发散性、不确定性和突发性。网络信息存在于数以万计的各大网站上，对同一主题相关的各种报道和信息分散的存在于互联网上，这些信息发布的时间不同、发布的媒体不同、报道的角度和出发点不同、报道的质量和真实性参差不齐。分散性也导致了 web 文本的不确定性，由于分散的页面更新等因素，许多页面的内容并不保持一致，造成原始数据不准确，或者 web 数据针对某种特殊应用，所以数据粒度不明确、元数据不明确等。网络主体行为的突发性和目的的突发性，造成 web 大数据区别于以往数据，导致了网络信息的发展常常是不可控的，数据分析面对的主题、元数据是不确定的。

随着互联网中信息的急速增多，web 大数据具有异构性和动态性的特点越来越突出。异构性包括：信息来源异构、对象异构、组织方式异构。动态性包括 web 数据随时更新，不仅内容变化，而且结构也动态变化。因此，人们越来越难以从繁多的数据中获取自己所需要的信息。由于互联网缺乏统一的组织和管理，造成网络上的信息种类繁多、结构多变。搜索引擎技术在一定程度上缓解了信息过载问题，但搜索引擎只是根据用户输入的几个关键词来进行检索，搜索结果包含了很多冗余和不相关的信息。因此，web 数据挖掘是发展 web 数据分析技术的核心。

8.1.2　web 文本挖掘及挖掘类型

web 挖掘就是从 web 文档和 web 活动中发现、抽取感兴趣的、潜在的有用模式和隐藏的信息，目前已经在越来越多的方面发挥作用，如搜索引擎的开发及改进、网站结构优化、web 文档分类、智能查询、网络用户行为模式的发现以及个性化推荐等。web 挖掘将传统的数据挖掘技术与 web 结合起来，以数据挖掘、文本挖掘、多媒体挖掘为基础，并需要综合运用计算机网络、数据库与数据仓库、人工智能、信息检索、可视化、自然语言理解等技术。web 信息的复杂性决定了 web 数据挖掘任务的多样性，根据挖掘对象的不同，web 挖掘任务可以分为三类：web 内容挖掘（web content mining），web 结构挖掘（web structure mining）和 web 使用挖掘（web usage mining）。

web 内容挖掘，是一种基于网页内容的 web 挖掘，是从大量的 web 数据中获取潜在的、有价值的知识或模式的过程，是对网页上真正的数据进行挖掘；web 内容挖掘的任务，是对 web 上的大量文档的内容进行总结、分类、聚类、关联分析，从用户的角度出发，提高信息质量和帮助用户过滤信息。内容挖掘的对象分为两大类：一类是文本数据，主要有非结构化的自由文本、半结构化文本或数据、结构化的关系数据库的数据；另一类是多媒体数据，如图像、视频、音频等。文本数据的非结构化数据主要以新闻、小说等形式存在，这类自由文本中的数据丰富，词汇量非常大，处理起来很困难，为解决这个问题人们做了许多相应的研究，采取了不同技术，以计算语言学、统计学、自然语言处理等技术为基础。文本数据中的半结构化数据主要包括 HTML 网页、XML 网络交换文档，从半结构化数据中发现知识是 web 内容挖掘的重点。半结构化数据既包含内容信息又包含属性特征之间层次结构关系特性，其结构可能是隐含的、不完整的，甚至可能是需要不断修改的。半结构化数据挖掘主要有两个研究方向：一个是半结构化数据特征的提取方法；另一个是根据数据特点，基于所抽取的数据特征进行分类和聚类等知识发现研究。web 多媒体挖掘是从大量的多媒体集中，通过综合分析视听体系和语义，提取多媒体对象的特征，一般包含图像或视频的文件名称、URL、类型、键值表、颜色向量等。然后对这些特征进行分类、聚类等操作。自媒体主要是指私人化、平民化、普泛化、自主化的传播者传递信息的媒体总称。近年来，自媒体的微信、微博、Twitter、Facebook 等社交媒体已经从时尚变为主流，是 web 大数据不可缺少的一部分，其最大特点是，内容是双向的。自媒体中数据庞杂，最主要的包括文本、图标，目前网络自媒体信息多是基于微格式的。相对于传统信息的格式化数据，它具有不规则性、语义上下文相关性和连接扩展性等特点。因此，分析自媒体的文本内容、情感也是 web 内容分析的部分。

web 结构挖掘，是从ＷＷＷ的组织结构、web 文档结构及其链接关系中推导潜在知识和模式，寻找有用的知识。在 web 空间中，有用知识不仅包含在 web 页面内容中，也包含在 web 页间超链接结构与 web 页面结构之中。web 结构挖掘的对象是不同网页之间的超链接、一个网页内部的树形结构，以及文档 URL 中的目录路径等，这些连接反映了文档之间的包含、引用或者从属关系，引用文档对被引用文档的说明往往更客观、更概括、更准确。通过对这些节点结构进行分解、变形和归纳，可以对页面进行分类和聚类，从而找到权威页面以及中心页面，也可以发掘具有共同兴趣的用户社区。自媒体中的网民进行交流依赖的是最常用虚拟关系表达，这种关系是一种"一对多"及松耦合的关系及群体。所谓"一对多"，即一个人发表观点而多个人阅读，当然他们和官方媒体或者新闻网站的区别在于每个博客是自主的行为；而松耦合的关系及群体，即每个网民都有自己的网友关系及虚拟社会群体，如在 Twitter 和微博中有设置和管理"follow""粉丝"等机制。这种关系在自媒体中可以通过数据逻辑表达，也可以通过互发的信息链接表达，因此可以分析自媒体的链接结构对分析用户之间的关系，以及媒体传播渠道有重要作用，应用在理解和解释自媒体的舆情传播规律、计算机病毒感染等典型问题上。从 web 结构挖掘的现状来看，纯粹的网络结构挖掘研究非常少，多数是和其他 web 挖掘形式结合起来。基本的研究集中在网络虚拟视图生成与网络导航、信息分类与索引结构重组、文本分类、文本重要性确定等几个方面。其中自媒体的数据分析和挖掘就是内容挖掘和结构挖掘的结合，自媒体中的言论内容、情感、意见倾向分析都属于 web 内容挖掘，用户关系、信息传播度研究就是 web 结构挖掘。

web 使用挖掘，又称 web 使用记录挖掘，是指通过挖掘 web 日志记录来发现用户访问 web 页面的模式，是 web 挖掘与传统数据挖掘技术交叉点最多的领域。web 使用记录数据除了服务器的日志记录外，还包括代理服务器日志、浏览器端日志、注册信息、用户会话信息、交易信息、Cookie 中的信息、用户查询、鼠标点击流等一切用户与站点之间可能的交互记录。通过对 web 访问日志文件数据的挖掘分析，分析和研究 web 日志记录中的规律，识别电子商务的潜在客户及用户浏览模式，挖掘出用户的兴趣关联规则，也可以预测用户行为，通过为用户预取一些 web 页面的方法，加快用户获取页面的速度。

8.1.3 web 文本挖掘过程

web 内容挖掘的数据来源有两个：web 网页的运行（显示）内容和 web 网页生成代码。web 内容挖掘首先要从这两个信息源中获取数据，之后经过内容信息处理（文本处理及多媒体处理）、信息挖掘，直到得到挖掘结果展示。web 内容挖掘过程如图 8.1 所示。

图 8.1 Web 内容挖掘过程

web 内容挖掘的信息获取主要通过网络爬虫技术和结构化抽取。网络爬虫是一种能够自动下载网页的程序，它的主要功能是自动从互联网上的各个网站站点抓取 HTML 文档，并从该 HTML 文档中提取一些信息来描述该文档。这个过程中需要定义需要采集的数据，对网页进行初步分析，最后将采集数据进行分类存储等工作；web 信息结构化抽取，也是一种程序，通常称为包装器，完成从网页中抽取目标信息的工作，包括从自然语言中抽取信息及从网页中抽取结构化信息。web 内容挖掘数据获取阶段得到的数据内容格式比较自由，与目标需求距离较远，web 内容挖掘的数据预处理部分，完成对数据的进一步过滤和提取。对文本数据和多媒体数据有不同的预处理方法。针对文本数据，文本特征的提取，主要是识别文本中词项的意义，即那个代表文本内容和概念的词条，采用自然语言处理技术完成；文本特征表示，选择描述结构或方法，描述抽取出的文本特征，采用文本模型或者结构化数据结构等。针对多媒体数据，同样要进行图像、视频、音频数据的特征提取、多维分析，得到适合进一步挖掘的数据。web 内容挖掘采用技术包括文本分类、文本聚类、信息聚类以及多媒体挖掘相关技术，进行内容挖掘，得出挖掘结果，应用于舆情分析、领域决策等方面。

web 结构挖掘的数据来源与 web 内容挖掘的数据源相同，也是 web 网页的运行（显示）内容和 web 网页生成代码。web 结构挖掘首先要从这两个信息源中获取网页间的链接地址，之后经过 web 结构提取、web 结构挖掘，直到得到挖掘结果展示及应用。web 结构挖掘过程如图 8.2 所示。

图 8.2　web 结构挖掘过程

web 结构挖掘的信息获取主要通过网络爬虫技术自动从互联网上的各个网站站点抓取 HTML 文档，并从该 HTML 文档中提取文档信息及信息间的链接。web 结构挖掘的结果提取，是从所有链接信息中提取链接关系，得到涉及网页的整体结构、网站的局部结构、跨站链接等，形成不同的链接网络，为了进一步的结果挖掘通过数据。web 结构挖掘主要采用的算法包括查询无关算法和查询有关算法，已经应用的典型算法分别为 PageRank 算法和 HITS（Hypertext Induced Topic Search）算法。PageRank 算法通过对网页的链入和链出数据，来评价一个网页的价值，是评价网页权威性的重要工具；HITS 算法不仅考虑网页的链接数据，还考虑网页的内容，从网页的权威性和枢纽性两方面评价网页的重要性。web 结构挖掘应用最多的是网站设计及网页权重分析。

web 使用挖掘的数据来源主要有三类：第一类是日志数据，包括服务器端日志、客户端日志以及代理日志；第二类是网站文件和元数据、操作数据库、应用程序模板和领域知识；第三类是来自外部的点击流和用户统计数据，包括 Cookie 数据、用户注册数据、电商网站交易数据等，各个来源的数据内容主要涉及网络用户的静态数据以及网络活动的动态数据，静态数据包括网站结构、涉及领域、用户的静态属性等，动态数据是网站及用户进行网络活动，如图 8.3 所示。

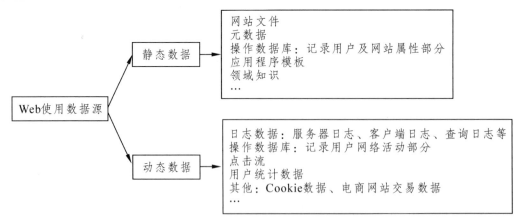

图 8.3 web 使用数据源

web 使用挖掘过程总体上分为四个阶段：数据获取、数据预处理、模式发现及模式分析阶段。

（1）数据获取。

数据获取，对于网站内部数据如网站文件、元数据、操作数据库等，可以直接获得，进行协议和格式转换，对于许多外部数据（如点击流、用户 Cookies、电商交易数据等）需要采用数据包嗅探工具（如 wireshark、tcpdump）获取，对于某些网站程序及结构数据需要采用网络爬虫获取。

（2）数据预处理。

经过数据获取得到的 web 使用挖掘的原始数据，数据量是巨大的，并且是有噪声的数据、不完整的数据和不一致的数据，将严重影响到数据挖掘算法的执行效率，甚至可能导致挖掘结果的偏差。为此，在数据挖掘算法执行之前，必须对收集到的原始数据进行预处理，以改进数据的质量，提高数据挖掘过程的效率、精度、性能。数据预处理一般包括四个任务：数据清洗、数据集成、数据转换和数据归约。

数据清洗是要去除源数据集中的噪声数据和无关数据，试图补充缺失值，光滑噪声并辨别离群点，纠正数据中的不一致性的过程，对于缺失值，通常采用的方法是忽略法和填补法，不同属性下的缺失值采用不同的方法。对于噪声值，通常采用的方法有分箱法、聚类法、回归法和人机结合法。而对于数据的不一致，处理方法相对简单，只需建立一个标准，通过变换的方式以达到数据的一致。在数据挖掘的过程中，我们无法直接将两个异构的数据源直接放在一起，因此需要对数据进行集成。数据集成是将上阶段清洗过的数据进行集成、归类，为了解决数据语义模糊的问题将两个或两个以上的数据源中的数据整理合并并保存到一个一致的数据存储结构（如数据仓库）中。数据集成有两种方式：一种是物理集成，就是将数据从不同的数据源中抽取出来，并合并到一个统一的数据源中；另一种是逻辑集成，这种方法仅在需要的时候进行数据抽取，提供虚拟的视图，不改变数据的物理位置。数据转换主要是找到数据的特征表示，将源数据转换为适合数据挖掘的形式；常见的数据变换的方法有：数据的泛化、数据的规范化、数据的聚集以及属性的构造等。数据的泛化，是一种普遍的数据处理方法，即用更高层的概念将原始数据进行某种程度的概念分层以达到泛化的目的。数据规范化，是通过比例缩放的方式将数据宽度较大的数据值映射到一个宽度较小的区间中。数据表示的粒度应该与实际的需求相符合。有时我们需要的是月支出，但实际数据库里给出的是每天的支出情况，这时需要对数据进行聚集。而属性的构造则是为了满足挖掘的需要，基于数据源中某个或几个已有的属性生成一个新的属性，在机器学习领域又称为特征构造。数据规约是指在尽可能保持数据信息原貌的前提下，最大限度地精简数据量，提高数据挖掘的算法效率。数据归约可能是决定整个挖掘方案质量的重要问题，在数据挖掘中发挥着重要的作用。数据归约的主要方法有维归约、数量归约和数据压缩。

（3）模式发现。

模式发现是数据挖掘的核心部分，主要工作是选择合适的挖掘方法和模式，发掘隐藏在数据背后潜在的规律和模式，以及对 web 资源、会话和用户的统计。运用选定的知识发现算法，从样本数据中找出规律和趋势，用聚类分析区分类别，最终发现各个因素之间的相关性，得到用户想要的知识。再对数据和内容进行进一步的调整后，考虑到 web 数据的特性，可选取以下几种技术进行应用：路径分析、关联规则挖掘、生成序列模式、分类和聚类等方法，以及统计学、机器学习技术。

（4）模式分析。

模式分析对数据挖掘分析的模式和统计结果进行进一步的处理、过滤、分析、解释和评估，针对最终的挖掘目标，将有用的模式提取出来，发现对目标领域支持和决策有意义的信息。如果模式的效果不如预期，可能还需要对数据进行迭代，以提高效果。另外，可视化展示不仅能够方便地展示结果，而且能够对挖掘结果进行评价。

8.2 网页结构特点

Hsu 对网页结构做了有意义的定义，他认为如果能通过识别分隔符或信息次序等给定的格式内容就可以把信息提取出来，就可以认为此页面是结构化的。通常我们说的 web 页面结构就是文字信息在页面中的排版模式，这是网页存在非常重要的条件。结构化清晰的网页可以提高一些抽取引擎采集准确度和用户的使用度。

从页面结构的特点出发，网页中的标题、导航和内容三大模块，是 web 页面的主要构成要素。构造网页的结构与分配页面的信息内容，都是以网页的模块为基础。

web 页面的创建其实就是把页面中的基本组成要素在网页中重建，网页的组成要素是标题栏、导航和正文信息内容。根据它们不同的重点特征，我们可以把页面根据结构分为标题导航型、内容导航型、标题内容组合型等。

1. 标题导航型

导航型页面顾名思义，就是整个网页是根据导航来布局的。根据导航信息的不同，可以分为标题导航型和内容导航型。标题导航型是以标题导航为主的网页，主要体现的内容是标题导航链接、下载链接等。

2. 内容导航型

内容导航类型和标题导航就不同了，又可以称为详情页，包含了正文的大量信息内容。同时它是把网页中内容导航作为主要内容。

3. 标题内容结合型

内容导航结构是标题和内容类型的结构型的组合，是一种新的页结构。内容导航主要是为了展示基于文本的内容给用户，导航仅仅是作为补充的出现。因此，规划网页时，网页需要注意两者占有比例的分布。

8.2.1 网页特征

人们期望几个特点相结合就可以识别文本片段的类型，如标题、全文、导航、声明等，然后可将其分离成正文内容和与正文无关的内容，此过程潜在的工作量是巨大的。基于文本的策略如 N-Gram 模型可以生成千上万的相关特征，这显然使得分类器不容易区分出特定子集的内容。在独立抽取领域中，即文本的分块处理过程中，我们完全可以避免这个环节。

根据文本特点，可以在四个不同的级别 web 页面上提取特征：独立的文本块（元素），完整的 HTML 文档（一个或多个文本块结构信息的一个序列），所呈现的文档图像（在 web 浏览器中的可视部分）和完整的 web 网站（共享共同布局的文档的集合）。前两个级别显然可以在本地检查每个文件，而后两者需要外部的信息，例如渲染过程中图像和 CSS 定义。为了统计来自同一网站的网页，但不同级别网页特征，我们需要对网页结构有很深入的了解。如果网页特征对应的数据是可用的，那么使用这两个级别的外部特征能够很大程度上提高分类精度。但是，也有两个主要缺点：首先，页面渲染是很耗费计算量的工作；其次，每个网站统计数据的模板需要单独分析，它们通常不能再适应另一个网站的特征。此外，这些模型是否是域名独立的还很值得怀疑（例如只是新闻领域）。因此，为避免这种状况，一般会使用一个网页的基准特征：在整个网页语料库中适应各种网页特征。利用这个功能，可以用来识别正文内容中的短语。

8.2.2 网页结构

web 页面分割和内部文档的分类等许多处理网页的方法，都是根据 web 页面的结构，如网页的 HTML 标签（标题、片段、锚文本链接、图片等）或 HTML 标签中嵌套子标签的结构特点，以及 CSS 类和风格的存在。值得注意的是，当有更多的 CSS 被应用时，一个 HTML 标签的语义就显得不是那么重要了——只是用 DIV 标签来描述一个表格类的特定环境的语义是合法的。然而 CSS 类和 HTML 标记的序列本质上是文档特定的。此外，为充分解释这些规则我们不得不从基础上了解这些页面。

因为信息抽取不在局部层面检查文本，而是在功能层面上，所以我们不把字数作为特征。在简单层次的评估中，可能只是提供一个特定的领域预估的结果。相反，我们在一个结构域和语言无关的层次上检查网页文本特征。一个分块算法的重要资源就是解析出网页的内容，即文本块在文档中的绝对位置和相对位置。如果分割粒度高有可能造成的结果是文档中的正文信息内容块过多，导致抽取精度降低。此外，当有大量的 web 页面文本时，主要内容通常都围绕着样板（页眉，页脚，左导航，右导航等），而不是一些噪声模板（即使最后文本块中包含一个句子，如果它是一个版权或免责声明，则视为样板）。我们计算链路密度，即文字总数与文本中存在链接的比值，以此来初步判断文本块是否为内容块。

8.2.3 网页架构

1. 上下结构式

一般情况下网页的导航栏在上面，或是一些实时更新的公司简介、广告条。正文和网页内容在页面的下面。这种类型的网页一般被一些公司的网页或者个人网页应用较多。有时候只在一级网页使用，第二级网页就会使用另一种相应结构的网页。

2. 左右结构

左右结构式又被称作两分栏模式，清晰地分列两旁的框架结构。多数情况下一边为导航栏，通常在左侧出现，偶尔会在网页的上方出现一个小的主题；正文信息的内容或者公司企业的广告在另一边出现。这种网页被一些企业应用较多。

3. 上左右结构

这种结构在一些较大的公司企业应用较多。一般情况下菜单的导航栏在网页的上方出现，一些分类的导航栏在网页的左面出现，一些广告或者一些图片在网页的下方出现，网页的正文信息在右侧出现。不少企业用于二级页面。

4. 上中左右结构

这种结构又称为三分栏式，在电子商务、政府教育机构、国家大企业应用较多，也是较常见的网页构造。同上左右结构网页稍有区别，中间部分为正文，右侧是一些重点的信息导航或登录、搜索区、广告信息等。

5. 综合结构式

这种结构的网页较烦琐，特别是网页功能较多，信息分别明细，所以用模块版面结构很适合。例如有些知名网页，第一页可能采用上下结构模式，而在第二页面根据正文的要求变化为上左右结构模式，也有可能根据信息模块的要求分为几种结构的模式。又或者在一个网页中或者更深层的网页中，可以有好几种类型的网页结构，这都是为了网页的信息能够布局合理，根据网页内容适应网页排版。这种结构一般在一些内容存储要求很大的网站中出现，网页结构模式的变化，使这种网页模式和其他网站结构不一样。

6. 不规则结构式

这种结构模式和以上讲的网站结构都不同。相对来说，网页包含的内容少，通常就是一个形象的广告图片，重在渲染网页的效果。类似封面模式，有可以点入下一级页面的链接入口。不规则框架的布局没有规范，突出了网页设计的随意个性，能够给用户带来很好的用户体验。这种网页较多用于一些企业和个人的宣传网页中。

8.3 web 文本信息获取方式

8.3.1 网络爬虫

网络爬虫，又被称为网页蜘蛛或网络机器人，是一种按照一定的规则自动抓取互联网信息的程序或者脚本。网络爬虫会按照事先定义好的爬行策略，在互联网上漫游，自动搜索互联网上存在的网页信息，它的用途主要包括：解决搜索引擎对海量互联网资源的快速定位和检索的需求，对互联网上众多的网页建立索引，以及 web 数据分析的数据采集工作。网络爬虫在互联网漫游的过程中，采集网页上的具体数据并保存下来，提供给数据研究者，对特定集合的数据做相关分析和数据处理，以便进一步研究。网络爬虫程序自动地从互联网下载网页，并抽取其中的有用信息。它采用多线程并发搜索技术，不停地在互联网的各节点之间自动爬行。从一个或若干个初始的 URL 开始访问，这些 URL 链接被称为种子链接，是爬虫程序开始的地方，也是网络爬虫进入互联网漫游的入口。程序启动后，将种子链接加载到内存队列当中，并逐一访问这些 URL 指向的网页，一般来说，这些网页会包含图片、文本等信息，最重要的是互联网是一个巨大的网络，而网页就是分布其中的各个节点，网页上还包含有关键的链接信息。当程序访问这些网页的时候，爬虫首先根据 URL 加载指定网页的内容，解析页面结构，并根据事先建立好的特征库分析出该网页上的特定链接。这些链接就是系统下一步需要访问的网页，于是网络爬虫系统从网页中抽取特定的网页链接，并将它们添加进内存队列中，这样就完成了一次访问。随后，系统需要不断取出新的 URL 链接，并重复上述过程，直到内存队列为空，或者满足系统设定的条件才停止。网络爬虫系统的基本结构如图 8.4 所示，主要包含以下几个基本模块。

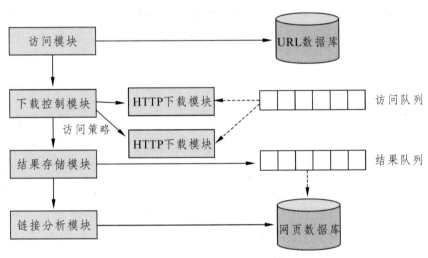

图 8.4　网络爬虫体系结构图

访问模块：负责加载 URL 数据库中的链接，也就是上文提到的起始 URL 或者种子链接，程序启动的时候访问队列首先将这些链接加载到内存中，给爬虫系统的其他模块使用，同时还要动态维护内存队列，提供日志记录等功能。

下载控制模块：负责爬虫系统访问策略的实现，需要从访问队列模块中提取待抓取的 URL 链接，并分配给 HTTP 下载模块，协调各个模块系统工作，同时负责系统任务的调度工作。

HTTP 下载模块：遵循 HTTP 网络协议，多采用多线程的方式实现，根据拿到的 URL 链接下载指定网页，根据网页类型的不同，这个模块需要同时提供静态页面解析和动态页面解析的功能。

结果存储模块：负责将 HTTP 下载的网页内容会放入结果队列中进行统一处理，最终写入存储系统中，数据存储方式可以是文件或者数据库。

链接分析模块：对下载下来的网页结构和网页内容进行分析，根据事先建立好的特征库，抽取特定的 URL 链接放入 URL 数据库中，以便后续抓取。

网络爬虫程序的工作流程如图 8.5 所示。

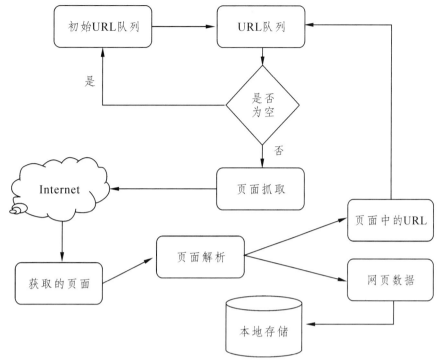

图 8.5 网络爬虫工作流程

网络爬虫漫游 web 网页的顺序或规则称为爬行策略，爬虫程序根据爬行策略在互联网上漫游，自动搜索互联网上存在的网页信息。爬行策略主要有深度优先策略、广度优先策略。

1. 深度优先策略

深度优先抓取算法是在搜索引擎比较常见的一种抓取方式，它受到深度优先搜索算法（Depth-First-Search）的影响，以抓取到链接结构关系中的所有内容为主要目的。所谓深度优先搜索算法是搜索算法中的一种，具体实现方式是沿着树的深度，依次遍历树的节点，尽可能深地搜索树的分支，如果发现目标，则算法终止。网络爬虫在根据深度优先搜索策略实行抓取的过程中，抓取程序从起始页开始，从深度的角度进行遍历，直到访问到叶子节点才开始回溯处理。这种方式在早期数据规模较小的万维网中有较多的应用，但由于深度优先策略在面临数据量爆炸性增长的万维网环境时具有容易陷入抓取"黑洞"等缺陷，因此很少被现代搜索引擎的抓取子系统所采用。图 8.6 中给出了深度优先抓取的顺序示意图。

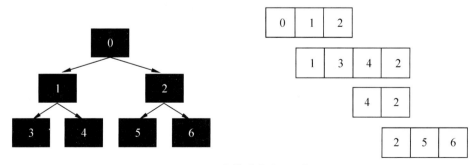

图 8.6 深度优先抓取示意图

下面是深度优先策略的伪代码实现：

```
for URL in seed_set
```

```
        Push URL to list ；//使用种子初始化抓取列表
current=list.head ；
While （（ pos=current ）! =null）
    {//列表非空
    crawl_page（ current.URL , page）; //抓取当前 URL
    for   URL   in page
        If（ !（URL   in   list ））
            { insert   URL   at   pos；//插入
              pos=pos.next；
            }
        elseif（ !（URL crawled ））
            { move URL to pos；//前移
              pos=pos.next；
            }
            Current=current.next;
    }
```

2. 广度优先策略

广度优先搜索算法（Breadth-First-Search），又称"宽度优先搜索"或者"横向优先搜索"，简称 BSF，是一种图形搜索算法。一般来说，网络爬虫的广度优先搜索策略是从根节点开始进行搜索，从层次的角度，沿着树的宽度逐层遍历树的节点，当访问到目标节点的时候算法才会停止。这个算法需要一个辅助队列完成，当树的结构复杂、层次较深的时候，辅助队列需要占用较多内存。和网络爬虫的深度优先搜索策略的思路相似，广度优先搜索策略是指网络爬虫系统会首先抓取起始网页中的所有链接，放入内存队列中，然后再选择队列头中的链接出队，重复上述过程。这种网页搜索策略是爬虫抓取系统中用得比较多的一种方式，因为这种搜索策略可以让网络爬虫系统实现数据并行处理，从而提高网页的信息抓取效率。图 8.7 中给出了广度优先策略的访问顺序示意图。

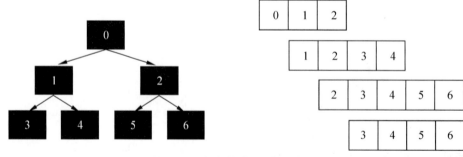

图 8.7　广度优先抓取示意图

下面是广度优先搜索策略的伪代码实现：

```
tail=0;
    for URL   in seed_set   //使用种子初始化抓取列表
```

```
    queue[tail++]=URL;
    head=0;
    While  （ head<tail ）      //队列非空
    {
crawl_page （ queue[head]，page）; //抓取队列头的 URL
    head++;
      for URL    in page
          If  （！（ URL in queue ））
queue[tail++]=URL; //没有出现的 URL 放到队列尾
    }
```

8.3.2　其他 web 信息程序获取方式

网络爬虫是独立运行的程序，适合爬取数据量大、比较完整的数据，并且使用者单独运行后，在操作系统级提取数据文件。专用的开放 API 方式和标准的 WebService 适合研究人员嵌入自己的分析程序中。

1. 专用的开放 API

一些具体的数据管理系统，可能将内部的数据服务封装成数据接口 API 开放出去，供第三方使用。内部的数据服务 API，就是一些预先定义的函数，第三方使用者不需要了解数据拥有者系统的内部工作机制便可以获取某一个领域的数据。目前，很多网站提供 API 让第三方开发人员使用，大公司有 Google、Yahoo、微软等。用户可以根据需要使用相应的 API。现在最常用的这类 API 有天气情况、快递情况等，也有专门的网站聚合这些开放的 API。

2. 标准的 WebService

开放的专用 API 能够提供获取数据的方法，但是每个系统提供的接口都不一样，使用者需要专门开发适用的获取程序。WebService 是目前公认的 web 环境支持的服务标准，它使用 HTTP 协议接收和响应其他系统的请求，让不同应用之间交换数据及集成变得简单，无论使用什么平台、什么编程语言，只要遵循相关协议，就可以通过 WebService 调用任何网站发布的数据服务。

8.3.3　web 文本信息抽取

web 信息抽取（ web Information Extraction，webIE ），是将 web 网页作为信息源的信息抽取技术。web 信息抽取大致分为两大类：一类是从 web 网页的结果中抽取信息；另一类是从自由文本中抽取信息。web 文档是按 HTML 格式生成的，属于半结构化文本，网页的抽取按照 HTML 模式抽取——web 网页信息抽取；而网页中描述的内容确实自然语言描述的文本，这部分的解析采用自然语言信息抽取——自然语言文本信息抽取。

web 网页是以超文本标记语言 HTML 描述的，人们在网页上发布信息时，将有一定结构的数据按照 web 数据模型编写为 HTML 代码，发布为网页，HTML 编辑和发布简单，便于人类阅读和异构机器传播，但是缺乏对数据本身的严格定义，语义信息缺乏，格式多变，计算机很难直接解析并利用。web 信息抽取，就是研究如何将隐含的信息从分散在 web 网站的 HTML 页面中精确提取出来，表述语义清晰、形式规范的结构化数据，为机器和程序所理解。HTML 生成的网页包含纯文本、标签，以及指向图片、音频和视频文件、其他网页的链接。大多数 HTML 标签是成对使用的，每一对由一个开始标签（OpenTag）和一个结束标签（CloseTag）组成，分别用<>和</>来表示。在每个对应的标签对间，可以有其他标签对，构成嵌套结构。因此，大部分 web 数据可以被建成嵌套关系，也就是可以包含嵌套集合和元组的有类型的对象。嵌套类型的一个例子如下：

```
Product[name：string;
        Image：image-file;
        DifferentSizes：{[size：string;
                          Price：string]}
        ]
```

web 网页抽取，就是根据 web 页面的结构特点，利用 HTML 网页的结构，定位要抽取的信息，使用解析器把 web 网页文档分解成一个语法树，然后通过机器学习或者人工参与的方式产生抽取规则，根据规则实现信息抽取。抽取过程一般包括以下几个步骤：

（1）对半结构化 HTML 页面或者半结构化的 XML 语言描述的数据文件进行预处理，去掉无用的信息，修正不规则的 HTML 标识，为下一步标记信息做准备。

（2）建立信息模式，描述所需要抽取的信息。通常可以针对某一领域的信息特征预定义好一系列的信息模式，存放在模式库中供用户选用。

（3）根据 HTML/XML 标签和信息模式抽取出网页内容，形成具有一定结构的文本片段集合。

（4）对每段文本进行文本分析，结构化抽取，得到结构化信息集合，步骤包括句法分析、词法分析及语义分析。

（5）输出适合于 web 挖掘的结构化信息。研究人员从 20 世纪 90 年代中期开始研究 web 网页信息抽取问题，发展至今，主要采取三种方法：第一种是手工方法，通过观察网页及其源代码，由编程人员找出一些模式，再根据这些模式编写程序抽取数据。这种方法只适合处理小部分数据。第二种是包装器归纳，即有监督学习方法，是半自动的。该方法从手工标注的网页或数据记录集中学习一组抽取规则，随后用这组规则抽取具有类似格式的网页。第三种是自动抽取，该方法又称无监督方法。给定一张或数张网页，自动从中寻找模式或语法进行抽取。该方法适合于处理大量站点和网页的数据抽取工作。

8.3.4　自然语言文本结构化信息抽取

web 信息中，通常重要的要素信息描述都存在于一段文本信息中，获取这些要素信息需要进行自然语言文本结构化信息抽取，即从自然语言文本中抽取指定类型的实体、关系、事件等事实信息，并形成结构化数据。把网页中的文本部分分割成多个句子，对每一个句子的句子成分进行标注，然后将标注好的句子的语法结构和事先订制的语言模式（规则）匹配，获得句子的内容，其实就是利用句子的结构、短语和句子间的联系建立基于语法和语义的抽取规则。从而实现信息抽取。规则可以人工制定，也可从人工标记的语义库中主动学习得到。

自然语言文本信息抽取需要处理的步骤包括句法分析、分词、词性标注、专有对象的识别和抽取规则等，这些步骤在本书其他章节已有叙述，这里就不再重新讲述。

在信息检索中，为节省存储空间和提高搜索效率，在处理自然语言数据（或文本）之前或之后会自动过滤掉某些字或词，这些字或词即被称为 StopWords（停用词）。通常意义上，停用词大致分为两类：一类是人类语言中包含的功能词，这些功能词的使用极其普遍，并且与其他词相比功能词没有什么实际含义，比如英文中的"the""is""st""which""on"等，中文中的"的""在""和"等。另一类是指一些过于普通的词汇词，比如"比如""彼此""综上所述"等，这些词应用十分广泛，在任何一篇文章中都有可能出现，不包含任何与文本类别有关的信息。这些词的存在不但会增加文本后续处理的负担，还会造成文本处理干扰，降低文本处理的准确性。因此，通常会把这些词从文本集中移去，从而提高文本处理性能。

8.4 web 信息文本抽取相关知识

8.4.1 XPath 技术

XPath 即为 XML 路径语言，它是一种用来确定 XML（标准通用标记语言的子集）文档中某部分位置的语言。XPath 技术的作用是查找 XML 的单元和属性值。XPath 是 W3C XSLT 标准的主要元素，并且 XQuery 和 XPointer 同时被构建于 XPath 表达之上。所以，更深层的 XML 运用的基础是建立在对 XPath 掌握上。其实这种技术我们很熟悉，CSS 的决策器于这种技术有很多一样的地方。在 CSS 中使用 CSS 决策器符选择元素来应用模式，但是在 XSLT 中 XPath 使用最多，XPath 比 CSS 决策器要强大很多。以下是 CSS 决策器与 XPath 决策器一些对应：

```
//CSS 决策器
div p //选择所有 div 下面的 p 元素
div>p //选择 div 的子元素 p
* //选择所有的元素
//与之相对应的 XPath 选择符
div//p
div/p
*
```

目前还不能完全理解这些 XPath 要传达的信息，但能够证明，它与 CSS 决策器很相像！但是 XPath 有更多的功能，例如它能够精确定位到 div 元素的子元素准确位置上的 p 标签或可以查找前 N 个 p：

```
div/p[position（）=3] //表示将选择 div 子标签中第 3 个 p 元素，注意这里从 1 起始计数。
div/p[position（）<4] //将选取 div 子标签中前三个 p 元素
```

XPath 根据路径表达式来选择 XML 文档中的标签集。这些表达式和我们在一般的 PC 中展示的表达式很相像。另外，XPath 含有超过 100 个内置的函数。这些功能应用于字符串值、数字、日期和时间对比、标签的操作、顺序操作、布尔值，等等。

XPath 技术应用路径表达式在 XML 文档中读取标签。节点是通过沿着路径（path）或者步（step）来选取的。如"/"代表文档标签，"."代表当前标签，而".."则代表当前标签的父标签。如下：

> 这里我们用 XPath 表示注释
> / {选择文档节点
> /root {选取文档根元素，类似于文件系统的路径（Unix），以/开头的路径表示绝对路径
> /root/child/.. {选取根节点 root 的子节点 child 的父节点（就是 root）

下面是一些常用路径表达式：

> node Name 选取名称为 node Name 的节点
> / 从根节点选取
> // 选择元素子代元素，必须在标签后有
> node Name
> . 选取当前节点
> .. 选取当前节点的父节点
> @ 选取属性节点（@是 attribute 的缩写）
> <?xml version = "1.0"?>
> <root>
> <child attr = "attr" />
> <child>
> <a><desc /></a>
> </child>
> </root>
> {针对上面的 XML 文档的 XPath 结果，当前节点为 document
> /root {选取 root
> root {选取 root
> child {空，因为 child 不是 document 的子元素
> //child {选取两个 child 元素，//表示后代
> //@attr {选取 attr 属性节点
> /root/child//desc {返回 child 的后代元素 desc

表 8.1 XPath 使用方法举例

表达式	解释说明
/bookstore/book[l]	选取属于 bookstore 子元素的第一个 book 元素
/bookstore/bo ok[last()]	选取属于 bookstore 子元素的最后一个 book 元素
/bookstore/book[position()<3]	选取最前面的两个属于 bookstore 元素的子元素的 book 元素
//title[@lang]	选取所有拥有名为 lang 的属性的 title 元素
//title[@lang='eng']	选取所有 title 元素，且这些元素拥有值为 eng 的 lai1g 属性
/bookstore/book[price>35.00]	选取所有 bookstore 元素的 book 元素，且其中的 price 元素的值须大于 35.00

8.4.2 解析模板以及解析模板的生成技术

由于互联网上的网页大部分都是通过网页模板生成的，因此，从网页中抽取信息的工作由一种解析模板的程序来完成。一般的解析模板都是可视化的，根据网页特征书写解析模板，这种模板可以对网页进行垂直扫描，抽取相关的内容。解析模板的目的是把 Web 页面中存储的信息源抽取并存储下来，方便做下一步的分析。互联网时代，一般根据信息源的详情 URL 请求具体的 HTML 文档进行解析，将信息抽取出来做进一步分析处理。这样一套提取算法以及对这些提取算法程序代码的组合的应用构成了解析模板。一般状况下，单个 URL 的请求内容仅仅对应了一个解析模板，所以当要对多个网页来源提取信息内容，就要根据不同的信息源书写相对应的解析模板。这样的优点是：增强了从一种给定的网页中抽取有关内容的能力，同时可以将很多网页的内容融合到数据库中，用一种查询语言就可以检索出想要的内容。

解析模板可以由程序员直接书写，部分规则可以指定网站结构再由程序自动生成规则和代码。规则需要归纳总结，从样本中总结出模式。一般情况下，这个规则需要大量人员的介入。解析模板总结法是一个能够系统生成解析模板的算法。核心生成方法是用总结式学习方法产生提取规则。可以根据网页集合找出有用的提取信息，根据一系列样本的基础总结出抽取算法。

通过解析模板归纳出的抽取规则，就是对在结构上相像的 web 集合上实施信息提取。这里主要运用解析模板的归纳方法，该方法对研究网页中的垂直搜索有一定的指导意义，并且在本文的研究中也运用到了这种抽取技术，同时现在大部分的互联网公司，都是基于这种可视化的解析模板操作来解析网页中的数据，因为简单、可行、学习容易等一些特点。

更深层的角度来讲，总结归纳法是从一些实例中完成未知目标定理的计算任务，主要目标是通过一定经验总结中，总结提取出适应较强的抽取规则，这种方法是从烦琐状况下衍生出来的。这种方式主旨是产生一种合乎常理的能够对事实做出说明，并且能够对新生事物有预知性的通用结论。

归纳学习方法对通过在实践与实验中的数据推导而出，所以也称作经验学习（empirical learning），因为总结对数据间的关联性有很大的依赖，故又被称为基于相似性的学习（similarity based learning）。

8.5 藏文网页文本主题信息抽取算法实现

8.5.1 藏文网页规范化处理

HTML 语言利用定义的标签格式来实现网页内容的正确显示，规范的网页源文件中标签是成对出现的，但是由于目前网页浏览器技术的发展，使得其对于 HTML 语言具有较好的容错性，而 HTML 语言本身又是松散半结构化的，这些都使得网页源码中的 HTML 标签使用比较随便，经常会存在标签使用不规范的现象。这种不规范的文档虽然对网页文本显示也不会有影响，但是这些标签的错误使用却会影响网页的后续处理。

在藏文网页中也普遍存在标签结构不规范现象,才让叁智通过对 3 万多个网页统计后发现,有标签不规范现象的网页所占比例高达 14.8%,因此在藏文网站处理之前需要首先进行网页的规范化处理。藏文网页的标签不规范现象主要有标签对不匹配现象、标签嵌套交叉出现、标签大小写不一致以及标签属性未按照规定使用引号注明等情况。

针对上述情况,在规范化处理时根据不同的情况分别进行处理,标签中大小写不一致时通过转换成统一的小写形式即可实现,在转换时只处理标签信息,而且根据前面对藏文网页的分析,可以只针对主题信息所在的区域进行转换处理。其他标签不准确情况的处理利用 HTML Tidy 免费工具对页面进行清洗,HTML Tidy 具有 HTML 语法检查器的功能。将网页中存在语法错误的标签元素等进行修复和补全,并转换为符合 XML 标准的 XHTML 页面。

网页预处理过程就是通过网页源码标签的分析以及研究需要,尽可能地剔除掉与正文内容无关的网页标签与代码,同时对于有歧义或者影响后期处理的标签进行简化处理,以便减少后期正文内容提取的空间和时间开销。根据 HTML 标签的分类和藏文网页结构属性的分析,藏文网页代码中存在的标签按照对于网页正文内容的作用分为容器标签、文本换行标签和结构标签三类,对不同类型的标签在预处理阶段分别进行处理,并设定藏文网页的 6 条预处理规则:

规则 1:抽取<body>和<title>标签对内部的内容,删除包含在这些标签外的所有其他信息;

规则 2:剔除脚本<script>、表单<form>、注释<!-->、网页风格<style>等与正文内容无关的结构标签对及其包含的内容;

规则 3:将<hr>,
等文本换行标签后面添加符号"#",用于文本抽取之后的换行处理;

规则 4:网页代码中存在一些如
、<hr>之类的标签经过修复后仍然不能成对出现,则直接删除这些标签符号;

规则 5:用标签<a>…</a>代替<body>标签对内部的<a herf = …>…</a>;

规则 6:用标签 <title></title> 代替 <body> 标签对内部的 <h>…</h>,用自定义标签<tag></tag>代替<body>标签对内部的容器标签对。

网页源码经过上述预处理过程,将与网页正文内容无关、影响抽取算法精度和效率的内容删除掉,使得源码内容大幅减少,只包含与正文内容相关的标签对,后期文本的提取处理也就更加方便。

8.5.2 藏文网页标签的线性重构

网页属于半结构化的网页,分析藏文网页源码发现,正文文本都是被分散在结构化非常明显的 HTML 标签中,但是在实际藏文网页浏览中,这些文本并没有源码中的各种结构限制。而这里主要关注的是藏文网页的正文内容,不需要对显示的格式和风格内容进行判别,所以对结构化的标签可以简化处理。而且在对网页源码进行分析时,发现大部分网页中存在着标签嵌套现象,这种现象会导致在正文提取时需要反复遍历存在正文标签的祖先以及后代标签,时间和空间上都会有极大消耗。因此为了更好地获取到正文内容,有必要对网页源代码进行线性化重构，即对所有保存的包含正文的内容块中标签先顺序进行重构，然后将所有的标签替换成一致的标签。在线性化重构之前，先提取<title>标签对以及内部所包含的文本内容，将文本内容存入字符串数组中，即为获取文本的标题内容。其他标签结构的线性化重构步骤如下：

step1：从<body>开始遍历网页源代码，将网页文本中的第一个<tag>标签存入字符串 s1 中，在顺序读取到第二个标签存入字符串 s2，判别 s2 是否为</tag>，若是则转向 step 2，若不是则转向 step 3。

step2：清空 s1、s2，继续向后读取并将下一标签存入 s1，将其后相邻标签存入 s2。当 s1 为</tag>，则在其前相邻标签后添加<tag>标签，并清空 s1、s2。递归调用 step 2。当 s1 为 <tag>时，则判断 s2 的值是否为</tag>，若是则递归调用 step 2。若 s2 为<tag>则转向 step 3；若 s2 为</body>则转向 step 4。

step3：保持 s1 值不变，在当前标签前添加</tag>，并继续向后读取下一个标签内容至 s2，若 s2 为<tag>，则递归调用 step 3。若 s2 为</tag>则转向 step 2；若该 s2 为</body>则转向 step 4。

step4：流程结束。

经过该方法处理以后，网页代码中除去<title>标签对外，其他标签的形式则转换成线性形式，即为<tag>…</tag><tag>…</tag>。网页源代码经过预处理和线性化前后的结果如图 8.8 所示，左边为网页源代码的结构，右边为是经过预处理和线性化重构后的代码结构。

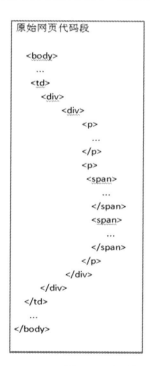

图 8.8　预处理和线性化重构后代码段对比

8.5.3　藏文网页正文抽取算法实现

藏文网页正文可以依据正文部分的文本特征进行判定，对其中所涉及的概念做如下定义：

定义 1：对于网页中候选内容块 $block(i)$，它的正文相关度表示为该内容块中藏文字符的长度与该内容块所有字符长度的比例。其形式化定义如公式（8.1）：

$$Cor(i) = (t(i))/(b(i)) \tag{8.1}$$

其中，$t(i)$表示该内容块中藏文字符个数；$b(i)$表示该内容块中所有字符的个数。$Cor(i)$描述了藏文字符在内容块中所占的比例，其取值范围在 0 到 1 之间。

定义 2：对于网页中的候选内容块 $block(i)$，文本节点中所包含的分割句子的符号个数为符号数。符号数也是反映正文内容的一个重要特征，一般而言正文内容中必然包含一定数量的符号个数。其表示为 $Num(i)$。

通过对藏文网页的正文内容分析，结合前面的相关定义可知，对于候选内容块 $block(i)$，判断其是否为正文块，首先需要判断文本特征是否满足要求。因此需要首先确定其中的藏文字符个数，字符个数利用藏文编码范围、音节点 "·" 和断垂符 "｜" 相结合的方式判定获取，而内容块的长度直接利用字符串长度计算公式即可，内容块 $block(i)$被描述为 $block(i) = \{Si, Cor(i)，Num(i)\}$。然后根据该内容块对应的特征数据是否满足阈值进行判断，若满足则认为其是正文内容块，并将其中的字符串值存储。正文抽取算法具体描述如下：

```
算法   正文抽取算法 TEA
输入：候选内容块数组 block[1…j]
正文相关度阈值 k
符号数阈值 p
输出：Text   //正文内容
For（i = 0；i<j-1；i++）//遍历所有的候选内容块
{ if（Cor（i）>= k）//正文相关度大于阈值则可能为正文内容块
{ if（Num（i）>= p）//正文相关度和符号数均大于阈值则一定为正文内容块
Text<-Si
else
Text<-strcat（'@@'+Si+'@@'）//正文相关度满足阈值条件，符号数不满足阈值则添加标记符号手工判断
end
}
else
Break    //正文相关度小于阈值则为非正文内容块，直接去掉
}
```

最后将得到的正文内容块的文件进行手工判定，主要对于添加 "@@" 标记符号的文本段进行正文内容块的确定。

8.5.4　藏文网页主题抽取算法实现

藏文网页正文抽取后生成一系列的文本块，对于这些文本块利用词典与统计相结合的藏文自动分词方法对文本进行分词。分词之后再根据文本处理的需求对分词结果进行处理，处理包括以下 3 个步骤：

（1）停用词过滤。这一步主要是去除文档中出现频率很高，但是对文章主题不具有代表性或者代表性很小的修饰性词，将这类词语直接剔除。

（2）未登录词的切分。未登录词是指文档中那些通过词典匹配方式无法识别的词汇，包括音译词、地点等。这些词语基本上都是一些专有名词或者新词语，一般属于文档描述的特定内容，对于描述文章主题具有重要的提示意义，所以需要单独切分出来处理。

（3）位置标注。在分词过程中根据每个词在文本中出现的位置，分别标注在内容块中的起始位置、其他位置和终止位置，为词条权值计算做好准备。经过以上三步处理，形成文档的构成词集合，为下一步计算构成词的综合权值计算做准备。

经过处理后的藏文文本可以表示成 k 个构成词的集合，则对于任一藏文文档 D，有 $D = \{X_1, X_2, \cdots, X_i, \cdots, X_k\}$，$X_i$ 表示其中一个词块。而对于构成词 X_i 来说其对于文档主题的贡献能力除了传统的 TF-IDF 值之外，还会受到词位置和分布的影响。因此，在确定候选关键词基础词时，将这几方面的因素引入传统的 TF-IDF 算法中，利用计算的综合权值获取对文章主题作用较大的候选关键词基础词集。

对于文档中任意一个构成词，根据算法本身的处理以及位置权值，分布权值的联合处理得到基于 TF-IDF 的综合加权公式，如公式（8.2）所示：

$$W(X_i) = w_i * loc(w_i) * dis(w_i) = \frac{f_i}{\sum_{j=1}^{k} f_j} * \log\left(\frac{N}{N_i} + \beta\right) * loc(w_i) * \frac{l_i}{L} \qquad （8.2）$$

利用公式（8.2）计算得到每个构成词的综合权值，并根据得到的权值对所有选择的构成词进行排序，利用排序结果，选择前 k 个构成词作为候选关键词的基础词。

基础词仅仅是从词频统计上表示出与文档主题较高的相关性，但是并没有考虑语义的因素。对于一篇文档来说，其关键词应该是与文档其他词在语义上相关度也是最高的。基于这种思想，考虑在关键词的确立上通过语义因素加以限制，以便找到与文档语义相关度最高的词语集合。词语的语义形式采用开源的深度学习工具 word2vec 获取的词向量表示，词向量各维度上的数值无显示含义，但向量之间的差异代表了词语的语义间隔，因此可以实现词语的知识表示。同时利用各词向量的相关系数计算得到词的语义相关性。

这里首先通过 word2vec 对经过处理的网页文档集进行建模学习，将待处理文档的所有构成词转换成具有语义知识的词向量表示形式，则构成词 W_i 可以表示成词向量 $V_i = \{v_{i1}, v_{i2}, \cdots, v_{in}\}$，然后采用 Pearson 相关系数（Pearson Correlation Coefficient，PCC），可得到基础词 W_i 的词向量 V_i 与构成词 W_j 的词向量 V_j 之间的语义相关度值。计算方法如公式（8.3）所示：

$$R(W_i, W_j) = \frac{\sum_{k=1}^{n} (v_{ik} - \bar{V}_i)(v_{jk} - \bar{V}_j)}{\left(\sqrt{\sum_{k=1}^{n} (v_{ik} - \bar{V}_i)^2}\right)\left(\sqrt{\sum_{k=1}^{b} (v_{jk} - \bar{V}_j)^2}\right)} \qquad （8.3）$$

其中，$\bar{V}_i$、$\bar{V}_j$ 表示关键词 W_i、W_j 与其所有相关词之间余弦的平均值。计算得到的所有基础词与构成词的语义相关度值之后，根据相关度阈值，将满足阈值的构成词加入候选关键词集合，形成扩展了基础词语义的候选关键词集合，再取候选关键词向量两两之间相关度的平均值，该候选关键词最终的相关度值，对候选关键词最终相关度值进行排序，取相关度值较大的 n 个候选关键词作为文本的关键词。

本章对藏文网页正文抽取算法在考虑了藏文的文本特征和网页结构特征基础上，解决了通用算法对于藏文网页正文抽取中的问题，是藏文网页文本处理的基础性工作。但是由于藏文网页中存在许多不合规范的地方，虽然很多学者对这方面都有所研究，但是却没有实用的藏文网页抽取模型，也没有推出相应的系统平台，后期还需要进一步进行实证性研究测试。

参考文献

[1] 江荻，龙从军. 藏文字符研究[M]. 北京：社会科学文化出版社，2010.

[2] 祁坤钰. 藏文分词与标注研究[M]. 兰州：甘肃民族出版社，2015.

[3] 金鹏. 藏语简志[M]. 北京：民族出版社，1983.

[4] 多识. 藏语语法深义明释[M]. 兰州：甘肃民族出版社，1999.

[5] 华瑞桑杰. 藏语语法四种结构明晰[M]. 北京：人民出版社，2008.

[6] 吉太加. 现代藏文语法通论[M]. 兰州：甘肃人民出版社，2000.

[7] 瞿霭堂. 藏族的语言和文字[M]. 北京：中国藏学出版社，1996.

[8] 格桑居冕. 实用藏文文法[M]. 成都：四川民族出版社，1987.

[9] 王志敬. 藏汉语法对比[M]. 北京：民族出版社，2002.

[10] 高定国，珠杰. 藏文信息处理的原理与应用[M]. 成都：西南交通大学出版社，2013.

[11] 宗成庆，夏睿，张家俊. 文本数据挖掘[M]. 北京：清华大学出版社，2019.

[12] HAN Jiawei，MICHELINE Kamber. 数据挖掘概念与技术[M]. 范明，孟小峰，译. 北京：机械工业出版社，2012.

[13] LUHN H P. The Automatic Creation of Literature Abstracts[J]. IBM Journal of Research and Development. 1958：159-165

[14] 普布旦增. 藏文自动分词技术方法研究[D]. 拉萨：西藏大学，2010.

[15] 于洪志. 计算机藏文编码概述[J]. 西北民族学院学报（自然科学版），1999（03）：15-19.

[16] 李永宏，何向真，艾金勇，于洪志. 藏文编码方式及其相互转换[J]. 计算机应用，2009，29（07）：2016-2018.

[17] 高定国，欧珠. 藏文编码字符集的优化研究[J]. 中文信息学报，2008（04）：119-122.

[18] 欧珠，代红. 藏文编码字符集编码模式的研究与应用[J]. 信息技术与标准化，2007（08）：13-15.

[19] 信息技术 信息交换用汉字编码字符集 基本集的扩充：GB 18030—2000[S]. 北京：中国标准出版社，2000.

[20] 信息技术 信息交换用藏文编码字符集 基本集：GB 16959—1997[S]. 北京：中国标准出版社，1997.

[21] 高定国,龚育昌.现代藏字全集的属性统计研究[J].中文信息学报,2005(01):71-75.

[22] 卢亚军,马少平,张敏,罗广.基于大型藏文语料库的藏文字符、部件、音节、词汇频度与通用度统计及其应用研究[J].西北民族大学学报(自然科学版),2003(02):32-42.

[23] 江荻,董颖红.藏文信息处理属性统计研究[J].中文信息学报,1995(02):37-44.

[24] 欧珠.藏文字体的 OpenType 特征[C].中国中文信息学会.中文信息处理前沿进展——中国中文信息学会二十五周年学术会议论文集.北京:中国中文信息学会,2006:589-593.

[25] 赵晨星.藏文计算机键盘的国家标准的研究[G].北京:中国信息学会,1992.

[26] 赵晨星.藏文计算机键盘的国家标准的研究[A].Proceedings 1992 International Conference on Chinese Information Processing(2).北京:中国信息学会,1992.

[27] 高定国,龚育昌.藏文键盘布局的优化设计方法[J].中文信息学报,2005(06):94-99.

[28] 卢亚军.藏文计算机通用键盘布局与输入法研究[J].中文信息学报,2006(02):78-86.

[29] 信息技术 藏文编码字符集键盘字母数字区的布局:GB/T 22034—2008[S].北京:中国标准出版社,2008.

[30] 陈小莹.现代藏文中黏着语的规范化处理[J].电脑与信息技术,2017,25(01):17-19.

[31] 艾金勇.面向信息处理的藏文文本规范化方法研究[J].西北师范大学学报(自然科学版),2017,53(02):52-56.

[32] 陈小莹.藏文文本规范化处理研究[J].智能计算机与应用,2016,6(06):29-30+35.

[33] 陈小莹,艾金勇.基于小字符集编码的藏文音节结构判定[J].西北民族大学学报(自然科学版),2015,36(04):33-36.

[34] Sarawagi S. Information Extraction[J]. Foundations and Trends in Databases,2008(03):261-377.

[35] 宗成庆.统计自然语言处理[M].北京:清华大学出版社,2013.

[36] 张志琳.汉语微博情感分析方法研究与实现[D].北京:中国科学院,2014

[37] PETROV S, MCDONALD R. Overview of the 2012 Shared Task on Parsing the web[J]. In Notes of the First Workshop on Syntactic Analysis of Non-Canonical Language. 2012

[38] 姜维.文本分析与文本挖掘[M].北京:科学出版社,2019.

[39] 陈志刚,胡国平,王熙法.中文语音合成系统中的文本标准化方法[J].中文信息学报,2003(04):45-51.

[40] 邓戈.藏语词汇学概论[M].成都:四川民族出版社,2011.

[41] 扎西加,珠杰.面向信息处理的藏文分词规范研究[J].中文信息学报,2009,23(04):113-117+123.

[42] 欧珠,扎西加.藏语计算语言学[M].成都:西南交通大学出版社,2015.

[43]   史晓东，卢亚军. 央金藏文分词系统[J]. 中文信息学报，2011，25（04）：54-56.

[44]   李亚超，加羊吉，宗成庆，于洪志. 基于条件随机场的藏语自动分词方法研究与实现[J]. 中文信息学报，2013，27（04）：52-58.

[45]   才智杰. 藏文自动分词系统中紧缩词的识别[J]. 中文信息学报，2009，23（01）：35-37+43.

[46]   多拉. 信息处理用藏文词类及标记集规范（征求意见稿）[C]. 中国中文信息学会民族语言文字信息专委会. 民族语言文字信息技术研究——第十一届全国民族语言文字信息学术研讨会论文集. 中国中文信息学会民族语言文字信息专委会：中国中文信息学会，2007：438-450.

[47]   扎西加.《信息处理用藏文词类及标记集规范》的理论说明[C]. 中国中文信息学会民族语言文字信息专委会. 民族语言文字信息技术研究——第十一届全国民族语言文字信息学术研讨会论文集. 中国中文信息学会民族语言文字信息专委会：中国中文信息学会，2007：451-462.

[48]   祁坤钰. 信息处理用藏文自动分词研究[J]. 西北民族大学学报（哲学社会科学版），2006（04）：92-97.

[49]   卢亚军，罗广. 藏文词汇通用度统计研究[J]. 图书与情报，2006（03）：74-77.

[50]   陈玉忠. 信息处理用现代藏语词语的分类方案[C]. 中国中文信息学会、中国科学院软件研究所、青海师范大学、五省区藏族教育协作领导小组办公室. 第十届全国少数民族语言文字信息处理学术研讨会论文集. 中国中文信息学会、中国科学院软件研究所、青海师范大学、五省区藏族教育协作领导小组办公室：中国中文信息学会，2005：31-38.

[51]   艾金勇，陈小莹，华侃. 面向Web的藏文文本分词策略研究[J]. 图书馆学研究，2014（21）：42-46.

[52]   祁坤钰.《机器翻译用现代藏语语义词典》的设计研究[J]. 西北民族大学学报（自然科学版），2004（03）：33-37.

[53]   陈玉忠，李保利，俞士汶，兰措吉. 基于格助词和接续特征的藏文自动分词方案[J]. 语言文字应用，2003（01）：75-82.

[54]   信息处理用藏文分词规范[S]. GB/T 36452-2018. 北京：国家市场监督管理总局、中国国家标准化管理委员会，2018.

[55]   康才畯. 藏语分词与词性标注研究[D]. 上海：上海师范大学，2014.

[56]   万德稳. 藏文搜索和搜索结果聚类研究及系统实现[D]. 成都：西南交通大学，2013.

[57]   彭怀瑾. 基于LDA和潜在特征向量的文本表示模型研究[D]. 北京：北京邮电大学，2019.

[58]   冯志伟. 判断从属树合格性的五个条件[C]. 北京：第二届全国应用语言学讨论，1998.

[59] 柔特. 藏文陈述句复述生成研究[D]. 西宁：青海师范大学，2019.

[60] 李星. 文本向量表示模型及其改进研究[D]. 太原：山西大学，2018.

[61] 李一鸣. 结合知识和神经网络的文本表示方法的研究[D]. 杭州：浙江大学，2018.

[62] 扎西吉. 基于 PCFG 的藏语句法分析[D]. 西宁：青海师范大学，2018.

[63] 牛力强. 基于神经网络的文本向量表示与建模研究[D]. 南京：南京大学，2016.

[64] 扎西加，多拉. 藏语依存树库构建的理论与方法探析[J]. 西藏大学学报（自然科学版），2015，30（02）：76-83.

[65] 徐涛，于洪志，加羊吉. 基于改进卡方统计量的藏文文本表示方法[J]. 计算机工程，2014，40（06）：185-189.

[66] 完么才让. 基于规则的藏语句法分析研究[D]. 西宁：青海民族大学，2014.

[67] 华却才让，赵海兴. 基于判别式的藏语依存句法分析[J]. 计算机工程，2013，39（04）：300-304.

[68] 周昭涛. 文本聚类分析效果评价及文本表示研究[D]. 北京：中国科学院研究生院（计算技术研究所），2005.

[69] 王建会. 中文信息处理中若干关键技术的研究[D]. 上海：复旦大学，2004.

[70] NIE J Y, REN F. Chinese Information Retrieval：Using Characters of Words[J]. Information Processing and Management，1999（35）：443-462.

[71] Harris Z S. Distributional Structure[J]. Word，1954（10）：146-162.

[72] Firth J R. A Synopsis of Linguistic Theory[J]. Studies in Linguistic Analysis，1957：1-32.

[73] BENGIO Y, DUCHARME R, VINCENT P. A Neural Probabilistic Language Model[J]. Journal of Machine Learning Research，2003（3）：1137-1155

[74] CHO K, MERRIENBOER B V, GULCEHRE C, et al. Learning Phrase Representations Using RNN Encoder-decoder for Statistical Machine Translation[J]. In Proceedings of EMNLP，2014：1724-1734

[75] MIKOLOV T, KARAFIAT M, BURGET L, et al. Recurrent Neural Network Based Language Model[J]. In Proceedings of Interspeech，2010：1045-1048.

[76] HOCHREITER S, SCHMIDHUBER J. Long Short-Term Memory[J]. Neural Computation，1997（8）：1735-1780.

[77] NALLAPATI R, ZHOU BW, SANTOS CN. et al. Abstractive Text Summarization Using Sequence-to-Sequence RNNs and Beyond[J]. In Proceedings of CoNLL，2016：280-290.

[78] SEE A, LIU J, MANNING C D. Get to the Point：Summarization with Pointer Generator Networks[G]. In Proceedings of ACL，2017：1073-1083.

[79] COLLOBERT R, WESTON J. A Unified Architecture for Natural Language

Processing：Deep Neural Networks with Multitask Learning[J]. In Proceedings of ICML，2008：160-177.

[80] MIKOLOV T，CHEN K，CORRADO G，et al. Efficient Estimation of Word Representations in Vector Space[J]. In Proceedings of ICLR Workshop Track，2013：1045-1048.

[81] MIKOLOV T，SUTSKEVER I，CHEN K，et al. Distributed Representations of Words and Pharses and Their Compositionality[J]. In Proceedings of NIPS，2013：3111-3119.

[82] CHEN X X，XU L H，LIU K，et al. Joint Learning of Character and Word Embeddings[J]. In Proceedings of IJCAI，2015：1236-1242.

[83] XU J，LIU J W，ZHANG L G，et al. Improve Chinese Word Embeddings by Exploiting Internal Structure[J]. In Proceedings of NAACL-HLT，2016：1041-1050.

[84] WANG S N，ZHANG J J，ZONG C Q. Exploiting Word Internal Structures for Generic Chinese Sentence Representation[J]. In Proceedings of EMNLP，2017：298-303.

[85] COLLOBERT R，WESTON J，BOTTOU L，et al. Natural Language Processing（almost）from Scratch[J]. The Journal of Machine Learning Research，2011（12）：2493-2537.

[86] SOCHER R，PENNINGTON J，HUANG H，et al. Semisupervised Recursive Autoencoders for Predicting Sentiment Distributions[J]. In Proceedings of EMNLP，2011：151-161.

[87] ZHANG J J，LIU S J，LI M，et al. Billingually-constrained Pharse Embeddings for Machine Translation[J]. In Proceedings of ACL，2014：111-121.

[88] HOFMANN T. Probabilistic Latent Semantic Indexing[J]. In Proceedings of SIGIR，1999：50-57.

[89] MEI Q Z，ZHAI C X. A Note on EM Algorithm for Probabilistic Latent Semantic Analysis[EB/OL]. Technical Note. http：//times . cs. uiuc. edu/course/598f16/plsa-note. pdf，2006.

[90] BLEI D M，NG A Y，JORDAN M I. Latent Dirichlet Allocation[J]. Journal of Machine Learning Research，2003（3）：993-1022.

[91] GRIFFITHS T L，STEYVERS M. Finding Scientific Topics[J]. In Proceedings of the National Academy of Sciences，2004（101）：5228-5235.

[92] DIPANJAN Sarkar. Python 文本分析[M]. 闫龙川，高德荃，等译. 北京：机械工业出版社，2018.

[93] 朱英龙. 基于机器学习的文本分类算法[D]. 西安：西安科技大学，2019.

[94] 刘通. 在线文本数据挖掘[M]. 北京：中国工信出版集团，2019.

[95] YANG Y, PEDERSEN J O. A comparative Study on Feature Selection in Text Categorization[J]. In Proceedings of ICML，1997：412-420.

[96] NIGAM K, MCCALLUM A, THRUN S, et al. Text Classification from Labeled and Unlabeled Documents Using EM[J]. Machine Learning，2000（39）：103-134.

[97] LI S S, XIA R, ZONG C Q, et al. A Framework of Feature Selection Methods for Text Categorization[J]. In Proceedings of ACL and AFNLP，2009：692-7000.

[98] MCCALLUM A, NIGAM K. Acomparison of Event Models for Native Bayes Text Classification[J]. In Proceedings of AAAI Workshop Track，1998：41-48.

[99] YANG Y, LIU X. A Re-examination of Text Categorization Methods[J]. In Proceedings of SIGIR，1999：42-49.

[100] HOCHREITER S, SCHMIDHUBER J. Long Short-term Memory[J]. Neural Computation，1997（8）：1735-1780.

[101] GERS F A, SCHRAUDOLPH N N, SCHMIDHUBER J. Learning Precise Timing with LSTM Recurrent Networks[J]. Journal of Machine Learning Research，2002（3）：115-143.

[102] GRAVES A. Generating Sequences with Recurrent Neural Networks[J]. Arxiv Preprint Arxiv，2013：1308.

[103] SCHUSTER M, PALIWAL K K. Bidirectional Recurrent Neural Networks[J]. IEEE Transactions on Singnal Processing，1997（45）：2673-2681.

[104] CHO K, MERRIENBOER B V, GULCEHRE C, et al. Learning Phrase Representations Using RNN Encoder-decoder for Statistical Machine Translation[J]. In Proceedings of EMNLP，2014：1724-1734.

[105] 苏慧婧，群诺，贾宏云. 基于 KNN 模型的藏文文本分类研究与实现[J]. 高原科学研究，2019，3（02）：88-92.

[106] 贾宏云. 基于 AdaBoost 模型的藏文文本分类研究与实现[D]. 拉萨:西藏大学,2019.

[107] 王勇. 基于朴素贝叶斯的藏文文本分类研究[D]. 兰州：西北民族大学，2013.

[108] 叶西切忠. 基于 web 的藏文文本自动分类研究与实现[D]. 西宁:青海民族大学,2012.

[109] 贾会强. 基于 KNN 算法的藏文文本分类关键技术研究[J]. 西北民族大学学报（自然科学版），2011，32（03）：24-29.

[110] LIN J, SNOW R, MORGAN W. Smoothing Techniques for Adaptive Online Language Models：Topic Tracking in Tweet Streame[J]. In Proceedings of ACM SIGKDD，2011：422-429.

[111] 付涛. 藏文网页除噪技术研究[D]. 兰州：西北民族大学，2010.

[112] 才让叁智，赵栋材. 基于 DIV 标签分段的藏文网页正文提取研究[J]. 西藏大学学报（自然科学版），2016，01：70-77.

[113]   李伟男. Web 文本信息抽取与分类方法研究[D]. 杨凌：西北农林科技大学，2014.

[114]   蒲宇达. 基于 web 的网页链接与正文抽取技术研究[D]. 哈尔滨：哈尔滨工业大学，2006.

[115]   张振宇. Web 页面正文信息抽取技术的研究[D]. 沈阳：辽宁科技大学，2015.

[116]   康健. 基于 Multi-agent 和群体智能的藏文网络舆情管理研究[D]. 成都：西南交通大学，2015.

[117]   康健，乔少杰，格桑多吉，等. 基于群体智能的半结构化藏文文本聚类算法[J]. 模式识别与人工智能，2014，27（07）：663-671.

[118]   曹晖，孟祥和. 基于藏文新闻文本话题检测的聚类算法研究[J]. 华中师范大学学报（自然科学版），2014，48（01）：37-41.

[119]   艾金勇. 结合语义知识的藏文网页主题句抽取算法研究[J]. 图书馆理论与实践，2017（08）：39-44.

[120]   陈小莹. 藏文百科知识问答系统的设计与研究[J]. 智能计算机与应用，2017，7（04）：48-50.

[121]   艾金勇. 融合语义知识的藏文网页关键词提取方法研究[J]. 图书馆学研究，2017（03）：59-64+77.

[122]   艾金勇. 基于关联数据的藏学文献资源发布方法研究[J]. 电脑知识与技术，2016，12（22）：3-5+8.

[123]   邓竞伟，邓凯英，李永生，李应兴. 基于藏文网络的舆情传播模型[J]. 计算机系统应用，2013，22（03）：209-211.

[124]   任玉. 网页主题信息抽取方法研究[D]. 太原：山西大学，2010.

[125]   江涛. 基于藏文 web 舆情分析的热点发现算法研究[D]. 兰州：西北民族大学，2010.

[126]   江涛. 基于藏文网页的网络舆情监控系统研究[C]. 中国计算机学会计算机安全专业委员会. 全国计算机安全学术交流会论文集. 中国计算机学会计算机安全专业委员会：中国计算机学会计算机安全专业委员会，2008（23）：141-144.